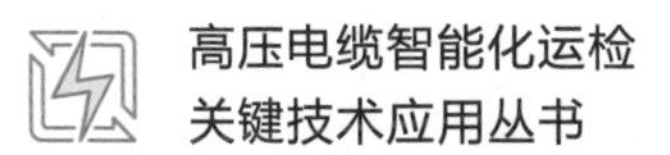

电力电缆
振荡波试验技术

主　编　刘　青

副主编　李　宁　尚英强　高智益

中国电力出版社
CHINA ELECTRIC POWER PRESS

内 容 提 要

为总结高压电力电缆及隧道无人化巡检、透明化管控、大数据分析等新型智能化技术装备应用经验，以数字化、智能化装备现场应用成效为抓手，全面指导高压电力电缆运维、检修、试验、状态监测等工作开展，国网北京市电力公司电缆分公司全面总结提炼近几年国内外高压电力电缆专业运检管控成效，形成具有较高技术含量和较强现场指导意义的《高压电缆智能化运检关键技术应用丛书》。

《高压电缆智能化运检关键技术应用丛书》面向高压电力电缆专业运维、检修、监控、试验、状态监测、数据分析等相关专业人员，通过原理解析和操作流程教学，助力专业人员掌握高压电力电缆智能化运检理论知识及实操技能，促进电力电缆专业运检关键技术水平全面提升。

本书为《电力电缆振荡波试验技术》分册，共六章，分别为电力电缆的分类及其结构、电力电缆常见缺陷类型、电力电缆振荡波检测技术原理、电力电缆振荡波检测试验装置、电力电缆振荡波检测试验方法和电力电缆振荡波检测试验典型案例。本书可进一步促进国内电力电缆振荡波检测试验水平的快速提升，为专业运检人员开展电力电缆试验及状态诊断工作提供翔实的理论基础和操作方法。

图书在版编目（CIP）数据

电力电缆振荡波试验技术/刘青主编．—北京：中国电力出版社，2022.12（2023.3 重印）
（高压电缆智能化运检关键技术应用丛书）
ISBN 978-7-5198-7140-6

Ⅰ．①电…　Ⅱ．①刘…　Ⅲ．①电力电缆－振荡－操作波试验　Ⅳ．①TM247

中国版本图书馆 CIP 数据核字（2022）第 186105 号

出版发行：中国电力出版社
地　　址：北京市东城区北京站西街 19 号（邮政编码 100005）
网　　址：http://www.cepp.sgcc.com.cn
责任编辑：赵　杨（010-63412287）
责任校对：黄　蓓　朱丽芳
装帧设计：张俊霞
责任印制：石　雷

印　　刷：廊坊市文峰档案印务有限公司
版　　次：2022 年 12 月第一版
印　　次：2023 年 3 月北京第二次印刷
开　　本：710 毫米×1000 毫米　16 开本
印　　张：12
字　　数：180 千字
印　　数：4001—5000 册
定　　价：72.00 元

编　委　会

前言

《高压电缆智能化运检关键技术应用丛书》紧扣高压电力电缆及隧道无人化巡检、透明化管控、大数据分析等新型智能化技术装备应用，以新一轮国家电网有限公司高压电力电缆专业精益化管理三年提升方案（2022～2024年）为主线，以运维检修核心技术成果为基础，以数字化、智能化装备现场应用成效为抓手，以推动高压电力电缆专业高质量发展和培养高压电力电缆专业高素质技能人才为目的，全面总结提炼近几年国内外高压电力电缆专业运检管控成效，助力加快构建现代设备管理体系，全面提升电网安全稳定运行保障能力。

《高压电缆智能化运检关键技术应用丛书》共6个分册，内容涵盖电力电缆运维检修专业基础和基本技能、电力电缆典型故障分析、电力电缆健康状态诊断技术、电力电缆振荡波试验技术、电力电缆立体化感知和数据分析技术等。丛书系统化梳理汇总了电力电缆专业精益化运维检修的基础知识、常见问题、典型案例，深入理解专业发展趋势，详细介绍了电力电缆专业与新型通信技术、数据挖掘技术等前沿技术的成果落地和实践应用情况。

本书为《电力电缆振荡波试验技术》分册。电力电缆振荡波试验技术是一种用于电力电缆的检测方法，具有单次检测时间短、测试效率高、对电力电缆本体无损伤的特点，可准确发现电力电缆及其附件存在的缺陷，操作简单等特点。国网北京市电力公司电缆分公司在新投运的中压电力电缆交接试验和高压电力电缆检修、预防性试验工作中应用振荡波试验技术，根据检测结果对缺陷、隐患开展精准治理，取得了显著的成效。

本书共六章，主要内容包括电力电缆的分类及其结构、电力电缆常见缺陷类型、电力电缆振荡波检测技术原理、电力电缆振荡波检测试验装置、电力电缆振荡波检测试验方法和电力电缆振荡波检测试验典型案例等。本书以理论上“适度、必须、够用”为原则，注重知识与经验的结合，避免烦琐的推导和验证，突出核心知识点介绍、检测试验技术操作，并涵盖振荡波检测方面的最新标准、规程、规定以及先进技术，为提升电力电缆专业运检人员对振荡波试验技术的了解和现场操作水平提供帮助。

在本书编写过程中，参考了许多教材、文献及相关专家的研究结论，也邀请国家电网有限公司部分单位的同事共同讨论和修改，在此一并向他们表示衷心的感谢！由于编写时间和水平有限，书中难免存在疏漏和不足之处，恳请各位专家和读者提出宝贵意见，使之不断完善。

编　者

2022 年 10 月

目录

第一章 电力电缆的分类及其结构

电力电缆的使用至今已有百余年历史。1879 年，爱迪生通过在铜棒上包绕黄麻后穿入铁管内并填充沥青混合物，制成了黄麻沥青绝缘电力电缆。他将此电力电缆敷设于纽约，开启了地下输电的篇章。直到今天，电力电缆的基本结构与该电力电缆仍非常相似。绝缘材料的不断发展推动了电力电缆行业的不断发展和进步。1917 年，意大利倍耐力公司研制了油纸绝缘电缆，在相当长一段时间内油纸绝缘电缆都是主流产品。1963 年，德国通用电气公司研制了交联聚乙烯电缆，与充油电缆相比，交联聚乙烯电缆安装维护简单、电气机械性能好、不需要供油设备，逐渐取代了油纸绝缘电缆，在世界范围内得到了广泛应用。随着社会经济的发展和用电需求的不断增长，城市输电系统正在逐步从架空输电线路向电力电缆方向发展，电力电缆也逐步向更高电压等级、更大传输容量的方向发展。

电力电缆线路包括电力电缆本体、附件、附属设备、附属设施及电力电缆通道。电力电缆本体是除去电力电缆接头和终端等附件以外的电缆线段部分；电力电缆附件是电力电缆终端、接头等电力电缆线路组成部件的统称。

第一节　电力电缆种类、型号及结构

一、高压电力电缆本体结构

高压电力电缆主要用于城区、变电站等必须采用地下输电部位。我国高压及超高压电力电缆涵盖 66、110、220、330、500、±200、±320kV 等电压等级。

高压电力电缆均多为单芯结构。交联聚乙烯绝缘电力电缆以其合理的工艺和结构、优良的电气性能及安全可靠的运行特点获得了迅猛发展，高压电力电缆已基本采用交联聚乙烯绝缘电力电缆工艺。高压交联聚乙烯绝缘电力电缆的导体一般为铝或铜单线规则绞合紧压结构，标称截面积为 800mm^2 及以上时为分割导体结构。导体、绝缘屏蔽为挤包的半导电层，标称截面积在 500mm^2 及以上的电力电缆导体屏蔽应由半导电包带和挤包半导电层组成。金属屏蔽采用铜丝屏蔽或金属套屏蔽结构。外护层采用聚氯乙烯或聚乙烯护套料，为了方便外护层绝缘电阻的测试，外护层表面应有导电涂层。

110kV 及以上高压电力电缆采用单芯电缆（典型为交联聚乙烯绝缘电力电缆），其剖面图如图 1-1 所示。

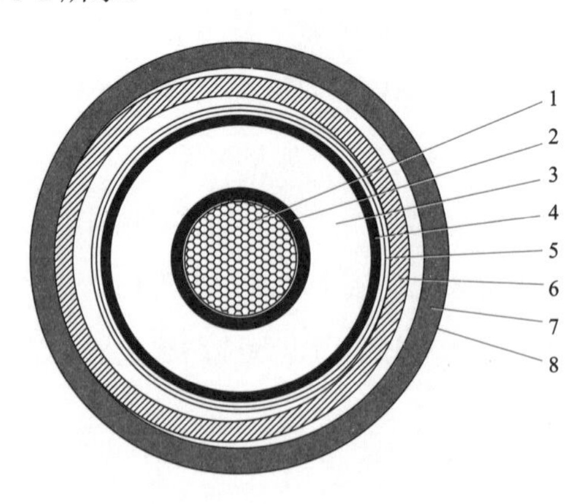

图 1-1　110kV 及以上高压电力电缆剖面图

1—导体（线芯）；2—内半导电屏蔽层；3—绝缘层；4—外半导电屏蔽层；5—缓冲层；6—皱纹铝护套；7—外护套；8—挤出半导电层（或石墨层）

高压电力电缆中，充油电缆以其电气性能可靠、机械性能良好等优点一直沿用至今。充油电缆是利用补充浸渍剂来消除绝缘中形成的气隙，以提高电力电缆工作场强的一种电缆结构，单芯充油电缆截面如图 1-2 所示。

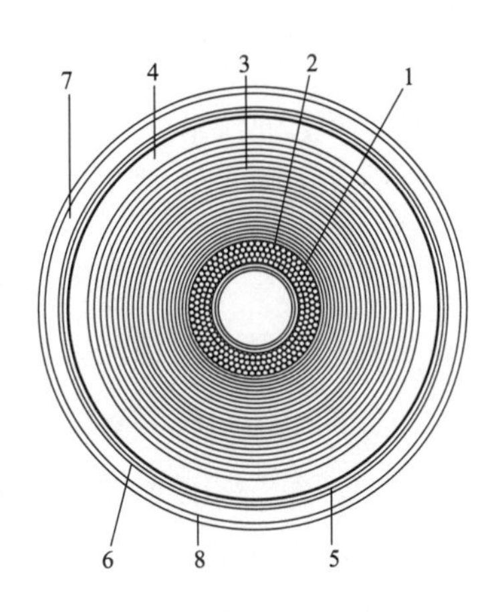

图 1-2　单芯充油电缆截面

1—油道；2—导体；3—纸绝缘；4—铅护套；5—纵向加强层；6—横向加强层；7—橡胶护套；8—外护层

二、中压电力电缆本体结构

中压电力电缆主要用于城区、变电站等必须采用地下输电部位。电力电缆产品型号规格繁多，按绝缘材料可分为油浸纸绝缘电力电缆、塑料绝缘电力电缆、橡皮绝缘电力电缆。中压电力电缆电压等级主要有 35、20、10（6）kV。

国内中压电力电缆主要用于配电网，其特点是大部分为多芯：有用于单相回路的双芯电力电缆，三相系统用的三芯电力电缆；三相四线制用的四芯电力电缆；以及高要求场合下的五芯电力电缆（四芯电力电缆中加一保护线）。

35kV 电力电缆大部分为三芯圆形结构。35kV 三芯交联聚乙烯电力电缆结构示意图如图 1-3 所示。

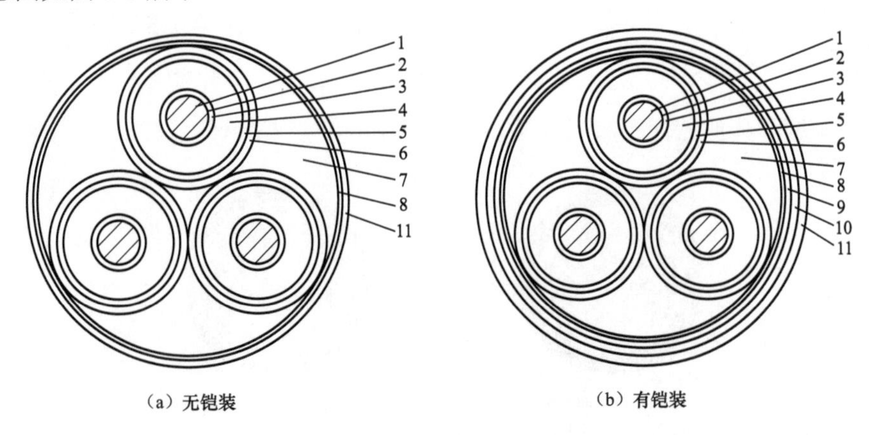

图 1-3　35kV 三芯交联聚乙烯电力电缆结构示意图

1—铜芯导体；2—半导电包带；3—导体屏蔽层；4—交联聚乙烯绝缘；5—绝缘屏蔽层；6—铜屏蔽带；7—填充料；8—无纺布包带；9—内护套；10—铠装；11—外护套

10kV 以下的电力电缆绝缘层较薄，为了减小电力电缆尺寸、节省材料消耗，以降低电力电缆成本，多芯电力电缆多采用弓形、扇形或腰圆扇形结构，小截面的电力电缆仍为圆形。例如三芯电力电缆，除截面积在 25mm^2 及以下用圆形导体外，一般采用扇形导体，其结构示意图如图 1-4 所示，图 1-4（a）中的几何扇形虽最节省电力电缆材料消耗，但在扇形尖角处电场过于集中，一般较少采用。工作电压较低的电力电缆导体采用图 1-4（b）中的近似扇形导体结构，而工作电压较高的电力电缆，导体多采用图 1-4（c）中的腰圆扇形结构。

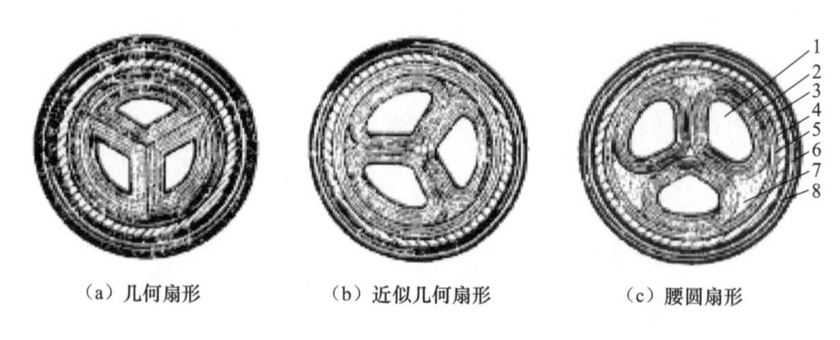

图 1-4　三芯电力电缆结构示意图

1—导体；2—相绝缘层；3—带绝缘层；4—金属护套；5—内衬层；6—铠装；7—填料；8—外被层

四芯电力电缆结构示意图如图 1-5 所示，为扇形结构，其中基本导体截面积在 16mm^2 及以下的采用图 1-5（a）中结构，截面积在 25mm^2 及以上的采用图 1-5（b）中结构。由于第四导体通过的电流为三个基本导体之和（在平衡电力系统中为零），因此，第四导体的截面积可以比基本导体小，一般要小一到二级。

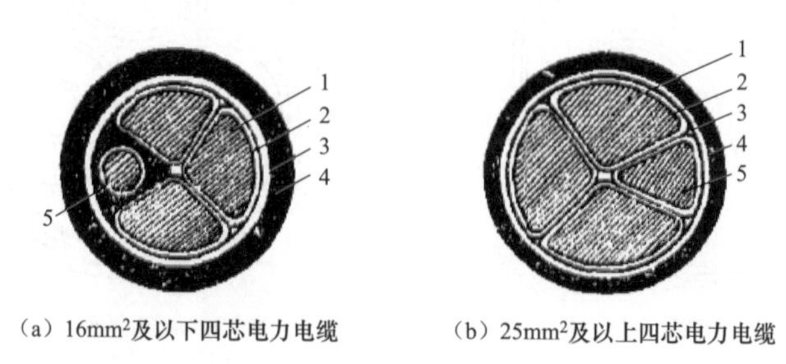

图 1-5　四芯电力电缆结构示意图

1—导体；2—相绝缘；3—带绝缘；4—金属护套及保护层；5—第四导体

三、技术要求

（一）导体

导体是电力电缆用来传输电流的载体，是决定电缆经济性和可靠性的重要组成部分。对导体的主要要求如下：

（1）导体用铜单线应采用 GB/T 3953—2009《电工圆铜线》中规定的 TR 型圆铜线。

（2）导体截面由供方根据采购方提供的使用条件和敷设条件计算确定，并提交详细的载流量计算报告，或由采购方自行确定导体截面。

（3）电力电缆导体截面积小于 800mm^2 时，应采用紧压绞合圆形导体；截面积为 800mm^2 时，可任选紧压导体或分割导体结构；1000mm^2 及以上截面积时，应采用分割导体结构。电力电缆导体结构和直流电阻应符合表 1-1 的规定。

（4）绞合导体不允许整芯或整股焊接。绞合导体中允许单线焊接，但在同一导体单线层内，相邻两个焊点之间的距离应不小于 300mm。

（5）导体表面应光洁、无油污、无损伤屏蔽及绝缘的毛刺、无锐边及凸起、无断裂。

表 1-1　　　　电力电缆导体的结构和直流电阻

导体标称截面积（mm^2）	导体中单线最少根数		20℃时导体直流电阻最大值（kΩ）		导体标称截面积（mm^2）	导体中单线最少根数		20℃时导体直流电阻最大值（kΩ）	
	铝	铜	铝	铜		铝	铜	铝	铜
25	6	6	1.20	0.727	500	53	53	0.0605	0.0366
35	6	6	0.868	0.524	630	53	53	0.0469	0.0283
50	6	6	0.641	0.387	800	53	53	0.0367	0.0221
70	12	12	0.443	0.268	1000	170	170	0.0291	0.0176
95	15	15	0.320	0.193	1200	170	170	0.0247	0.0151
120	15	18	0.253	0.153	1400	170	170	0.0212	0.0129
150	15	18	0.206	0.124	1600	170	170	0.0186	0.0113
185	30	30	0.164	0.0991	1800	265	265	0.0165	0.0101

续表

导体标称截面积（mm^2）	导体中单线最少根数		20℃时导体直流电阻最大值（kΩ）		导体标称截面积（mm^2）	导体中单线最少根数		20℃时导体直流电阻最大值（kΩ）	
	铝	铜	铝	铜		铝	铜	铝	铜
240	30	34	0.125	0.0754	2000	265	265	0.0149	0.0090
300	30	34	0.100	0.0601	2200	265	265	0.0135	0.0083
400	53	53	0.0778	0.0470	2500	265	265	0.0127	0.0073

（二）绝缘层

绝缘层是将导体与外界在电气上彼此隔离的主要保护层，它承受工作电压及各种过电压长期作用，因此其耐电强度及长期稳定性能是保证整个电力电缆完成输电任务的最重要部分。

在电力电缆使用寿命期间，绝缘层材料具有以下稳定特性：较高的绝缘电阻和工频、脉冲击穿强度，优良的耐树枝放电和耐局部放电性能，较低的介质损耗角正切值（tanδ），以及一定的柔软性和机械强度。

66kV 及以上的电力电缆应采用超净可交联聚乙烯料，35kV 及以下电力电缆应采用可交联聚乙烯料。

绝缘层的标称厚度应符合表 1-2 的规定。

表 1-2　　绝缘层的标称厚度

导体标称截面积（mm^2）	额定电压 U_0/U（U_m）下的绝缘标称厚度（mm）								
	6kV	10kV	20kV	35kV	66kV	110kV	220kV	330kV	500kV
25～185	3.4	4.5	5.5	10.5	—	—	—	—	—
240					14.0	19.0			
300						18.5			
400						17.5	27		
500						17.0			
630						16.5	26		
800						16.0	25	30	34
1000～1200							24	29	33
1400～1600								28	32

续表

导体标称截面积（mm^2）	额定电压 U_0/U（U_m）下的绝缘标称厚度（mm）								
	6kV	10kV	20kV	35kV	66kV	110kV	220kV	330kV	500kV
1800～2000 2200～2500	—	—	—	—	—	—	—	—	31

注 1. 35kV 及以下的电力电缆，导体截面积大于 1000mm^2 时，可增加绝缘厚度以避免安装和运行时的机械伤害。
2. 330kV 和 500kV 电力电缆，若采购国外产品，可与制造商协商确定绝缘厚度。

绝缘厚度的平均值、任一处的最小厚度和偏心度应符合表 1-3 的规定。

表 1-3　　绝缘厚度的要求

项目	6～35kV	66～220kV	330～500kV
平均厚度	$\geqslant t_n$	$\geqslant t_n$	$\geqslant t_n$
任一处的最小厚度	$\geqslant 0.90t_n$	$\geqslant 0.95t_n$	$\geqslant 0.95t_n$
偏心度	≤10%	≤6%	≤5%

注 t_n 为表 1-2 规定的绝缘标称厚度。偏心度为在同一断面上测得的最大厚度和最小厚度的差值与最大厚度比值的百分数。

66kV 及以上电力电缆应进行绝缘层杂质、微孔和半导电屏蔽层与绝缘层界面微孔、凸起的检查，结果应符合表 1-4 的规定。

表 1-4　　电力电缆绝缘层杂质、微孔和半导电屏蔽层与绝缘层界面微孔、凸起试验要求

电压（kV）	检查项目		要求
66、110	绝缘	大于 0.05mm 的微孔	0
		大于 0.025mm，不大于 0.05mm 的微孔	不大于 18 个/10cm^3
		大于 0.125mm 的不透明杂质	0
		大于 0.05mm，不大于 0.125mm 的不透明杂质	不大于 6 个/10cm^3
		大于 0.25mm 的半透明深棕色杂质	0
	半导电屏蔽层与绝缘层界面	大于 0.05mm 的微孔	0

续表

电压（kV）	检查项目		要求
66、110	导体半导电屏蔽层与绝缘层界面	大于0.125mm进入绝缘层和半导电屏蔽层的凸起	0
	绝缘半导电屏蔽层与绝缘层界面	大于0.125mm进入绝缘层和半导电屏蔽层的凸起	0
220	绝缘	大于0.05mm的微孔	0
		大于0.025mm，不大于0.05mm的微孔	不大于18个/10cm^3
		大于0.125mm的不透明杂质	0
		大于0.05mm，不大于0.125mm的不透明杂质	不大于6个/10cm^3
		大于0.16mm的半透明深棕色杂质	0
	半导电屏蔽层与绝缘层界面	大于0.05mm的微孔	0
	导体半导电屏蔽层与绝缘层界面	大于0.08mm进入绝缘层和半导电屏蔽层的凸起	0
	绝缘半导电屏蔽层与绝缘层界面	大于0.08mm进入绝缘层和半导电屏蔽层的凸起	0
330、500	绝缘	大于0.02mm的微孔	0
		大于0.075mm的不透明杂质	0
	半导电屏蔽层与绝缘层界面	大于0.02mm的微孔	0
	导体半导电屏蔽层与绝缘层界面	大于0.05mm进入绝缘层和半导电屏蔽层的凸起	0
	绝缘半导电屏蔽层与绝缘层界面	大于0.05mm进入绝缘层和半导电屏蔽层的凸起	0

绝缘热延伸试验应按有关标准规定进行。应根据电力电缆绝缘所采用的交联工艺，在认为交联度最低的部分制取试片。66kV及以上电力电缆应在绝缘的内、中、外层分别取样。绝缘热延伸负载下最大伸长率应小于125%，冷却后最大永久伸长率应小于10%。

（三）屏蔽层

屏蔽层多用于10kV及以上的电力电缆，一般包括导体屏蔽和绝缘屏蔽。电缆绝缘线芯应设计有分相金属屏蔽。单芯或三芯电缆绝缘线芯的屏蔽应由导体屏蔽和绝缘屏蔽组成。

1. 导体屏蔽

35kV 及以下电力电缆标称截面积 500mm^2 以下时，应采用挤包半导电层导体屏蔽；标称截面积 500mm^2 及以上时，应采用绕包半导电带加挤包半导电层复合导体屏蔽。66kV 及以上电力电缆应采用绕包半导电带加挤包半导电层复合导体屏蔽，且应采用超光滑可交联半导电料。

挤包半导电层应均匀地包覆在导体或半导电包带外，并牢固地粘附在绝缘层上。与绝缘层的交界面应光滑，无明显绞线凸纹、尖角、颗粒、烧焦或擦伤痕迹。

2. 绝缘屏蔽

绝缘屏蔽应为挤包半导电层，并与绝缘紧密结合。绝缘屏蔽表面以及与绝缘层的交界面应均匀、光滑，无明显绞线凸纹、尖角、颗粒、烧焦或擦伤痕迹。

电力电缆的导体屏蔽、绝缘和绝缘屏蔽应采用三层共挤工艺制造，220kV 及以上电力电缆绝缘线芯宜采用立塔生产线制造。

（四）保护层

66kV 及以上电压等级电力电缆的保护层包括缓冲层、金属塑料复合护层、径向不透水阻隔层和外护套等。

1. 缓冲层

绝缘屏蔽层外应设计有缓冲层，采用导电性能与绝缘屏蔽相同的半导电弹性材料或半导电阻水膨胀带绕包。绕包应平整、紧实、无皱褶。电力电缆设计有金属套间隙纵向阻水功能时，可采用半导电阻水膨胀带绕包或具有纵向阻水功能的金属丝屏蔽布绕包结构。电力电缆设计有导体纵向阻水功能时，导体绞合时应绞入阻水绳等材料。

应确保金属丝屏蔽布中的金属丝与半导电带和金属套良好接触。

2. 径向不透水阻隔层

应采用铅套或皱纹铝套、平铝套等金属套作为径向不透水阻隔层。铅套应采用符合 JB 5268—2011《电缆金属套》系列标准规定的铅合金，皱纹铝套用铝的纯度不低于 99.6%。

金属套的标称厚度应符合表 1-5 的规定。不能满足用户对短路容量的要求时，可采取增加金属套厚度、在金属套内侧或外侧增加疏绕铜丝等措施。

表 1-5　　　　金属套的标称厚度

<table>
<tr><th rowspan="2">导体截面积（mm²）</th><th colspan="2">66kV</th><th colspan="2">110kV</th><th colspan="2">220kV</th><th colspan="2">330kV</th><th colspan="2">500kV</th></tr>
<tr><th>铅套厚度（mm）</th><th>皱纹铝套厚度（mm）</th><th>铅套厚度（mm）</th><th>皱纹铝套厚度（mm）</th><th>铅套厚度（mm）</th><th>皱纹铝套厚度（mm）</th><th>铅套厚度（mm）</th><th>皱纹铝套厚度（mm）</th><th>铅套厚度（mm）</th><th>皱纹铝套厚度（mm）</th></tr>
<tr><td>240</td><td rowspan="2">2.5</td><td rowspan="6">2.0</td><td rowspan="2">2.6</td><td rowspan="6">2.0</td><td rowspan="2">—</td><td rowspan="2">—</td><td rowspan="5">—</td><td rowspan="5">—</td><td rowspan="5">—</td><td rowspan="5">—</td></tr>
<tr><td>300</td></tr>
<tr><td>400</td><td rowspan="2">2.6</td><td rowspan="2">2.7</td><td rowspan="2">2.7</td><td rowspan="4">2.4</td></tr>
<tr><td>500</td></tr>
<tr><td>630</td><td>2.7</td><td>2.8</td><td rowspan="2">2.8</td></tr>
<tr><td>800</td><td>2.8</td><td>2.9</td><td>3.3</td><td>2.9</td><td>3.3</td><td>2.9</td></tr>
<tr><td>1000</td><td>2.9</td><td rowspan="4">2.3</td><td>3.0</td><td rowspan="4">2.3</td><td></td><td rowspan="4">2.6</td><td></td><td></td><td>3.4</td><td rowspan="3">3.0</td></tr>
<tr><td>1200</td><td>3.0</td><td>3.1</td><td>2.9</td><td rowspan="2">3.4</td><td rowspan="2">3.0</td><td rowspan="2">3.5</td></tr>
<tr><td>1400</td><td>3.1</td><td>3.2</td><td>3.0</td></tr>
<tr><td>1600</td><td>3.2</td><td>3.3</td><td rowspan="2">3.1</td><td rowspan="2">3.5</td><td rowspan="2">3.1</td><td rowspan="2">3.6</td><td>3.1</td></tr>
<tr><td>1800</td><td rowspan="4">—</td><td rowspan="4">—</td><td rowspan="4">—</td><td rowspan="4">—</td><td rowspan="4">2.8</td><td rowspan="3">3.2</td></tr>
<tr><td>2000</td><td>3.2</td><td rowspan="2">3.6</td><td rowspan="2">3.2</td><td rowspan="2">3.7</td></tr>
<tr><td>2200</td><td>3.3</td></tr>
<tr><td>2500</td><td>3.4</td><td>3.7</td><td>3.3</td><td>3.8</td><td>3.3</td></tr>
</table>

注　1．平铝套的厚度参照皱纹铝套厚度或与制造商协商确定。

2．铅套厚度的平均值不得小于标称值，任一处的最小厚度不得小于标称值的 95%。

3．皱纹铝套厚度的平均值不得小于标称值，任一处的最小厚度不得小于标称值的 90%。

3. 金属塑料复合护层

具有金属塑料复合护层的交联聚乙烯绝缘电力电缆，其技术要求参考 GB/T 11017.2—2014《额定电压 110kV（U_m=126kV）交联聚乙烯绝缘电力电缆及其附件　第 2 部分：电缆》中附录 D 的要求。

4. 66kV 及以上电力电缆的外护套

外护套应采用绝缘型聚氯乙烯或聚乙烯材料，其标称厚度应符合表 1-6 规定。

表 1-6　　外护套的标称厚度

电压等级（kV）	66	110	220	330	500
标称厚度（mm）	4.0	4.5	5.0	5.5	6.0
最小厚度（mm）	3.4	3.8	4.3	4.7	5.1

35kV 及以下电力电缆的内衬层、填充、金属层和外护套应符合 GB/T 12706.2《额定电压 1kV（U_m=1.2kV）到 35kV（U_m=40.5kV）挤包绝缘电力电缆及附件　第 2 部分：额定电压 6kV（U_m=7.2kV）到 30kV（U_m=36kV）电缆》的要求。

第二节　电力电缆附件分类及其结构

电力电缆终端和电力电缆接头统称为电力电缆附件，它们是电力电缆线路不可缺少的组成部分。电力电缆终端是安装在电力电缆线路的两端，具有一定的绝缘和密封性能，连接电力电缆与其他电气设备的装置。电力电缆接头是安装在电力电缆与电力电缆之间，连通两根及以上电力电缆导体，使之形成连续电路并具有一定绝缘和密封性能的装置。

一、高压电力电缆附件

（一）高压电力电缆终端

高压电力电缆终端一般由内绝缘（有增绕式和电容式两种）、外绝缘（一般用瓷套或复合套结构）、密封结构、出线杆（它与电力电缆导体的连接有卡装和压接两种）、屏蔽罩组成。

终端的结构型式按其用途可分为户外终端、气体绝缘金属封闭开关设备（gas insulated switchgear，GIS）终端和油浸终端。

户外终端结构按外绝缘型式可分为瓷套和复合套。

常用的 110（66）kV 及以上电力电缆终端主要有干式终端、GIS 终端等几类。

干式终端是由复合套管或瓷套管作为外绝缘，内部有应力锥并填充有不流动弹性体的终端。

GIS 终端是指安装在 GIS 内部以六氟化硫（SF_6）气体为外绝缘的气体绝缘部分的电力电缆终端。根据环氧套管内是否填充绝缘剂，分为干式 GIS 终端和湿式 GIS 终端两类。

交联聚乙烯绝缘电力电缆整体预制式户外终端如图 1-6 所示。

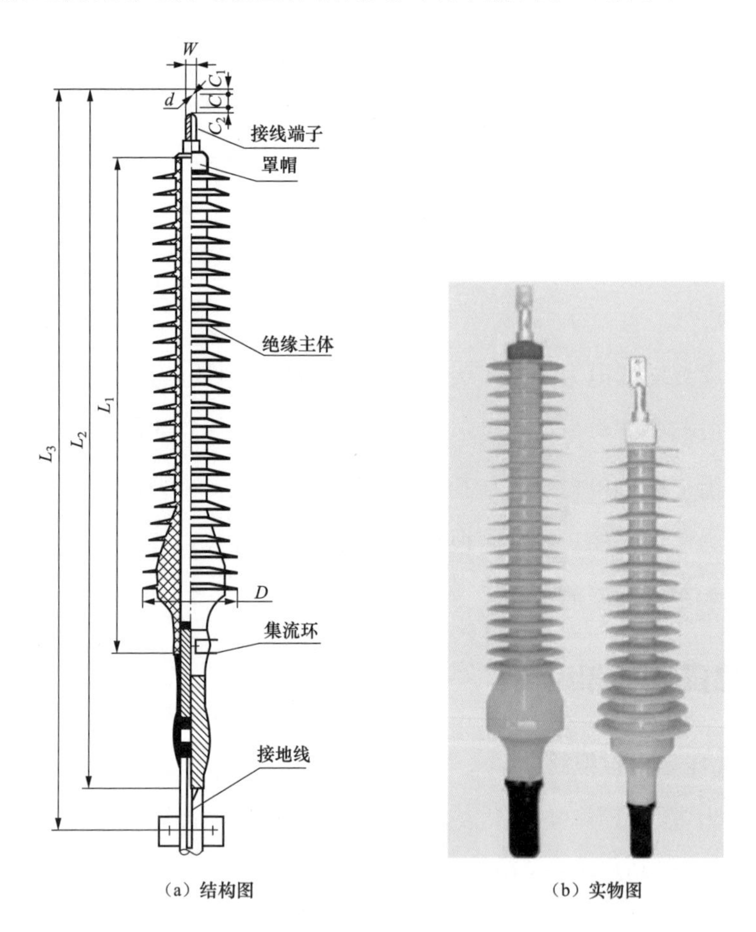

（a）结构图

（b）实物图

图 1-6　交联聚乙烯绝缘电力电缆整体预制式户外终端

（二）高压电力电缆接头

按用途不同，110（66）kV 及以上高压电力电缆接头主要分为直通接头和绝缘接头两种。绝缘接头增绕绝缘外缠绕的外屏蔽和金属屏蔽层只分别与两侧电力电缆本体的对应部分接通，而相互之间必须隔开，且接头的铜外壳间也须用绝缘材料隔开，因此能用于需要隔断外护层单芯电缆的连接上。而直通接头则连通没有隔断电力电缆的外护层。

电力电缆接头的基本结构示意图如图 1-7 所示（以组合预制式中间接头为例）。

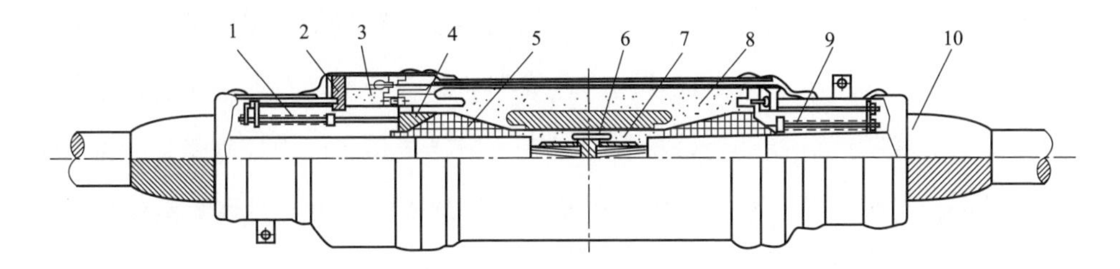

图 1-7 组合预制式中间接头基本结构示意图

1—压紧弹簧；2—中间法兰；3—环氧法兰；4—压紧环；5—橡胶预制件；6—固定环氧装置；7—压接管；8—环氧元件；9—压紧弹簧；10—防腐带

二、中压电力电缆附件

35kV 及以下交联聚乙烯电力电缆终端和接头有 7 大类，即绕包式、预制装配式、热缩式、冷缩式、可分离连接器、模塑式和浇铸式，其结构特点见表 1-7。

表 1-7 35kV 及以下交联聚乙烯电力电缆终端、接头分类和结构特点

型式	附件名称	结构特点	备注
绕包式	终端接头	以橡胶为基材的自黏性带材为增绕绝缘，现场绕包	35kV 户外终端，应外加瓷套，内灌绝缘剂
预制装配式	终端接头	以合成橡胶材料为增强绝缘、屏蔽等在工厂预制成型	预制件内径与电力电缆外径应过盈配合
热缩式	终端接头	应用热收缩管材和应力控制管	户外终端加雨罩
冷缩式	终端接头	用弹性体材料经注射硫化，扩张后内衬螺旋状支撑物	在常温下靠弹性回缩力紧压于电力电缆绝缘
可分离连接器	终端接头	以合成橡胶材料预制成型，并带有导体连接金具	又称插入式终端，需要时可以分离
模塑式	终端接头	绕包经辐照或化学交联的聚乙烯带，经模具加热成型	—
浇筑式	终端接头	用液体或加热后呈液态的绝缘材料作为终端的主绝缘，浇筑在装配好的壳体内	—

（一）中压电力电缆终端

中压电力电缆终端安装在电力电缆线路的两端，具有一定的绝缘和密封性能，连接电力电缆与其他电气设备的装置。绕包式终端是较常用的终端型式。这种型式的终端和接头的主要结构是在现场绕包成型的。各种不同特性的带材，包括乙丙橡胶、丁基橡胶或硅橡胶为基材的绝缘带、半导电带、应力控制带、抗漏电痕带、密封带、阻燃带等。图 1-8 是交联聚乙烯绕包式电力电缆终端结构示意图。

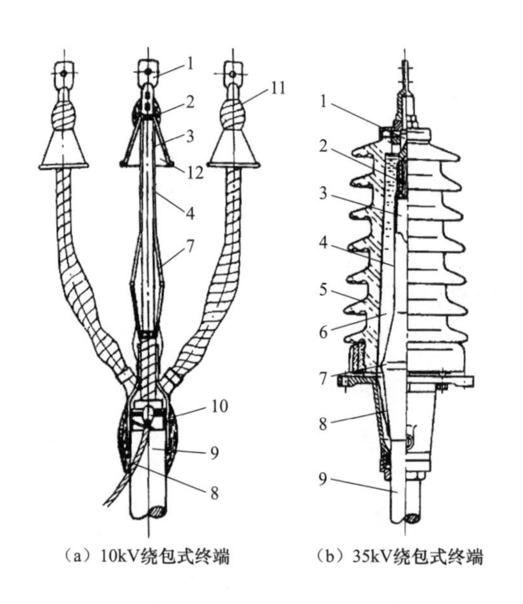

图 1-8　交联聚乙烯绕包式电力电缆终端结构示意图

1—接线柱（或端子）；2—电力电缆导体；3—电力电缆绝缘；4—绝缘带绕包层；5—瓷套；6—液体绝缘剂；7—应力锥（或应力带）；8—接地线；9—电力电缆外护套；10—分支套；11—相色带；12—雨罩

（二）中压电力电缆接头

热缩式接头是中压电力电缆接头中常用的一种，其以各种热收缩部件组装而成。热收缩部件是高分子聚合物材料经辐照或化学交联工艺并加热扩张，采用热收缩应力控制管，用加热工具加热到 120～140℃，用加热熔化黏合的胶黏性材料——热熔胶，使热收缩部件与电力电缆紧密结合，达到密封效果制成的接头。图 1-9 是 10kV 交联聚乙烯电力电缆热缩式接头的结构示意图。

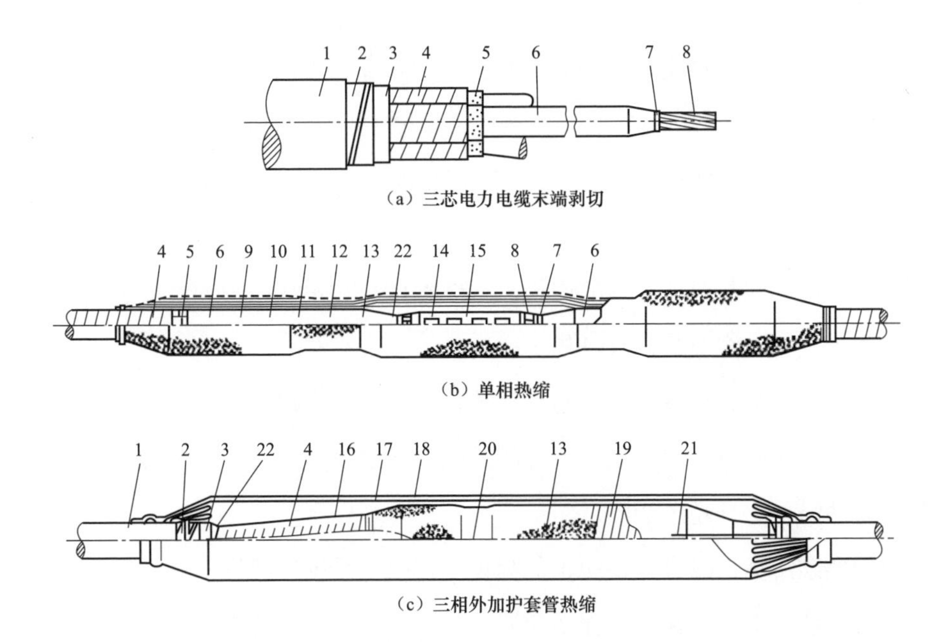

（a）三芯电力电缆末端剥切

（b）单相热缩

（c）三相外加护套管热缩

图 1-9　10kV 交联聚乙烯电力电缆热缩式接头结构示意图

1—外护层；2—钢带；3—内护层；4—屏蔽铜带；5—外半导电层；6—电力电缆绝缘；7—内半导电层；8—导体；9—应力管；10—内绝缘管；11—外绝缘管；12—半导电管；13—屏蔽铜丝网；14—半导电带；15—连接管；16—内护套管；17—外护套管；18—金属护套管；19—绑扎带；20—过桥线；21—铜带跨接线；22—填充胶

三、通用技术要求

电力电缆终端与接头主要性能应符合国家现行相关产品标准的规定。结构应简单、紧凑，便于安装。所用材料、部件应符合相应技术标准要求。

电力电缆终端与接头型式、规格应与电力电缆类型如电压、芯数、截面、护层结构和环境要求一致。

电力电缆终端外绝缘爬距应满足所在地区污秽等级要求。在高速公路、铁路等局部污秽严重的区域，应对电力电缆终端套管涂上防污涂料，或者适当增加套管的绝缘等级。

电力电缆终端套管、绝缘子无破裂，搭头线连接正常；电力电缆终端应接地良好，各密封部位无漏油。

户外终端的正常使用条件为海拔不超过 1000m。对于海拔超过 1000m 但不超过 4000m 安装使用的户外终端，在海拔不超过 1000m 的地点试验时，其试验电压应按 GB 311.1—2012《绝缘配合　第 1 部分：定义、原则和规则》第 3.4 条进行校正。

电力电缆终端与电气装置的连接，应符合 GB 50149《电气装置安装工程　母线装置施工及验收规范》的有关规定。

电力电缆终端、设备线夹、与导线连接部位不应出现温度异常现象，电力电缆终端套管各相同位置部件温差不宜超过 2K；设备线夹、与导线连接部位各相相同位置部件温差不宜超过 20%。

电力电缆终端上应有明显的相色标识，且应与系统的相位一致。

电力电缆终端法兰盘（分支手套）下应有不小于 1m 的垂直段，且刚性固定应不少于 2 处。电力电缆终端处应预留适量电缆，长度不小于制作一个电力电缆终端的裕度。

并列敷设的电力电缆，其接头的位置宜相互错开。电力电缆明敷时的接头、应用托板托置固定；电力电缆接头两端应刚性固定，每侧固定点不少于 2 处。

直埋电力电缆接头盒外面应有防止机械损伤的保护盒（环氧树脂接头盒除外）。电力电缆接头处宜预留适量裕度，长度不小于制作一个接头的裕度。

电力电缆附件应有铭牌，标明型号、规格、制造厂、出厂日期等信息。现场安装完成后应规范挂设安装牌，包括安装单位、安装人员、安装日期等信息。

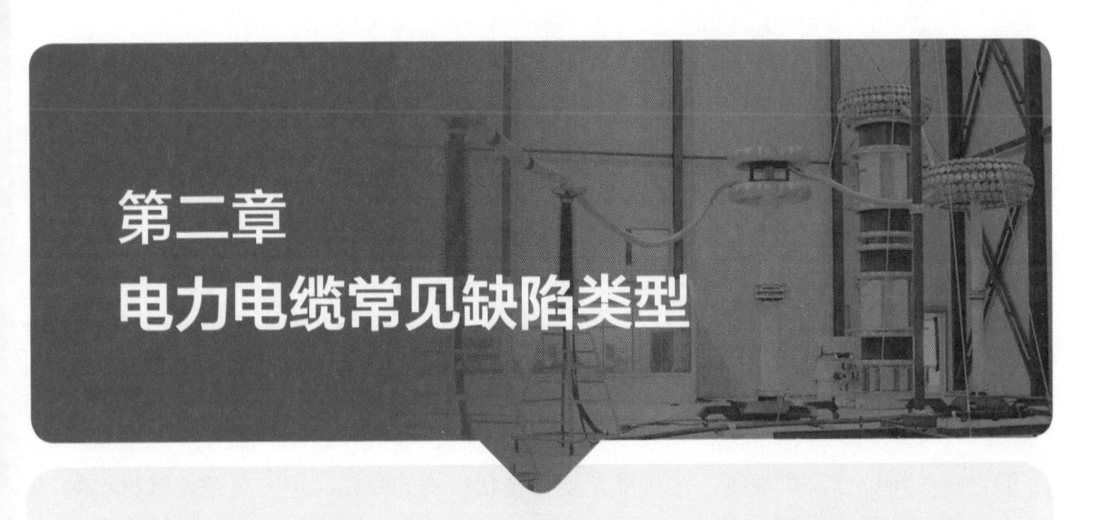

第二章 电力电缆常见缺陷类型

交联聚乙烯电力电缆的使用寿命是30年左右，但由于其制造工艺不完善、电力电缆敷设损伤、电力电缆运行环境恶劣等因素，极大地影响了电力电缆长期运行的可靠性，使大量电力电缆的实际寿命往往达不到设计要求而提前进入老化期，为电力系统的运行安全埋下了重大隐患。电力电缆线路在投入运行后的1～5年内容易发生运行故障，其故障的主要原因是电力电缆及附件产品质量问题和电力电缆敷设安装质量问题；电力电缆线路在投入运行后的5～25年内，电力电缆本体和附件基本进入稳定时期，此时，电力电缆线路运行故障率较低，运行故障的主要原因是电力电缆本体树枝状老化击穿和附件进潮进而发生沿面放电；运行年限大于25年后，电力电缆本体的树枝状老化现象严重、介质材料电—热老化以及附件材料老化加剧，水树枝转变为电树枝导致电力电缆运行故障率大幅上升。因此，电力运行管理部门迫切关心的问题是电力电缆在实际运行工况条件下长期运行后（特别是服役时间接近设计寿命时），是应该继续保持运行以使效益最大化还是退出运行以免发生停电事故造成严重损失。

除了工艺与敷设等因素会造成电力电缆缺陷的产生，电力电缆绝缘老化也是造成缺陷的重要原因之一。老化是指绝缘材料在一定的环境因素作用下，其性能产生一种不可逆转的劣变，电力电缆绝缘在热、电、机械外力、水、酸、碱、盐、有机化合物以及微生物等一系列外界因素的作用下，容易发生老化。交联聚乙烯（crosslinked polyethylene cable，XLPE）电力电缆绝缘老化原因可大致分为内部原因和外部原因。其中内部原因也称为老化起点，如电力电缆绝缘中的气隙、杂质、半导电凸起及界面裂隙等。外部原因也称为老化应力，如电应力、热应力、机械应力及环境应力等。在只有外部原因存在的情况下，电力电缆绝缘也会发生绝缘老化。若同时存在内部原因与外部原因，则电力电缆绝缘可能会加速老化。电力电缆绝缘老化的原因是多样的、复杂的，常常是多种因素共同作用所致的。一般认为电力电缆绝缘老化主要分为热老化、局部放电老化、电树枝老化、水树枝老化等几类。绝缘材料老化的表现主要有绝缘电阻下降、介质损耗增大等，对老化的绝缘材料进行显微观测，还可能发现树枝状结构的存在。电力电缆绝缘材料的老化，最终会导致电力电缆绝缘失效，发生击穿，影响整个电力系统的正常运行。

第一节　电力电缆本体的典型缺陷

电力电缆本体的缺陷主要是由厂家制造、施工质量、外力破坏、运行中的老化等原因引起。具体缺陷类型如下。

一、电力电缆绝缘老化

电力电缆的老化原因，一般认为电树枝、水树枝、热老化的发生，导致电力电缆及其附件绝缘性能的降低，且出现频率较高。

二、电力电缆机械损伤

机械损伤的原因主要是直接受外力作用、敷设过程造成的损坏、自然力造成的损坏等几个方面。

直接外力作用造成的机械损伤主要是指电力电缆的铅（铝）护套裂损，其裂损的原因则是施工和交通运输所造成的损坏，以及行驶车辆的震动或冲击性负荷。

电力电缆敷设过程中造成的损坏主要是指电力电缆在敷设过程中受拉力过大或弯曲过度造成的电力电缆绝缘和护层的损坏。特别是一些需穿管的电力电缆，管口两端的曲率半径太小导致管口部位经常发生绝缘击穿事故；另外是以管口边缘作支点，对电力电缆内部的绝缘造成了严重的损坏。

自然力造成的损坏是中间接头或终端头受自然力和内部绝缘胶膨胀作用所造成的电力电缆护套裂损。其原因是电力电缆的自然胀缩和土壤下沉所形成的过大拉力拉断中间接头、导体以及终端头瓷套，使其相关部件因受力而破损等。

三、施工质量低

电力电缆线路敷设施工时受施工的环境条件、天气条件以及施工机具和人员素质条件限制，可能出现诸如电力电缆终端端部进水、电力电缆附件内部进入杂质、附件安装误差和电缆弯曲半径偏小等施工质量低的情况，这都会造成电力电缆受潮、电力电缆金属屏蔽层崩裂或电力电缆本体机械应力内伤等施工失误，引发电力电缆早期运行故障。统计表明此类故障占故障总数的12%，其中绝大部分施工质量问题是完全可以避免的。值得注意的是，过去所有电力电缆线路在投运前均采取直流耐压试验为竣工交接试验，然而该试验并未发现这些故障隐患。

四、过电压或过负荷

过电压引起绝缘击穿。在电力系统中出现的雷电过电压和内部过电压均可导致电力电缆绝缘击穿，这在过电压保护不完善的电力电缆线路中也会发生。经过对实际事故分析发现，许多户外终端头事故是由雷电过电压引起的。另外，当电力系统发生故障时，会引起系统电流增加，当电力电缆绝缘存有缺陷时，则容易在绝缘薄弱环节发生击穿事故。

过负荷导致电力电缆绝缘损坏。电力电缆属于一次性投资的较大设备，一旦投入运行，就不会轻易停运，尤其是在电力电缆没有发生必须停运的故障时更是如此。但随着经济发展步伐的加快，已经投运的电力电缆经常处于临界满负荷运行状态，长期满负荷或经常超负荷运行的电力电缆会出现绝缘老化等现象。如果电力电缆运行环境恶化，将会加快电力电缆劣化进程，最终导致电力电缆缺陷发展为故障。特别是电力电缆制作工艺不良时，电力电缆的局部温度上升也很快，极易发生绝缘击穿事故。

五、生产工艺不合格

在电力电缆生产过程中，原材料要经过高温高压、冷却、收卷成型等工序，如果选用的原材料纯度质量等达不到生产要求，或者在高温高压工序中温度压力过高过低、反应不完全、混入杂质，都可能使生产出来的电力电缆绝缘层绝缘性能下降。这样的电力电缆，经过一定运行时间，极易发生击穿等故障。

六、鼠蚁虫害的破坏

在电力电缆敷设的地区存在白蚁、老鼠等，它们会蛀坏外护套甚至绝缘层，会对电力电缆产生危害，造成电力电缆故障。

第二节　电力电缆附件的典型缺陷

电力电缆附件包括终端头及中间接头。电力电缆附件不是由制造厂提供完整的产品，而必须在现场将工厂制作的各种组件、部件和材料按照相关的设计工艺要求安装到电力电缆上并与电力电缆本身结合为一个整体，这才构成电力电缆的终端或接头。因此，电力电缆附件由工厂制作和现场安装两个阶段完成。相比电力电缆本体，电力电缆附件结构复杂，其本身的电场分布就不均匀。因此，电力电缆附件成为电缆系统中最薄弱的环节，容易发生运行故障。具体缺陷类型如下：

（1）产品制造质量缺陷，如接头内部杂质或气隙。

（2）安装质量缺陷，如未按规定的尺寸、工艺要求安装，安装过程中引入潮气、杂质、金属颗粒、外半导电层或主绝缘破损、电力电缆端头未预加热引起主绝缘回缩过度、导体连接器出现棱角或尖刺、接头应力锥安装错位等。

（3）接头绝缘与电力电缆本体之间界面缺陷，如握紧力不够，形成气隙。

（4）接头绝缘部件的老化，如电—热多因子老化、进潮、进水、化学腐蚀等加速老化。

统计表明，现场安装是导致电力电缆附件缺陷的主要原因。对于配电电力电缆的放电性缺陷主要集中在电力电缆的接头及终端位置，绝大多数是由施工工艺不良引起的。缺陷可划分为半导电层倒角不齐、主绝缘表面有导电杂质、接头错用绝缘带及主绝缘表面划痕。配电电力电缆放电性缺陷模拟如图 2-1 所示。

（a）半导电层倒角不齐

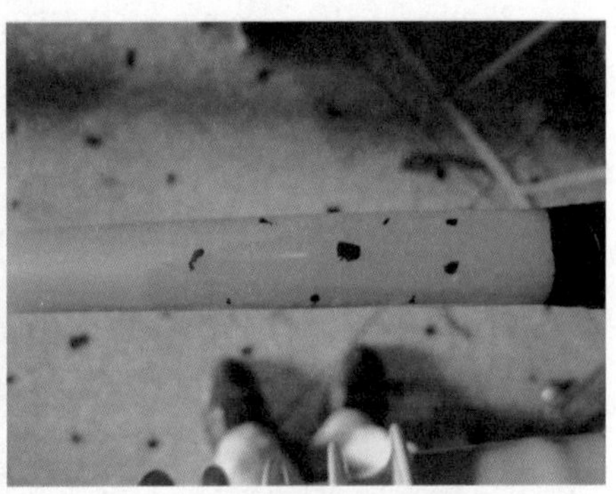

（b）主绝缘表面有导电杂质

（c）接头错用绝缘带

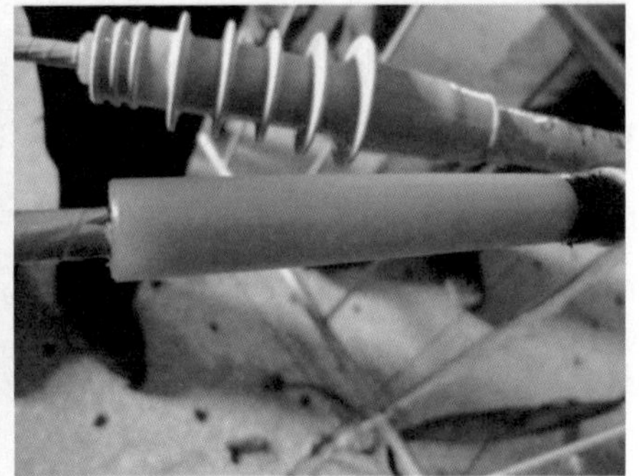

（d）主绝缘表面划痕

图 2-1　配电电力电缆放电性缺陷模拟

第三节　热　老　化

在电力电缆正常运行过程中，XLPE 绝缘的最高工作温度可达 90℃，而当电力电缆发生故障时，XLPE 绝缘的温度可能会大幅提高，当高压电力电缆出现短路故障时，电力电缆绝缘的温度甚至可达 200℃以上。在 XLPE 电力电缆的服役过程中，由电力电缆过热引发的热老化会对 XLPE 绝缘带来不可逆转的损害，导致 XLPE 绝缘的性能下降，缩短电力电缆的使用寿命。为了保障输电线路的安全稳定运行，目前国内的高压 XLPE 电力电缆绝缘层厚度设计较保守，留有过度的裕量，相比发达国家还有较大的差距。以 220kV XLPE 电力电缆为例，国内的绝缘厚度约为 27mm，较其他国家相应电压等级（225kV）电力电缆所采用的厚度值（如日本 23mm、德国 24mm）偏大，比荷兰的 17mm 大得更多。由于 XLPE 的导热性较差，更大的绝缘厚度给 XLPE 电力电缆绝缘的散热带来了更大的挑战，因此对国内高压 XLPE 电力电缆而言，热老化的影响更加不容忽视。

在热的长期作用下，用于绝缘的高分子有机材料会发生热老化，热老化主要包括氧化、热裂解等各种化学反应，而决定 XLPE 热老化特性的主要反应是氧化反应。

在热老化过程中，XLPE 电力电缆绝缘聚集态结构和性能的逐步劣化主要由氧化反应引发的热氧降解所造成，而自动氧化反应是聚合物热氧降解的主要特征，也是热氧降解的核心。自动氧化反应是指发生按照典型的链式自由基机理进行的、具有自动催化特征的氧化反应。在引发过程中，XLPE 受到热的作用或与氧发生反应，XLPE 大分子链的弱点部位发生断裂，产生自由基。在增长过程中，自由基与氧发生反应，生成过氧化自由基。过氧化自由基进而与 XLPE 分子链反应，捕获分子链上的氢原子，生成过氧化氢物。在热的作用下，过氧化氢物会分解产生新的自由基并与 XLPE 分子链发生反应，产生新的自由基和过氧化氢物。新产生的自由基和过氧化氢物会投入到之前的反应中，保持整个氧化反应连续、自加速进行。关于热老化对 XLPE 电力电缆绝缘聚集态结构和性能的影响，国内外学者已开展了大量的研究。研究结果表明，热老化过程中，在 XLPE 绝缘内发生的氧化反应会引发 XLPE 分子链发生断裂，氧化反应和分子链断裂的主要产物为羰基。氧化反应及分子链断裂会进一步导致 XLPE 结晶度和熔融温度的下降，介电性能的下降，以及力学性能的下降。

电力电缆在运行期间，电力电缆绝缘会受到长期热老化的影响，有时热老化引起的损伤是不可恢复的。热老化使得电力电缆的电气特性（如介质损耗、绝缘击穿电压等）和物理特性（如抗张性、伸长性等）均降低，同时 XLPE 绝缘在高温的作用下，水树枝里可能发生显著的氧化，导致吸水性增大、导电性增高，最终热击穿。XLPE 电力电缆绝缘材料的热老化过程，是热对材料分子的作用导致化学键的断裂，随之发生化学组分的变化，从而使性能变劣化以至于失效的过程。

第四节　局部放电老化

在电压的作用下，绝缘结构内部的边缘发生非贯穿性的放电现象称为局部放电。局部放电能够存在于电树枝、孔隙、裂纹、杂质以及剥离的界面上，通常可以分为以下四种类型：

（1）内部放电。电力电缆或附件绝缘中的气隙、杂质引起的放电。

（2）沿面放电。两种固体电介质材料的接触面出现放电通道，常见于电力电缆接头和终端中。

（3）电晕放电。由尖电极或凸起物使气态介质处于极不均匀场中而发生的放电。

（4）树枝化放电。该种放电来自电力电缆绝缘中的电树枝，电树枝通常是由挤包型绝缘介质中的尖电极、气隙或水树枝发展而来。

XLPE 电力电缆的绝缘体内部在制造过程或施工过程中可能会残留一些气泡或掺入其他杂质，而这些存有气泡或杂质的区域，其击穿场强低于平均击穿场强，因此在这些区域就会首先发生放电现象。绝缘内部气隙发生放电的机理随气压和电极系统的变化而异。每一次局部放电对绝缘介质都会有一些影响，轻微的局部放电对电力设备绝缘的影响较小，绝缘强度的下降较慢；而强烈的局部放电，则会使绝缘强度很快下降。这是使高压电力设备绝缘损坏的一个重要因素。因此，设计高压电力设备绝缘时，要考虑在长期工作电压的作用下，不允许绝缘结构内发生较强烈的局部放电。对运行中的设备要加强监测，当局部放电超过一定程度时，应将设备退出运行，进行检修或更换。

局部放电对绝缘材料的影响如下：

（1）局部放电引起绝缘材料中化学键的分离、裂解和分子结构的破坏。

（2）放电点热效应引起绝缘的热裂解或促进氧化裂解，增大了介质的电导和损耗产生恶性循环，加速老化过程。

（3）放电过程生成的臭氧、氮氧化物遇到水分生成硝酸化学反应腐蚀绝缘体，导致绝缘性能劣化。

（4）放电过程的高能辐射，使绝缘材料变脆。

（5）放电时产生的高压气体引起绝缘体开裂，并形成新的放电点。在运行电压下，空气的介电常数较固体介质小，而场强与介电常数成反比，其耐压强度却低于绝缘材料，在绝缘薄弱环节处形成局部放电。当绝缘中存在微孔或绝缘层与内、外部半导电层间有空隙时，将由于局部放电侵蚀绝缘而使绝缘性降低，以致发生老化形态，表现为绝缘击穿。

第五节　电树枝老化

由于绝缘材料中含有杂质，形成场强集中部位发生局部放电，具有树枝状痕迹逐步伸展至全部路径而击穿的老化形态。对于 XLPE 绝缘，由电树枝出现到全部路径击穿的时间较短，这是电树枝与水树枝有所区分的一个特点。电树枝按产生的机理分为以下几种类型：

（1）由于机械应力的破坏使 XLPE 绝缘产生应变造成气隙和裂纹，引发电树枝放电。机械应力一方面是由于电力电缆生产、敷设运行中不可避免地弯曲、拉伸等外力而产生，另一方面是电力电缆在运行中电动力对绝缘产生的应力。

（2）气隙放电造成电树枝的发展。现代的生产工艺尽管可以消除 XLPE 电力电缆生产线中某些宏观的气隙，但仍有 1～10μm 或少量的 20～30μm 的气隙形成的微观多孔结构。多孔结构中的放电形式主要以电晕放电为主。通道中的放电所产生的气体压力增加，导致了树枝的扩展和形状的变化。

（3）场致发射效应导致树枝性放电。在高电场作用下，电极发射的电子由于隧道效应注入绝缘介质，电子在注入过程中获得足够的动能，使电子不断地与介质碰撞引起介质破坏，导致树枝性放电。

（4）缺陷。缺陷主要是导体屏蔽上的节疤和绝缘屏蔽中的毛刺以及绝缘体内的杂质和空穴。这些缺陷使绝缘体内的电场集中，局部场强提高。引起场致发射，导致树枝性放电。

第六节　水树枝老化

XLPE 电力电缆在制造过程中，由于制造技术与精确度等问题，不可避免地在绝缘层中含有气泡、微孔和半导电层凸起等局部缺陷，这些缺陷在水和电场的共同作用下，在绝缘体内形成水树枝。现在虽然对水树枝还没有一个严格的定义，电气学会的技术报告中对水树枝有一定的描述："水树枝是聚乙烯类绝缘材料在长时间与水共存状态下因电场作用产生的，其形状为充满了水的各种树枝状的细微通道或气隙。"电力电缆中的水树枝因其产生的位置可以分为三类，即在电力电缆的内半导电层处发生的内导水树枝、因绝缘体中的孔隙和杂质而产生的蝴蝶结形状的蝶形水树枝，以及由外部半导电层产生的外导水树枝。

水树枝是缩短电力电缆寿命的主要原因。水树枝的生长周期非常长，水树枝并不能导致电力电缆绝缘的击穿，但是在水树枝生长的过程中，由于其尖部场强的集中而转化为电树枝，电树枝一旦生成，在很短的时间就会造成绝缘击穿。低温时，水树枝需要经较长时间转化为电树枝，开始破坏电力电缆的绝缘性能；高温下，水树枝里可能发生显著的氧化，导致吸水性增大、导电性增高，使介质损耗增加、绝缘电阻和击穿电压下降，最终产生热击穿。据统计，国内城市供电 35kV 及以下 XLPE 电力电缆中，普遍在运行 8～12 年生长出大量水树枝，致使大量电力电缆因水树枝的产生引发击穿事故。XLPE 电力电缆绝缘老化情形分析如表 2-1 所示。

表 2-1 **XLPE 电力电缆绝缘老化情形分析**

老化原因		老化形态
电应力	运行电压、过电压 过负荷、直流分量	局部放电老化 电树枝老化 水树枝老化
热应力	温度异常、冷热循环	热老化 热—机械老化
化学应力	化学腐蚀、油浸泡	化学腐蚀 化学树枝
机械应力 生物应力	机械冲击、挤压外伤	机械损伤、变形 电—机械老化 成孔、短路

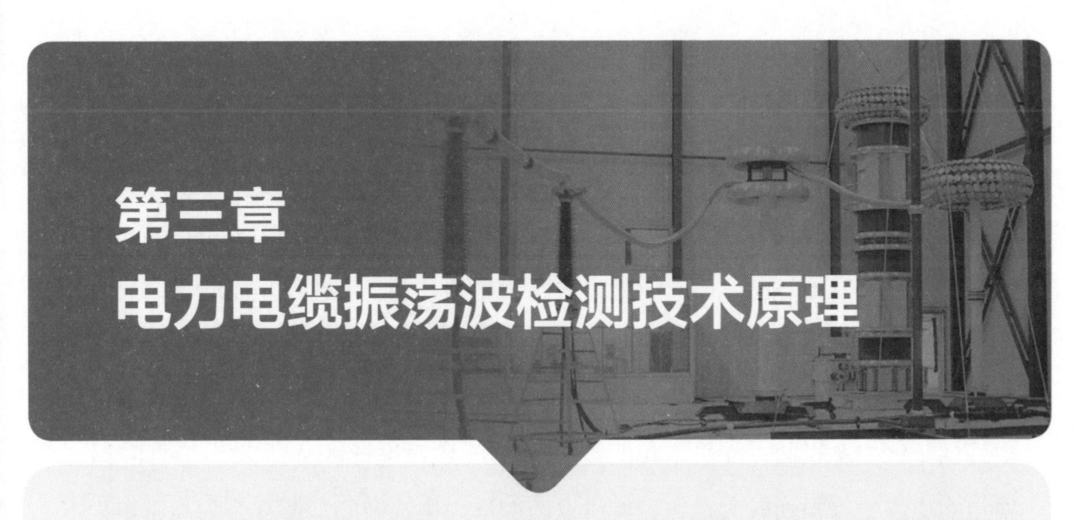

第三章 电力电缆振荡波检测技术原理

目前，电力电缆的交接或预防性试验主要有直流耐压试验、工频交流耐压试验、超低频耐压试验等。国内外普遍认为直流法由于残余电荷等方面的影响已经不适合作为交联聚乙烯电力电缆的耐压试验。交流耐压试验是目前国内外运用得较多的一种电力电缆耐压试验方法。不过这种方法对试验设备的容量要求较高，不利于现场操作。电力电缆的超低频耐压试验所需时间非常长，且变频装置笨重。此外，这几种试验方法在一定程度上均会对交联聚乙烯的绝缘性能产生影响，属于损伤性试验。这会对电力电缆线路的安全稳定运行构成潜在威胁。

随着对供电可靠性要求的不断提高，国内外众多研究机构和供电企业一直在探索和研究新型的配电电力电缆缺陷测试方法。阻尼振荡波交流耐压（振荡）局部放电测试技术（简称阻尼振荡波试验技术）是其中比较典型的一种测试方法。理论上，该方法可一次性发现整条电力电缆中所有不同类型和位置的绝缘缺陷。

阻尼振荡波试验技术是近年来国内外密切关注的一种用于电力电缆状态检测的新兴技术，其技术实质是用阻尼振荡波电压代替工频交流电压作为测试电压，在此基础上紧密结合符合 IEC 60270《局部放电测量》标准要求的脉冲电流法局部放电现场测试、基于时域反射法的局部放电源定位和基于振荡波形阻尼衰减的介质损耗测量多种手段。

第一节　阻尼振荡波试验原理

由于电力电缆电容量大，很难在现场进行工频电压下的局部放电检测。过去充油电缆采用直流试验，但对于 XLPE 电力电缆，由于其绝缘电阻较高，且在交流和直流电压作用下的电压分布差别较大，直流耐压试验后，在电力电缆本体和缺陷处会残留大量的空间电荷，电力电缆投运后，这些空间电荷极容易造成电力电缆的绝缘击穿事故。而采用超低频（0.1Hz）电源进行试验，其测试时间较长，对电力电缆绝缘损伤较大，并可能引发新的电力电缆缺陷。图 3-1 为高压电力电缆阻尼振荡波状态检测系统结构，图 3-2 为阻尼振荡波局部放电测试仪器工作原理图。

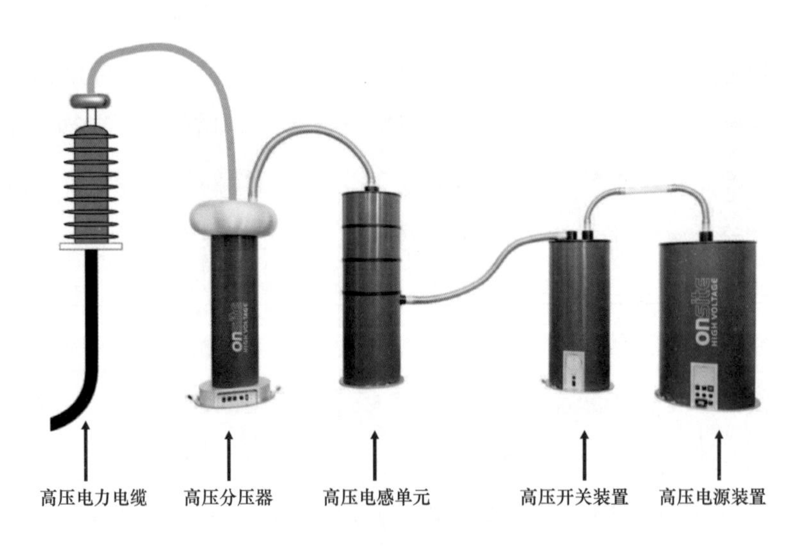

图 3-1　高压电力电缆阻尼振荡波状态检测系统结构

阻尼振荡波局部放电检测电源产生的基本原理：首先由整流元件将 220V 的交流电转换成所需的直流电，然后对直流电压幅值进行调整，最后对输出直流电压进行滤波和稳压调整，以确保输出精度和稳定性。实际检测时，根据测试加压的幅值要求，通过调整直流电压幅值和控制直流电源对被测电力电缆的充电时间来控制所产生振荡波的幅值，振荡波频率通过串入的空心电抗器进行调节，振荡波的衰减阻尼系数由电力电缆等效电容和空心电抗器确定。

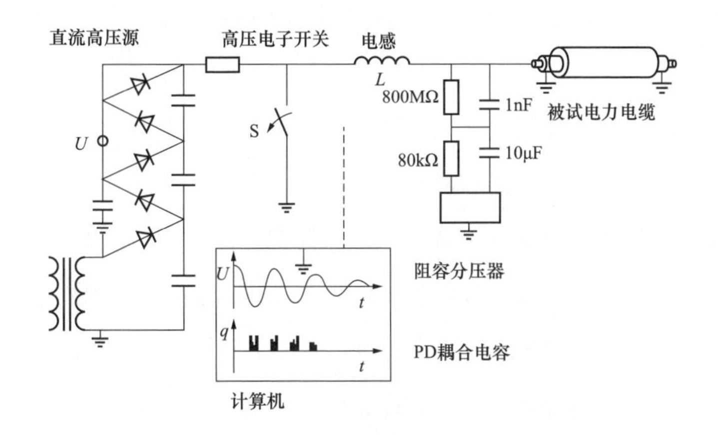

图 3-2　阻尼振荡波局部放电测试仪器工作原理图

测试过程分为以下三个阶段。

（1）充电阶段，用直流电源将被测试电力电缆在几秒钟内充电至工作电（额定电压）。

1）交流分量，无直流电介应力。

2）持续交流分量变化，无阶梯电压变化。

3）电场小于 20kV/mm，相对时间短（数十秒），不产生电场累积效应。

4）最大电压到达后，快速开关动作。

（2）转换阶段，实时快速状态开关闭合，将被测电力电缆和空心电感构成串联谐振回路。由于电力电缆电感小，没有暂态过压。

（3）LC 振荡阶段。

1）可以测试局部放电起始电压和局部放电量。

2）测试条件接近交流测试，击穿条件下发现缺陷。

3）双极交流充放电过程没有电荷聚积。

电力电缆阻尼振荡波局部放电测试系统基于 RLC 阻尼振荡原理，通过内置的高压电抗器、高压固态开关与试品电力电缆形成阻尼振荡电压波，在电力电缆试品上施加近似工频的正弦电压波，激发出电力电缆潜在缺陷处的局部放电信号。

采用脉冲电流法高灵敏度检测出局部放电信号，配合高速数据采集设备完成局部放电信号的检测、采集、上传。单次测试过程 1min 左右，测试效率高，对被测电力电缆无伤害。

电力电缆阻尼振荡波局部放电测试系统由高压恒流电源、高压开关、高压电感、分压器、局部放电耦合器和测控主机组成，若按电压发生装置等效电路动态元件储能时工作状态区分，属于直流激励振荡式。阻尼振荡波电压释放作用过程基于 RLC 串联欠阻尼振荡原理，恒流电源首先通过线性连续升压方式对被测电力电缆进行逐步充电蓄能（充电电流恒定）、加压至预设电压值 U_{max}。整个充电过程电力电缆绝缘中无稳态直流电场存在。加压完成后，固态高压开关在很短的时间内（动作时间为微秒级）闭合，使被测电力电缆电容与系统中高压电感周期性交换能量，并经过等效电阻逐渐损耗，从而在被测电力电缆上产生衰减振荡电压。从对交联聚乙烯电力电缆充电到预设电压值至振荡波衰减为零的整个过程，称为一次阻尼振荡波电压作用。通过合理配置系统中高压电感以产生符合 IEC 60840 *Power cables with extruded insulation and their accessories for rated voltages above 30kV（U_m=36kV）up to 150kV（U_m=170kV）—Test methods and requirements* 和 IEC 60270 *High-voltage test techniques—Partial discharge measurements* 等标准要求的 20～300Hz 的阻尼振荡波；在振荡电压作用下，电力电缆内部潜在缺陷激发局部放电；测控主机整体协调整个系统的运行，并采集、存储和分析分压器/耦合器采集的阻尼振荡波信号和局部放电信号。

局部放电源定位技术是在振荡波加压测试过程中，利用检测到的脉冲时差、电力电缆全长和脉冲在不同绝缘类型电力电缆中的传播速度计算出局部放电脉冲的产生位置。首先利用脉冲测距仪向电力电缆注入低压脉冲，该脉冲经过电力电缆末端断路点形成反射波，通过计算反射脉冲与发射脉冲的时间差得到电力电缆全长。其次，利用局部放电信号脉冲时域反射法（time domain reflectometry，TDR）对局部放电源进行定位，振荡波局部放电测试仪器通过对电力电缆加压诱发缺陷部位产生局部放电，同一局部放电脉冲同时向电力电缆两端传播（其中一个脉冲波直接传播到仪器接收端，称为入射波，另一个脉冲波经过电力电缆对端反射后传回仪器接收端，称为反射波），利用入射波和反射波到达的时间差、脉冲传播速度和电力电缆长度计算得到局部放电缺陷的精确位置。阻尼振荡波全电压波形如图 3-3 所示。

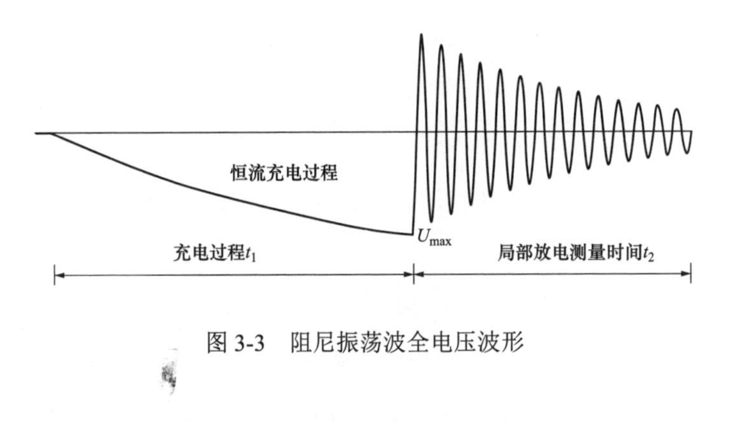

图 3-3　阻尼振荡波全电压波形

第二节　阻尼振荡波技术发展情况

由于振荡波检测仪器集成度高、测试接线及操作简单、功耗较小、整体轻便，并且一次加压可同时完成电力电缆局部放电的测试和介质损耗因数的测量，相对于工频交流电压测试具有明显优势。因此，近年来振荡波检测技术得到了迅速的发展。

从 20 世纪 50 年代后期开始，世界各国纷纷采用宽频带放大检测器对电力电缆绝缘进行局部放电检测。

1963 年，荷兰 Nederlandse Kabel Fabrieke 电缆厂 F.H.Kreuger 博士发表了 1957～1960 年试验研究的论文和《局部放电检测》一书，奠定了局部放电的测量技术基础。此后，国际大电网会议（CIGRE）第 21 技术委员会（高压电力电缆）成立了局部放电工作组，针对电力电缆局部放电的特点进行确定试验方法标准的工作。

1979 年，德国 5 家主要电力电缆工厂同汉诺威大学西林研究所合作研究，提出了长电力电缆上局部放电测试的科学方法。1980 年，德国正式批准这一建议为国家标准。

1982 年，国际电工委员会（IEC）第 17 工作组将电力电缆局部放电试验方法采纳为 IEC 标准草案，1985 年经各国 IEC 分委会多数表决，同意将该草案作为电力电缆局部放电的试验方法标准。

1988 年，荷兰第一次应用振荡波检测技术对电力电缆进行了试验测试。

1990 年，首次应用振荡波检测技术在长电力电缆上进行了测试。

1996 年，日本株式会社的内田克巳等人通过在电气设备上制作气隙和电树枝，施加振荡波电压检测击穿电压。研究发现振荡波电压在这两种缺陷上的效果与交流电压较接近。

1998 年，荷兰代尔夫特理工大学的爱德华·古尔斯基等为了比较振荡波电压和交流电压下的局部放电特性，制作了不同的电力电缆终端缺陷进行检测。研究发现两者的起始放电电压有很高的等效性，但是在局部放电量上存在一定的差异。振荡波的频率并不影响其局部放电的起始电压，但是频率和放电量有很大关系，频率越小，放电量越大。据国内外技术文献记载，该技术采用的振荡波电压是一种用于交联聚乙烯电力电缆局部放电检测和定位的电源。检测时，首先通过振荡波电路与电力电缆连接，产生振荡波电压作用于电力电缆。当电力电缆存在缺陷时，会在振荡波电压的作用下，产生局部放电，经过电路中的局部放电检测设备检测放电信号，从而判断电力电缆的运行状态。

2004 年，美国、日本和新加坡等国陆续开始使用该技术进行电力电缆局部放电测试。随着高速电力电子开关等关键技术的发展，输出电压为 250kV 的振荡波检测仪器研制成功，满足了 220kV 电力电缆的测试需求。

2006 年，国内开始推广电力电缆振荡波检测技术。

2007 年，振荡波测试与工频交流电压测试的等效性在试验及理论分析中得到了验证，为振荡波检测技术的进一步发展奠定了重要的理论基础。

2008 年，国网北京市电力公司等国内供电企业开始引进该技术用于 10kV 电力电缆的局部放电测试。奥运会筹备期间，采用振荡波局部放电监测技术对保电重要线路进行检测，准确掌握了重要线路的绝缘信息资料，为确保重要线路的安全稳定运行打下基础。但当时国内仅开展配电电力电缆线路在阻尼振荡波电压下绝缘性能检测与诊断的现场应用，在高压电力电缆线路上的研究与应用处于空白。

2010 年 3 月，国网武汉供电公司与国网电科院武汉高压研究所联合，首次在国内尝试引进瑞士振荡波局放测试及定位系统（oscillating wave test system，OWTS）（HV150）的振荡电压下现场测试、诊断 2 条 110kV 交联聚乙烯电力电缆线路的绝缘健康状况。研究分析和现场实测证明，用振荡电压代替工频正弦波电压作为试验电压，结合耐压试验、局部放电检测与定位、介质损耗测量多种绝缘性能检测方法，可有效覆盖线路全长范围内电力电缆本体及附件，较好地弥补了现有高压交联聚乙烯电缆绝缘性能检测手段存在的局限和不足。

2010 年 4 月，为保障广州亚运会主网电力电缆安全，广州供电局引进了新加坡新能源公司所有权的瑞士 OWTS（HV150）系统对亚运会保电几条重要的 110kV 电力电缆进行检测，同时进行了技术交流和探讨。

尽管如此，在 110、220kV 高压交联聚乙烯电力电缆线路现场试验和状态检测中，阻尼振荡波（振荡）电压下绝缘性能检测的研究与应用在国内的相关经验和数据仍相当缺乏。

IEC 及世界各国都制定了相关的局部放电测试标准，通过对局部放电的检测及时发现绝缘系统中的薄弱环节，找出故障原因，保证电力电缆质量，保障电力系统安全可靠运行。国际大电网（CIGRE）也在 2009 年成立了电力电缆及接头现场局部放电检测技术的工作组，对该方面技术发展进行研究梳理。

阻尼振荡波局部放电检测技术在中低压电力电缆领域的应用效果，已被业内认可并广泛应用，但在 110kV 及以上高压电力电缆领域仍是最前沿的技术。瑞士 Onsite 公司研发成功的 OWTS 系统设备可测试 110kV 及以上高压电力电缆，最高输出电压峰值达 350kV，可对 220kV 及以下电压等级电力电缆进行局部放电测试及耐压试验，在欧洲、中东、亚洲已有不少的成功案例。它具有与交流电源等效性好、作用时间短、操作方便、易于携带等特点，可有效检测交联聚乙烯电力电缆中的各种缺陷，不会对电力电缆造成伤害。高压电力电缆振荡波局部放电测试主要用于检测电缆系统内部（包括电力电缆本体、接头、终端）存在的局部放电（绝缘层中存在的未击穿的放电通道，简称局部放电。局部放电会在电场作用下逐渐升级，最终转化为击穿故障)，确保电力电缆处于健康状态。其原理是通过检测感性元件与被试电力电缆的高频脉冲信号，结合信号补偿技术，达到测量并精确定位电力电缆线路局部放电的目的。

基于国内外技术研究及配电电力电缆现场应用成效，2011 年，深圳供电局采用振荡电压下现场测试、诊断 3 条 220kV 及 14 回 110kV 交联聚乙烯电力电缆线路的绝缘健康状况，开展了国内至今最大规模的振荡电压下电力电缆局部放电检测、放电源定位和介质损耗测量等试验工作。为全面了解典型高压交联聚乙烯电力电缆振荡测试系统（OWTS）的功能与组成，探讨研究用振荡电压代替工频正弦波电压作为试验电压的可行性，结合对比了耐压试验、局部放电检测与定位、介质损耗测量多种绝缘性能检测方法，初步认可阻尼振荡波检测局部放电可比较有效覆盖线路全长范围内的电力电缆本体及附件，较好地弥补现有高压交联聚乙烯电力电缆绝缘性能检测手段存在的局限和不足。

目前，国家电网有限公司已将电力电缆振荡波局部放电检测技术加入 Q/GDW 1643—2015《配网设备状态检修试验规程》中。近年来，随着电力电缆振荡波局部放电检测技术的全面开展，国家有关部门已将 10kV 电力电缆振荡波局部放电检测项目纳入 2016 年国家能源局发布的《20kV 及以下配电工程预算定额　第四册　电缆工程》和《北京市建设工程预算定额（2013 年版）》指导手册中，为电力电缆振荡波局部放电检测技术的广泛应用奠定了基础。

第三节　阻尼振荡波试验应用范围

110kV 及以上高压交联聚乙烯电力电缆主绝缘性能检测技术不够完善，各种耐压检测手段都只是考验的办法，而不能完全发现电力电缆实际存在的内部隐患和缺陷。电力电缆中的损伤及故障源如图 3-4 所示。针对上述问题，引入高压振荡波技术。

高压、超高压交联聚乙烯电力电缆运行中采用局部放电在线监测技术是国内密切关注的技术热点，虽能在运行工况下实时监测线路局部放电变化趋势，但也存在局部放电测试无法按照 IEC 标准精确量化引起计量困难和量化判据不统一、单一的检测电压难以发现更微小尺寸的绝缘缺陷、线路金属护套交叉互联导致的局部放电信号分相定位困难等不足。采用在线监测方式目前还无法实现电力电缆线路带电情况下介质损耗量监测，缺失了利用介质损耗评估线路绝缘老化状态的有效手段。

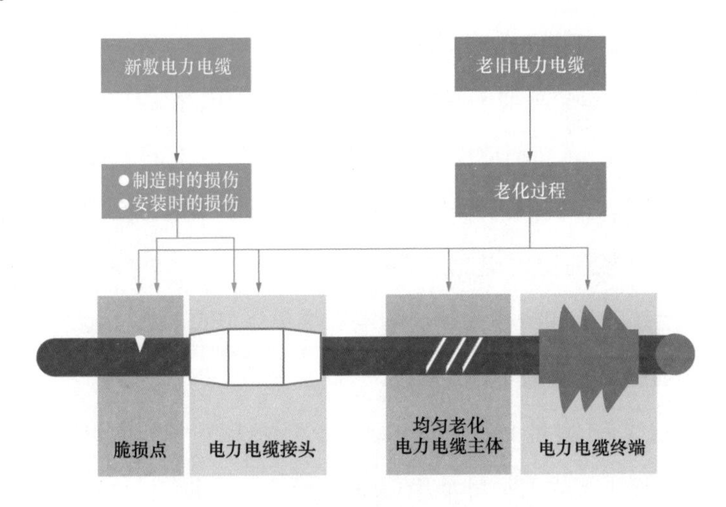

图 3-4　电力电缆中的损伤及故障源

由于目前 110kV 及以上高压振荡波技术尚只有瑞士生产出可用现场实施的检测设备，研究探讨实现现场检测的关键要素，包括 OWTS 系统的振荡电源特点、设备精细化、微秒级光触开关的实现、局部放电定位精度、局部放电滤波去噪等。通过研究分析，建立局部放电定位的数据计算模型，力求找出解决实测设备实现的技术难关。

检测电力电缆本体、终端及中间接头部位发生的各类局部放电缺陷，可有效发现由于生产质量、安装工艺和运行环境造成的主绝缘层、半导电层和屏蔽层多种缺陷。目前检测研究取得的成果，不仅适用于运行线路检测，也适用于新建线路现场交接试验，对进一步提升电力电缆全生命周期安全质量管理水平具有积极作用。

研究发现，电力电缆的局部放电量与其绝缘状况密切相关，局部放电量的变化情况往往预示着电缆绝缘可能存在一定的缺陷，如任其继续发展也可能最终导致电力电缆故障，阻尼振荡波试验主要应用在对电缆绝缘状态进行局部放电的监测，并且对局部放电的部位进行精准定位，以便进行针对性的处理和维护。

阻尼振荡波电压下的电力电缆局部放电检测和定位技术是基于宽频带检测技术、时延鉴别技术、行波定位技术发展起来的。该振荡波系统具有以下特点：

（1）局部放电（partial discharge，PD）试验时对试品起始所加电压为交流电压，不会对电力电缆有损伤；阻尼振荡波电压频率为 20～400Hz，与正常运行时的工频电压可等效，一些重要的测量参数，如局部放电起始电压（partial discharge initial voltage，PDIV）、局部放电熄灭电压（partial discharge extinction voltage，PDEV）等与正常运行时相差不大，并且可以在局部放电诊断中将电压值限定在 1.7U_0 以下，确保不会对电力电缆造成伤害。

（2）测量系统的校准严格依照国际电工委员会 IEC 60270 标准，确保能够准确评估电力电缆不同位置局部放电的大小和等级。

（3）具有较宽的测量频带（150kHz～45MHz）和很高的数据采样速率（100Mbit/s），确保采集到的局部放电信号波形准确，便于进行抗干扰分析，有利于准确定位局部放电发生的位置。

（4）具有数字滤波、动态阈值、小波分析、时延鉴别等抗干扰功能，可根据信号特征，对放电脉冲和干扰脉冲进行取舍和鉴别。

（5）根据 XLPE 电力电缆阻尼振荡电压波形与局部放电信号关系图以及定位图谱确定局部放电的类型，对电力电缆的整体绝缘状况和寿命做更有效的评估和预测。

第四节　阻尼振荡波检测技术优势

现有技术手段存在误报率高、局部放电源定位困难、仅能在额定运行电压下检测的局限，无法准确对局部放电部位进行定位，并且可能会对电力电缆造成损伤。阻尼振荡波局部放电检测和定位技术是当今国际领先的电力电缆状态检测新型技术，可有效弥补现有技术手段的不足。

阻尼振荡波试验在局部放电检测中具有较好的抗干扰能力，可以有效检出电力电缆局部放电水平并对其进行准确定位。这为提高供电可靠率，避免因施工质量或电力电缆劣化导致的突发性事故的发生，以及电力电缆工程的交接验收提供了好方法，能够及时发现和定位潜在局部放电缺陷，且不会对电力电缆造成伤害。

检测仪器集成度高、测试接线及操作简单、功耗较小、整体轻便，并且一次加压可同时完成电力电缆局部放电的测试和介质损耗因数的测量，相对于工频交流电压测试具有明显优势，近年来振荡波检测技术得到了迅速的发展，该手段可以通过预防性检测发现可能引起运行故障的隐患，从而避免发生运行故障，为电网运行部门及时开展主网超高压电力电缆线路检修的处理任务，提供可靠的技术支撑。

一、与在线局部放电监测技术比较

与在线局部放电监测技术相比较，阻尼振荡波检测技术避免了大量在线检测时电网系统的干扰信号，不仅可根据 IEC 和国家标准获取精确量化的局部放电测试结果，而且还能在多个试验电压等级下进行局部放电测试；在线局部放电监测技术则是干扰多且排除干扰的办法比阻尼振荡波技术要少，而且在 110、220kV 交联聚乙烯电力电缆线路上，由于较长的线路采用了交叉互联接地系统，在线局部放电在通过接地线进行检测时，势必出现 PD 信号越相和定位困难等难题。

二、与其他主绝缘试验方法比较

110kV 及以上 XLPE 电力电缆一般采用停电时的耐压试验来检测电力电缆主绝缘的电气性能状态，主要的耐压试验有工频交流电压、直流电压、超低频（0.1Hz）电压或者变频谐振耐压试验。上述变频串联谐振或工频串联谐振等试验仪器，不但因高压试验装置外形尺寸大、笨重、接线烦琐、电源功率要求高等而引起诸多的不便，而且检测的适用性也比不上阻尼振荡波局部放电和耐压检测技术。

根据 IEC 及 CIGRE 对输电电力电缆检测方法的推荐对比图（见图 3-5）对其适用性进行比较。

电缆类型		测试目的	直流试验	VLF0.1Hz（超低频）	AC 20～300Hz（谐振试验）	DAC 20～300Hz（振荡波试验）
输电电缆（超）高压	交联电缆	交接试验	**	*		
		维护测试/诊断测试	**	*		
	充油电缆	交接试验		*		
		维护测试/诊断测试		*		

非国际推荐标准	国际推荐标准

图 3-5　IEC 及 CIGRE 对输电电力电缆检测方法的推荐对比图

图 3-5 中符合“*”的参照标准如下：

（1）IEC 60840 *Power cables with extruded insulation and their accessories for rated voltages above 30kV*（U_{m}*=36kV*）*up to 150kV*（U_{m}*=170kV*）*Test methods and requirements.*

（2）IEC 62067 *Standard Power cables with extruded insulation and their accessories for rated voltages above 150kV*（U_{m}*=170kV*）*up to 500kV.*

图 3-5 中符合“**”的参照标准如下：

（3）*Recommendations for a new after laying test method for HV extruded cable systems CIGRE 1990.*

（4）*CIGRE WG 21-09*：*After-laying tests o HV extruded cable systems*：*Elektra 173.*

由于 XLPE 电力电缆绝缘电阻较高，且交流和直流下电压分布差别很大，直流耐压试验后，在 XLPE 电力电缆中特别是电力电缆缺陷处会残余大量的空间电荷，当电力电缆投运后空间电荷常造成电缆的绝缘击穿事故。大量研究表明，直流电压不适合对 XLPE 电力电缆进行耐压试验。

如果采用超低频（0.1Hz）耐压试验或者变频谐振耐压试验，前者要求试验时间长，且是否对电力电缆绝缘存在破坏进而引发电力电缆中的新缺陷仍未有定论。后者的试验电压和工频电压具有等效性，但其体积和重量较大，现场很难实现。工频交、直流耐压试验要求试验设备容量大，造成设备体积庞大，很难进行现场交流耐压试验。

振荡波电压检测方法不仅在耐压试验的击穿能力与工频交流电压试验相当（各种方法试验耐压击穿效果比较见图 3-6），而且能够检测到更微小的潜在缺陷，加上振荡电压作用时间短，消除了传统耐压试验方法对电力电缆产生的损害作用，同时 OWTS 系统设备具有检测设备体积小的优势，因此越来越多地受到国内外专家的重视。

绝缘缺陷类型	实例	故障类型	击穿/局部放电存在		
			AC 工频	阻尼振荡电压	$24U_0$
A. 均匀的	比如：绝缘低、进水等	击穿取决于电压等级，而非时间；无局部放电现象产生	/--	/--	/-**
B. 轻微不均匀	比如：没有或错误的电场过渡	不一定产生击穿；可能有局部放电现象	/-+*	/-+*	/-**
C. 强烈不均匀	比如：毛边、绝缘内部空隙、细微的安装缺陷	可能出现击穿；有局部放电现象	/++*	++*	/-+**

* 如果不存在局部放电现象→绝缘不会被击穿→典型A类绝缘缺陷。
** 击穿电压一定不大于U_0。

图 3-6　各种方法试验耐压击穿效果比较

此外，振荡波检测方法对局部放电的激发能力也可以和工频交流电压试验方法媲美，振荡波电压 20～300Hz 与持续的交流电压 20～300Hz 等效多次成功的对比试验结果被发表在国际学术会议和有关论文上（见图 3-7）。

通过试验参数对比（持续交流电压与振荡波电压激发局部放电参数对比见图 3-8），两种方法在局部放电起始电压 PDIV、局部放电熄灭电压 PDEV、局部放电水平、介质损耗等试验参数上非常相似，不同的是持续交流电压在相位特性的对称上稍比振荡波电压好，而振荡波电压在对电力电缆的过电压破坏性上更胜一筹。

以局部放电起始电压 PDIV 为例，对不同样品进行交流和振荡波试验得到的局部放电起始电压 PDIV 如图 3-9 所示，基本验证了振荡波电压检测方法的等效适用性。

等效对比试验结果国际发表

- Cigre (1990)
- TU Delft/Kema (1999)
- Cesi (2002)
- EuroTest (2007)
- TU Helsinki (2007)

图 3-7 国际学术对振荡波电压与持续的交流电压 20～300Hz 等效对比

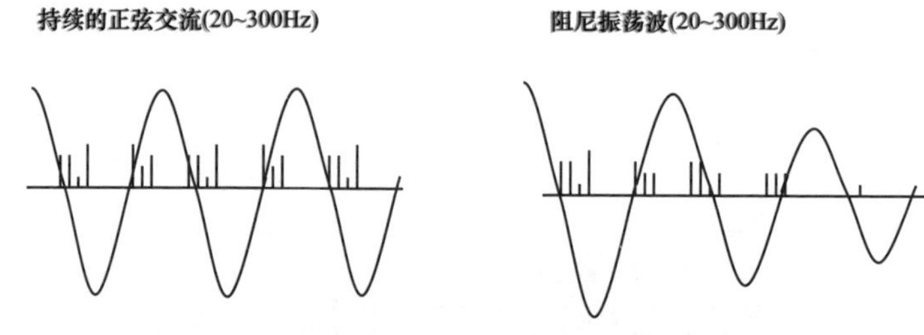

局部放电起始电压PDIV ≈ 局部放电起始电压 PDIV
局部放电熄灭电压PDEV ≈ 局部放电熄灭电压 PDEV
局部放电水平 (pC) ≈ 局部放电水平 (pC)
局部放电相位信息 < 局部放电相位信息
过电压破坏性 > 过电压破坏性
介质损耗 ≈ 介质损耗

图 3-8 持续交流电压与振荡波电压激发局部放电参数对比

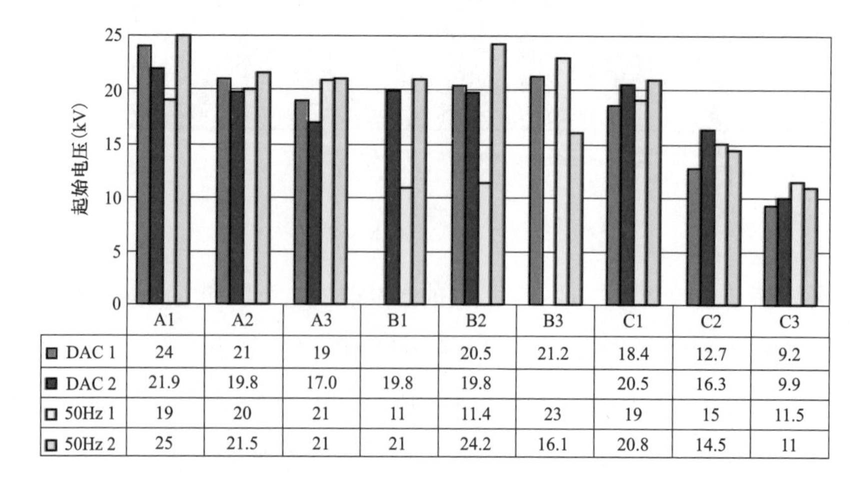

	A1	A2	A3	B1	B2	B3	C1	C2	C3
DAC 1	24	21	19		20.5	21.2	18.4	12.7	9.2
DAC 2	21.9	19.8	17.0	19.8	19.8		20.5	16.3	9.9
50Hz 1	19	20	21	11	11.4	23	19	15	11.5
50Hz 2	25	21.5	21	21	24.2	16.1	20.8	14.5	11

图 3-9 不同样品进行交流和振荡波试验得到的局部放电起始电压 PDIV

三、具有较好的有效性

通过多次对比验证，证实阻尼振荡波试验在 110kV 及以上 XLPE 电力电缆的局部放电试验上具有一定的可信程度。采用振荡波耐压试验与局部放电检测相结合的方式，为发现高压交联聚乙烯电力电缆线路绝缘中潜在缺陷提供了有效手段。但是根据振荡波电压的检测方法，最大施加电压达为 1.6U_0，目前缺乏充分的研究证明在该电压等级下是否能检测出电力电缆所有缺陷。

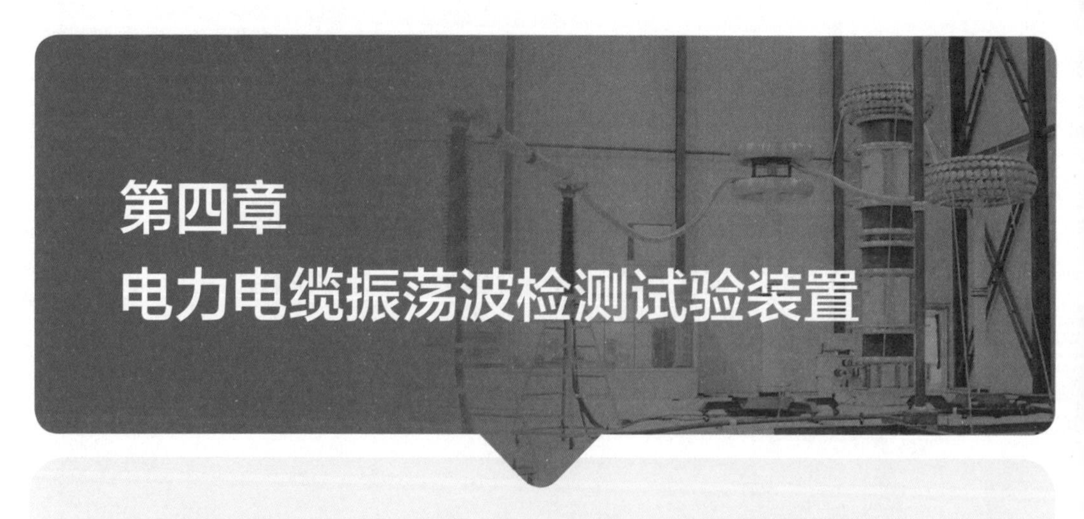

第四章 电力电缆振荡波检测试验装置

阻尼振荡波检测设备系统组成如图 4-1 所示，主要包括高压发生器、高压固体开关、高压电感、阻容分压单元、电容试品及局部放电测量单元等。

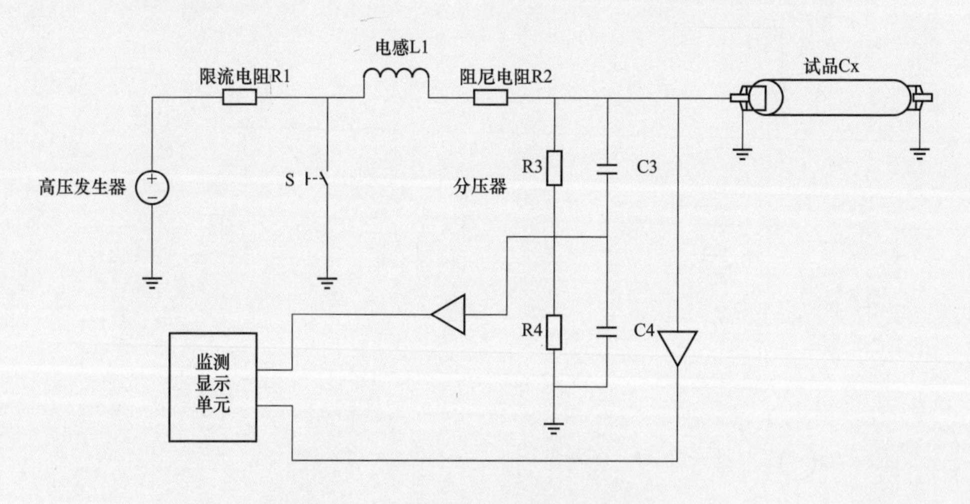

图 4-1 阻尼振荡波检测设备系统组成

R1—限流电阻；R2—阻尼电阻；L1—高压电感；S—高压固体开关；Cx—电力电缆试品

系统工作时，利用高压发生器对 Cx 进行充电，到达试验电压时，关闭高压发生器；闭合 S，此时由 Cx 和 L1、R2 构成的振荡回路发生阻尼振荡，得到衰减的振荡波信号；通过监测显示单元得到局部放电信号。

第一节　电压源类型与结构

一、直流充电型与交流充电型设备架构

电力电缆振荡波局部放电测量系统按照激励电源的不同可分为直流充电式和交流充电式两种，系统组成分别如图 4-2 和图 4-3 所示。

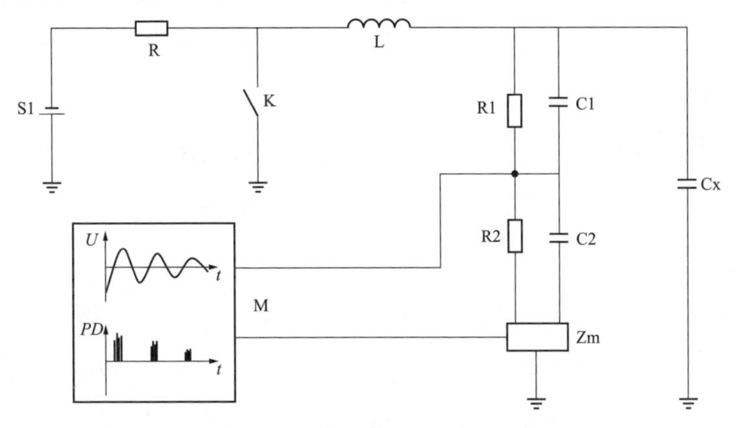

图 4-2　直流充电式电缆振荡波局部放电测量系统组成

S1—直流电源；R—限流电阻；K—固体开关；L—谐振电感；R1、C1—分压器高压臂；R2、C2—低压器高压臂；Zm—检测阻抗；Cx—被测电力电缆等效电容；M—数据采集与处理单元

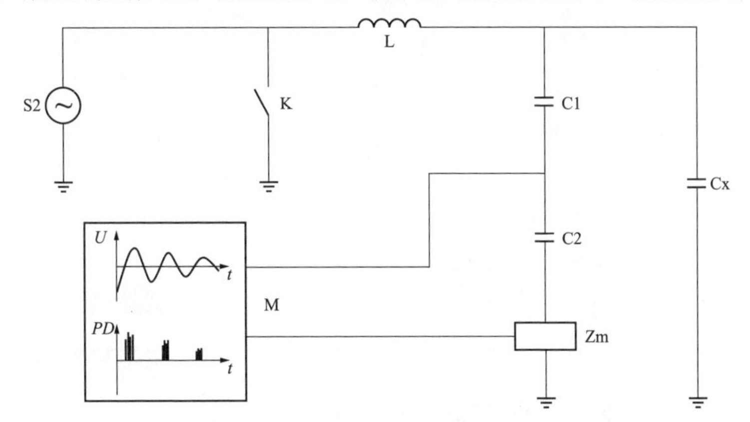

图 4-3　交流充电式电缆振荡波局部放电测量系统组成

S2—交流电源；K—固体开关；L—谐振电感；C1—分压器高压臂；C2—低压器高压臂；Zm—检测阻抗；Cx—被测电力电缆等效电容；M—数据采集与处理单元

二、振荡波电压源

振荡波检测系统中高压电源用来对被试电力电缆进行充电，高压电源分为直流式和交流式。其中，交流式电源主要应用于6～35kV电力电缆振荡波检测系统，直流式电源主要应用于6～220kV及以上电压等级电力电缆振荡波检测系统。

交流式电源一般使用变压器进行加压，现在主要介绍直流式电源。其基本原理是首先由整流元件将220V的交流电转换成所需的直流电，对此直流电压进行预调整和初步稳压来降低线性调整元件的功耗，并确保输出电压源高精度性和高稳定性，再由线性调整元件对滤波后的直流电压进行精细调整，使输出电压达到所需要的值和精度要求。经滤波后，直流电源的控制系统对检测的各种信号进行比较、判断、计算、分析等处理后，再发出相应的控制指令，使直流稳压电源系统工作正常可靠。

把较低的交流电压，用耐压较高的整流二极管和电容器，"整"出一个较高的直流电压，这就是直流源中倍压电路的主要作用，下面主要介绍普通倍压电路和对称倍压整流电路，分别如图4-4和图4-5所示。

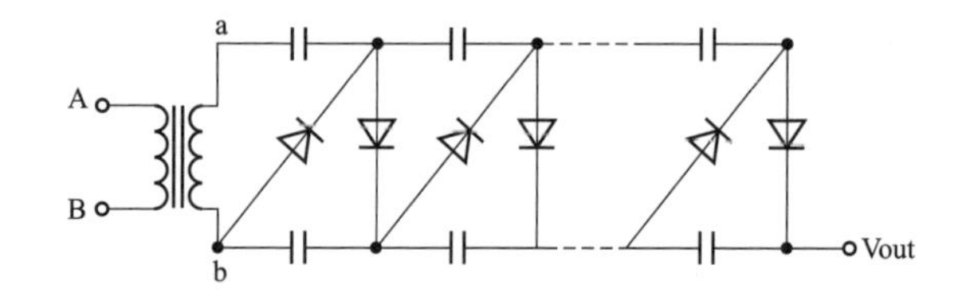

图4-4　普通倍压电路

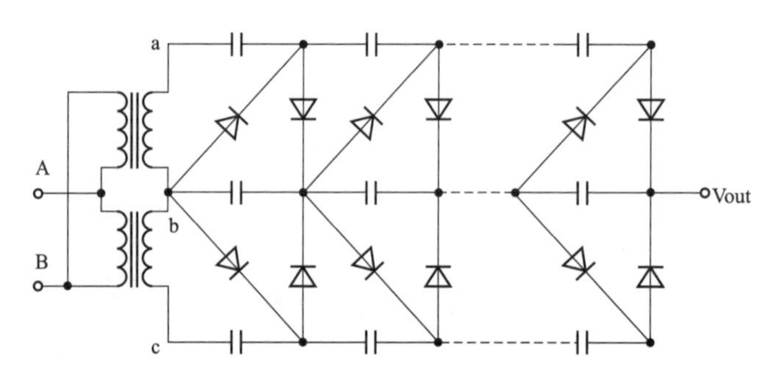

图4-5　对称倍压整流电路

倍压整流是利用二极管的整流和导引作用，将电压分别储存到各自的电容上，然后把它们按极性相加的原理串接起来，输出高于输入电压的高压来。

对称倍压整流电路相比较于普通倍压电路，其突出优点是整流输出电压纹波小，带载能力强，输出电压稳定。普通倍压电路其右柱（即下柱）在一个周期内仅在很短时间内获得电荷，基本在一个周期的时间内流失电荷，纹波较大。而对称倍压整流电路有两个升压变压器或一个变压器两个升压线包，初级线包的首尾并接后接到逆变器的输出 A 和 B，次级线包首首相连接到高频高压整流硅堆的阳极（图 4-5 中 b 点）上，而两个尾端分别接到边柱的滤波电容（图 4-5 中的 a、c 点）上。右柱（中间柱）在每半周时间内获得电荷一次，而流失电荷时间不到半个周期，纹波系数可以明显减小。

振荡波测试时，为保证安全，升压及测试过程都通过后台电脑来远程控制完成，测试人员通过发出模拟控制信号来远程控制高压直流源输出需要的高压。

三、高压电感

高压电感是电力电缆振荡波检测系统中核心部件之一，它用来与被试电力电缆形成 LC 阻尼振荡回路。电感的电感量、额定电压、额定电流和绝缘对系统的振荡频率都有很大的影响，对振荡波系统的功能实现起着至关重要作用。其中，电感量及其自身阻尼电阻为最主要因素。

在阻尼振荡回路中，谐振电感值与试品电力电缆的等效电容值共同决定谐振频率 f_0，即 $f_0=1/(2\pi\sqrt{LC})$，f_0 为谐振频率；C 为谐振电容值；L 为谐振电感值。由于系统试品电容 C_x 所引入的电容量会远大于分压器固有电容量。因此，当系统试验容量一旦确定，则系统的振荡频率只由电感的大小所决定。在振荡波测试过程中，电感的工作状态可分为直流充电阶段和阻尼振荡阶段。在直流充电阶段，流经电感的电流是很微弱的电容充电电流，电感两端电压差很小，匝间电压基本为零，整个充电过程持续不超过 100s 的时间；在阻尼振荡阶段，电感两端电压的最大瞬时值为系统最高充电电压，此时电抗器需承受高电压、大电流，阻尼振荡在 2s 内完成。

因此，电感的额定电压主要取决于电力电缆试品的最高充电电压。阻尼振荡时电感工作于类似短路的状态，流经电感的电流与耐受电压的波形衰减规律一致。

电感量有多个参数共同决定，其主要依据 Wheeler 公式来确定。Wheeler 公式是计算空心多层线圈电感量最为实用的经验公式，即

$$L=\frac{7.87N^2M^2}{3M+9B+10C} \tag{4-1}$$

式中：N 为绕制圈数；M 为平均直径；B 为线圈的宽度（或长度）；C 为线圈径向厚度；L 为绕制电感的电感量。空心电抗器参数如图 4-6 所示。

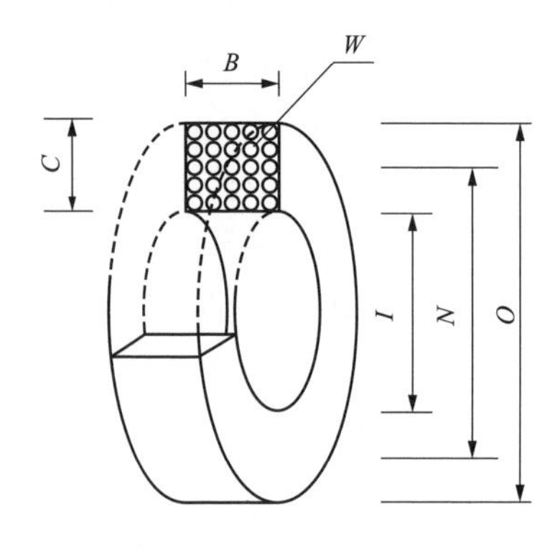

图 4-6　空心电抗器参数示意图

$$R=\frac{NM}{\rho W^2} \tag{4-2}$$

式中：W 为漆包线的线径；R 为电抗器的阻尼电阻，ρ 为电阻率，其结构参数除了电感量以外，还有阻尼电阻值 R。其值大小影响着振荡波形包络线衰减速度 $\delta=R/2L$。当阻尼电阻值变大，此时保持电感量不变，则由于阻尼电阻变大使得振荡波的衰减变快，试验效果变差。但此时电抗器体积小，适合现场应用。当阻尼电阻值变小，在电感量不变的前提下电抗器的阻值变小，会使电抗器的体积大大增加，不便于现场应用，但其振荡衰减速度变小，现场试验效果好。可见，阻尼电阻值需要综合考虑各因素后进行选择。根据 Wheeler 公式选择合适的 M、B、C、N，得满足电感量 L 的前提下其内阻 R 取得最小值。

四、高压分压器

高压分压器是一种将高电压波形转换成低电压波形的转换装置，它由高压臂和低压臂组成。将输入电压加到整个装置上，而输出电压则取自低压臂。在振荡波测试系统中，首先利用分压器将振荡波高压信号变为低压信号，然后利用示波器对波形进行测量。目前测量高压的分压器主要有电容型、阻容混合型和电阻型三种结构。无论哪种分压器，都是将被测电压波形的各部分按照一定比例准确缩

小后送给输出，且分压器本身的接入不应对被测电压有较大的影响。下面分析这三种分压器的频率特性。

（一）电容分压器

若高压臂和低压臂等值电容分别为 C_1、C_2，低压测量仪表的输入阻抗为 R，则高压臂、低压臂的等值阻抗 Z_1 和 Z_2 分别为

$$Z_1 = \frac{1}{\mathrm{j}\omega C_1} \tag{4-3}$$

$$Z_2 = \frac{R}{1+\mathrm{j}\omega C_2 R} \tag{4-4}$$

分压器的分压比系数为

$$k = \left|\frac{Z_1}{Z_2}\right| + 1 = \frac{1}{\omega C_1} \Big/ \frac{R}{\sqrt{1+(\omega C_2 R)^2}} + 1 \tag{4-5}$$

由式（4-4）可看出，当（$\omega C_2 R$）^{2}>>1 时

$$Z_2 \approx \frac{1}{\omega C_2} \tag{4-6}$$

$$k = \frac{C_2}{C_1} + 1 \tag{4-7}$$

（二）阻容混合分压器

R_1 和 R_2 分别为其高压臂和低压臂电阻；C_1、C_2 为高压臂和低压臂等值电容，阻容并联分压器如图 4-7 所示。

输出电压 u_1 与输入电压 u_2 的比值为

$$\frac{u_1}{u_2} = \frac{Z_1}{Z_1 + Z_2} \tag{4-8}$$

$$Z_1 = \frac{R_1 \dfrac{1}{\mathrm{j}\omega C_1}}{R_1 + \dfrac{1}{\mathrm{j}\omega C_1}} = \frac{R_1}{1+\mathrm{j}\omega R_1 C_1} \tag{4-9}$$

$$Z_2 = \frac{R_2 \dfrac{1}{\mathrm{j}\omega C_2}}{R_1 + \dfrac{1}{\mathrm{j}\omega C_2}} = \frac{R_2}{1+\mathrm{j}\omega R_2 C_2} \tag{4-10}$$

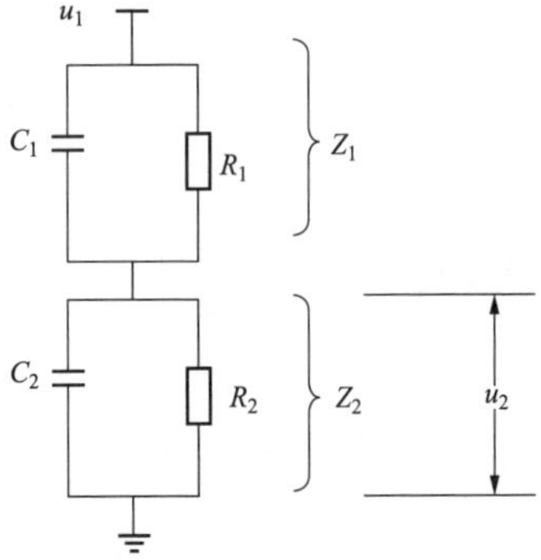

图 4-7　阻容并联分压器

将 Z_1、Z_2 值代入式（4-8）得

$$\frac{u_1}{u_2}=\frac{Z_1}{Z_1+Z_2}$$

$$k=\frac{u_2}{u_1}=\frac{(R_1+R_2)R_2+\omega^2R_1^2R_2^2C_1(C_1+C_2)}{(R_1+R_2)+[\omega R_1R_2(C_1+C_2)]^2}+\mathrm{j}\frac{\omega(R_1+R_2)R_1R_2C_1-\omega R_1R_2^2(C_1+C_2)}{(R_1+R_2)^2+[\omega R_1R_2(C_1+C_2)]^2} \tag{4-11}$$

若变比 k 为实数，则虚部为零，可得 $\omega(R_1+R_2)R_1R_2C_1-\omega R_1R_2^2(C_1+C_2)=0$

即

$$\frac{C_2}{C_1}=\frac{R_1}{R_2} \tag{4-12}$$

因此，当即 $\frac{C_2}{C_1}=\frac{R_1}{R_2}$ 不满足时，被测信号的各频率成分将以不同的变比传输到下一级，再相互叠加造成波形的失真，因此高低压臂电阻电容合适值的选取对阻容分压器性能有很大影响。

（三）电阻分压器

当其工作在低频时，由于分布电容的电抗较大而对分压比影响很小，因此电阻分压器通常用于测量直流高压。当被测信号频率升高时，分布电容的等效电抗也减小，使得分压网络的阻抗产生变化，此时相当于阻容分压器，分压比 k 为

$$k=\frac{R_2(1+\mathrm{j}\omega R_1C_1)}{R_1(1+\mathrm{j}\omega R_2C_2)+R_2(1+\mathrm{j}\omega R_1C_1)} \tag{4-13}$$

若使 $R_1C_1=R_2C_2$，则

$$k=\frac{R_2}{R_1+R_2} \tag{4-14}$$

此时分压比不受信号频率影响。由于振荡波电压信号的频率在 20～800Hz 范围变化，在频率较高时，分压器的分压比会受到电路内部器件杂散电容的影响。虽然电容分压器有着较好的频率特性，但是在电子开关尚未导通之前，振荡还没有开始，由于电容通交隔直的作用，电容分压器无法测得此时的直流电压。因此，电容式分压器主要适用于高频高压交流电压测量，不适用于直流电压测量。对于振荡波系统既要测量电力电缆充电时的电压，又要振荡波产生后测量电力电缆中的局部放电信号，因此一般采用阻容并联式分压器或者电阻分压器。

五、局部放电检测阻抗

检测阻抗是局部放电信号检测单元的重要组成部分，其作用是对局部放电形成的高频脉冲电流信号进行耦合。除此之外，检测阻抗还能有效抑制试验电压的低频谐波信号及工频干扰。由检测阻抗组成的局部放电检测单元是试品与仪器主体部分连接的主要部分，直接影响着仪器的灵敏度和频率特性。检测阻抗可分为RC型及RLC型两大类，检测阻抗图如图4-8所示。

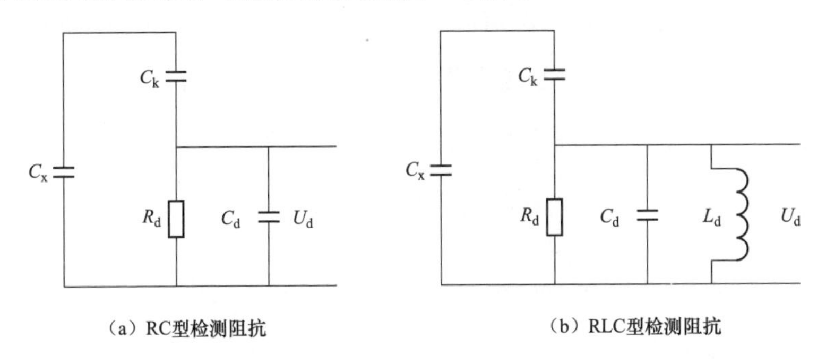

图4-8　检测阻抗图

C_x—试品电容；C_k—低阻抗耦合电容；C_d—检测阻抗电容；L_d—检测阻抗电感

在脉冲电流法测量回路中，当 C_x 发生局部放电现象时，局部放电脉冲电流通过 C_x 和 C_k 构成的低阻抗通道到达检测阻抗，并由检测阻抗拾取将其转化成脉冲电压Δu。理想情况下检测阻抗耦合到的Δu 为理想直角脉冲波，考虑到实际情况中Δu 存在较短较陡的上升沿，则Δu 可表示为

$$\Delta u = U_m(1-e^{-\alpha_f t}) \tag{4-15}$$

式中：U_m 为电压脉冲幅值；α_f 为检测回路放电衰减常数。

在理想情况下的试品电容放电瞬间，电荷 q 引起的脉冲电压在 C_k 和 C_d 上响应的以反比例分压分配，此时 C_d 上建立的脉冲电压可表示为

$$\Delta u_d = \Delta u \frac{C_k}{C_k + C_d} = \frac{q}{C_x + C_k C_d/(C_k + C_d)} \cdot \frac{C_k}{C_k + C_d} = \frac{q}{C_d + (1 + C_d/C_k)C_x} = \frac{q}{C_v} \tag{4-16}$$

其中

$$C_v = C_d + \frac{C_x}{1 + C_d/C_k}$$

（一）RC 型检测阻抗

RC 型检测阻抗由电容 C_d 和电阻 R_d 组成。当试品电容发生放电时，脉冲电压 u 检测回路的电容反比例分配。当局部放电过程快速结束时，C_d 上的电压幅值 u_d 不会马上减小为零，而是经电阻 R_d 放电，其放电衰减形式为单调指数衰减。此时，RC 检测阻抗两端脉冲电压可表示为

$$u_d(t)=\Delta u_d e^{-\alpha_d t}=\frac{q}{C_v}e-\frac{t}{R_d C_t} \tag{4-17}$$

式中：α_d 为衰减时间常数，它决定波形衰减的快慢，是决定分辨率的主要因素，$\alpha_d=1/(R_d C_t)$。此时放电脉冲总是呈指数式衰减的单向脉冲波形。

如脉冲发生交叠，其结果总是相加，检测阻抗上电压为

$$u_d(t)=\frac{q}{C_v}e-\alpha_d t \tag{4-18}$$

式中：α_d 的倒数为检测回路的时间常数 τ_d，$\tau_d=R_d C_t$，其中 R_d 为检测电阻，C_t 为 R_d 两端的总电容。

为了使脉冲能充分分辨，脉冲必须经过约 3 倍时间常数 τ_d 的间隔再出现另一脉冲，故脉冲分辨时间为

$$t_R=3\tau_d=3R_d C_t \tag{4-19}$$

（二）RLC 型检测阻抗

RLC 型检测阻抗由电感 L_d、电容 C_d 和电阻 R_d 组成。当试品电容 C_x 发生局部放电，此时由于检测阻抗元件 L_d 的作用，L_d 与 C_d 中各自储存的磁能与电能产生交替转换，该过程中能量会同时通过电阻 R_d 进行放电。因此，检测阻抗两端会出现衰减振荡信号，即工程中检测到的典型局部放电脉冲。

当 $\alpha_d<\omega_d$ 时，对于理想局部放电脉冲波形分析有

$$u_d(t)=\frac{q}{C_v}e^{-\alpha_d t}\cos(\omega_d t) \tag{4-20}$$

式中：α_d 为检测回路衰减系数，$\alpha_d=\dfrac{1}{2R_d C_t}$；$\omega_d$ 为检测回路振荡角频率，$\omega_d=\sqrt{\dfrac{1}{L_d C_t}-\alpha_d^2}\approx\sqrt{1/L_d C_t}$。

若考虑局部放电的上升前沿，当 $\alpha_d < \omega_d$ 时有

$$u_d(t) = \frac{q}{C_v} \cdot \frac{1}{\sqrt{1+\left(\frac{\omega_d}{\alpha_f}\right)^2}} \cdot [e^{-\alpha_d t}\cos(\omega_d t - \varphi) - e^{-\alpha_f t}\cos\varphi] \tag{4-21}$$

其中

$$\varphi = \tan^{-1}(\omega_d / \omega_f)$$

对 $U_d(t)$ 进行傅里叶变换得到频率特性

$$U_d(\omega) = \frac{q}{C_v} \cdot \frac{\left[\left(\frac{R_d}{L_d}\right)^2 + \omega^2\right]\frac{1}{2}}{[(\alpha_d^2 + \omega_d^2 + \omega^2)^2 + \varphi\omega^2\alpha_d^2]\frac{1}{2}} \tag{4-22}$$

RLC 型检测阻抗当 R_d / L_d 远小于 ω，α_d 远小于 ω_d 时，$U_d(\omega)$ 的最大值在 $\omega = \omega_d$ 出现，即在 ω_d 左右集中包含着频谱中幅值较大的分量。

当检测阻抗输出脉冲之间出现重叠，检测的电压幅值会不准确，进而造成局部放电测量误差。因此需要对检测阻抗特性进行分析，以保证检测阻抗输出电压不发生重叠，即有足够的脉冲分辨时间。

RLC 型检测阻抗上的波形是衰减振荡的波形，当脉冲重叠时，其结果可能增大，也可能减小。

$$u_d(t) = \Delta U_d e^{-\alpha_d t\cos\omega_d t} = \frac{q}{C_v} e^{-\alpha_d \cos\omega_d t} \tag{4-23}$$

式中：α_d 为检测回路的衰减常数，$\alpha_d = \frac{1}{2R_d C_t}$，故检测回路的时间为

$$\tau_d = \frac{1}{\alpha_d} = 2R_d C_t \tag{4-24}$$

脉冲分辨时间为

$$t_R = 3\tau_d = 6R_d C_t \tag{4-25}$$

因此，为了能充分分辨脉冲，避免发生脉冲叠加致幅值发生变化，脉冲至少需要经过 3 倍时间常数后再相继出现下个脉冲，则 RLC 检测回路脉冲分辨时间为 $6R_d C_t$。

六、补偿电容

电力电缆等效电容越大或电感取值越大，振荡频率越低，同时振荡回路品质

因素越低。为尽量提高品质因素，电力电缆等效电容一定时，选取更小的电感较合适。

而针对短电力电缆的总电容小从而导致阻尼振荡电压波频率过高的问题，可以通过在试品电力电缆两端并联补偿电容的方法予以解决。

根据电路理论，阻尼振荡电压频率与回路电感量与电容量有关，即

$$f=1/(2\pi\sqrt{LC}) \tag{4-26}$$

式中：C 为电力电缆单位长度电容，pF/m；L 为单位长度电感。

从式（4-26）可以看出，当振荡频率、回路电感量一定时，可以推导出回路电容量计算公式为

$$C=\frac{1}{4\pi^2 f^2 L} \tag{4-27}$$

设试品电力电缆的总电容量为 C_1，并联的补偿电容量为 C_2，则回路电容量 $C=C_1+C_2$，结合式（4-26），可推导出当振荡频率及电力电缆的总电容量一定时的补偿电容量为

$$C_2=\frac{1}{4\pi^2 f^2 L}-C_1 \tag{4-28}$$

根据式（4-28），在电力电缆的总电容量及回路电感量一定，且设定允许振荡频率后，可通过公式计算出补偿电容所需的电容量。

第二节　检测装备技术要求

尽管产生阻尼振荡波电压的方法有多种，但其电压释放作用过程基本上都利用 RLC 串联欠阻尼振荡原理。早期使用电容蓄能通过球隙放电可产生频率较高的阻尼振荡波电压，频率为千赫数量级。近年来随着开关技术的快速进步，在振荡波电压发生装置中采用电/光信号触发、可快速开闭的高压开关来实现试品蓄能与振荡电压释放的切换。典型的阻尼振荡波电压发生回路如图 4-9 所示。

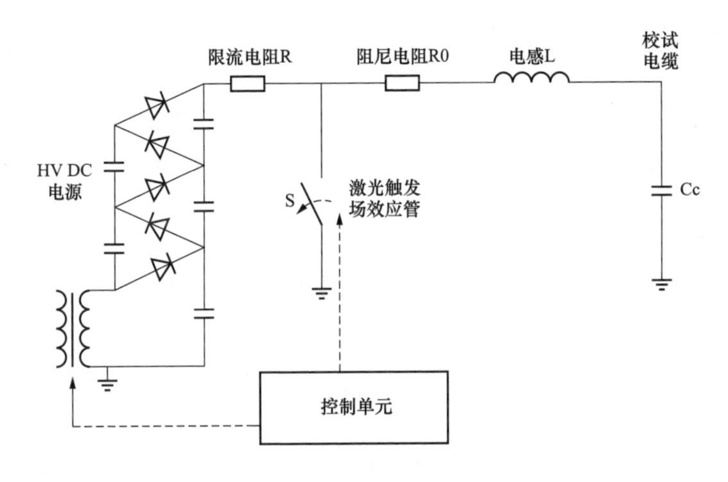

图 4-9　典型的阻尼振荡波电压发生回路

理想状态下，直流电源首先通过线性连续升压方式对被测电力电缆进行逐步充电蓄能（充电电流恒定），加压至预设电压值。整个充电过程电力电缆绝缘中无稳态直流电场存在。加压完成后，固态高压开关 S（激光触发）在很短的时间内（动作时间为微秒级）闭合，使被测电力电缆电容与回路中高压电感周期性交换能量，并经过电阻逐渐损耗，从而在被测电力电缆上产生衰减振荡电压，阻尼振荡波电压波形见图 4-10。从对交联聚乙烯电力电缆充电到预设电压值至振荡波衰减为零的整个过程，称为一次阻尼振荡波电压作用。所谓的阻尼振荡波耐压过程，实质上就是由 N 次阻尼振荡波电压作用组成。

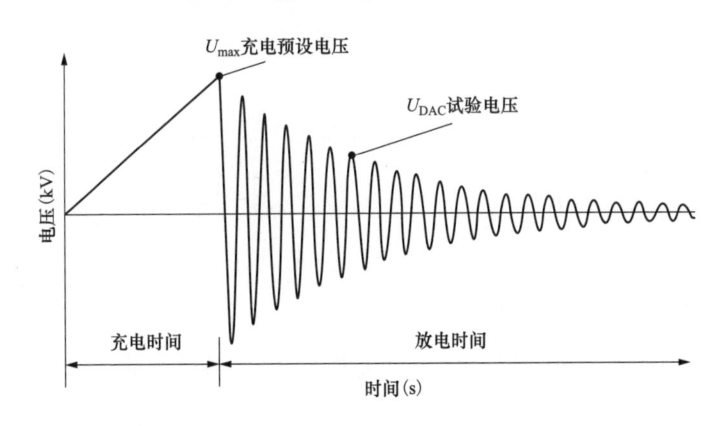

图 4-10　阻尼振荡波电压波形

图 4-11 为不同额定电压等级电力电缆电容与充电时间的关系曲线。

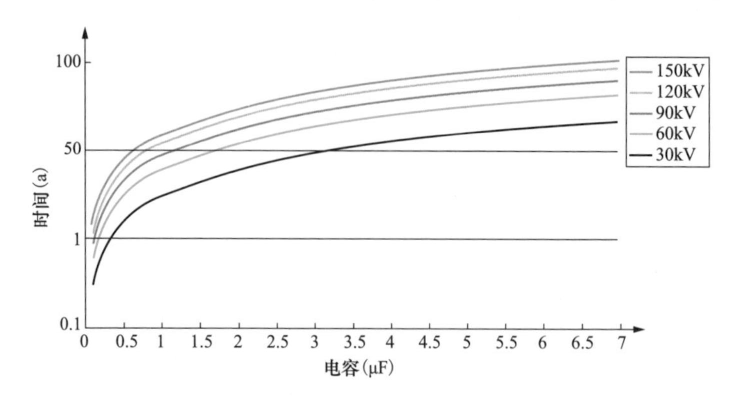

图 4-11　不同额定电压等级电力电缆电容与充电时间的关系曲线

施加的阻尼振荡交流电压频率主要取决于被试电力电缆的电容大小，阻尼振荡交流电压频率与电力电缆电容的关系曲线如图 4-12 所示。超高压电力电缆的电容与导体线芯截面积、绝缘层厚度、绝缘类型等参数有关。测试频率大约等于串联谐振频率，关系式见式（4-26）。

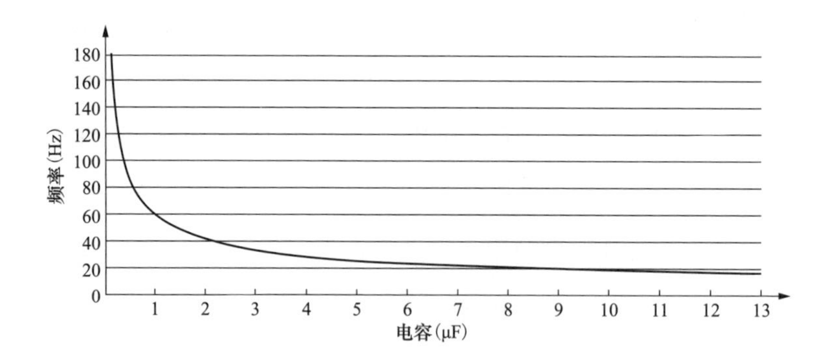

图 4-12　阻尼振荡交流电压频率与电力电缆电容的关系曲线

该谐振电路的品质因数 Q_C，可描述振荡衰减的快慢，其表达式为

$$Q_C = \sqrt{L / (C \cdot R_A^2)} \tag{4-29}$$

式中：R_A 为谐振电路的等效电阻。

由于电力电缆具有相对较低的损耗因数，而谐振电路的品质因数 Q_C 始终比较高（30 至 100 以上）。因此，在被试电力电缆上施加的试验电压波形呈现出一种缓慢衰减的正弦交变波形（衰减时间不超过 300ms），阻尼振荡交流电压波形如图

4-13 所示。

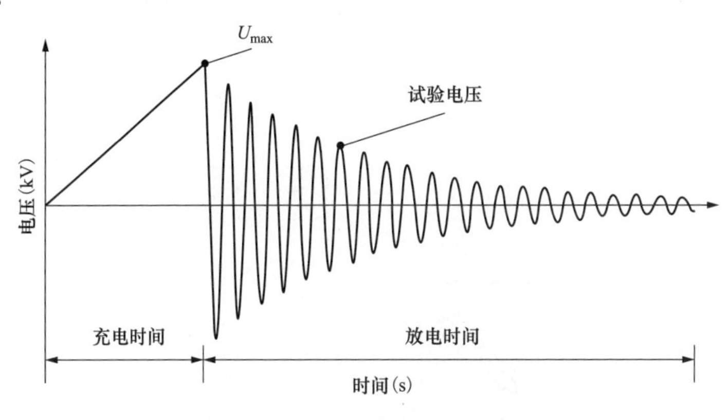

图 4-13　阻尼振荡交流电压波形

开展无损式直流激励蓄能装置研制开发，包括以下内容：

（1）分析研究振荡波测试系统内部强电部分电磁干扰源，采用光纤隔离技术将弱电控制部分和强电控制部分进行隔离。

（2）分析振荡波系统内弱电控制部分电磁屏蔽机制，提高控制电路抗高压冲击、抗干扰，提高电源可靠性。

（3）构建电源装置实现框架，无损式直流激励蓄能装置如图 4-14 所示。

（4）为了实现智能化控制升降压，需通过 PC 机直接设置电源装置输出电压及其他操作，为了保证系统可靠性，CPU 与 PC 机采用光纤通信。在电源装置设计 RS232 转光纤通信模块，如图 4-15 所示。

（5）无损式直流激励蓄能装置采用 PWM 调制，频率通常在 20kHz，为了避免电源调制信号干扰局部放电测试，在高压断路器闭合瞬间，需要快速关断电源 PWM 调制功能。

（6）为了提高电源装置可靠性，电压给定数模转换芯片（digital to analog，DA）和电压采样模数转换芯片（analog to digital，AD）均采用 12 位串行芯片。DA 和 AD 信号通过光耦隔离送到 CPU，CPU 根据反馈的电压信号实时调节电压给定的步长和幅度。电源调节精度和稳定度要高，纹波系数小。

（7）PC 机把实际电力电缆参数通过光纤发送给 CPU，CPU 根据已知电力电缆参数，如长度、总电容量、回路电感、电感内阻、电源限流电阻等，优化电源升压过程，并控制需要的升压斜率，无损式直流激励蓄能装置充电过程控制如图4-16所示。

（8）电源必须具有过电压、过点流保护功能，并产生报警。

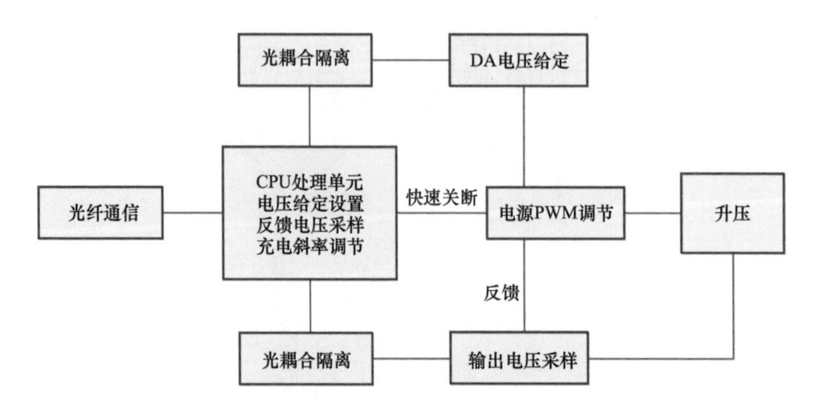

图 4-14　无损式直流激励蓄能装置

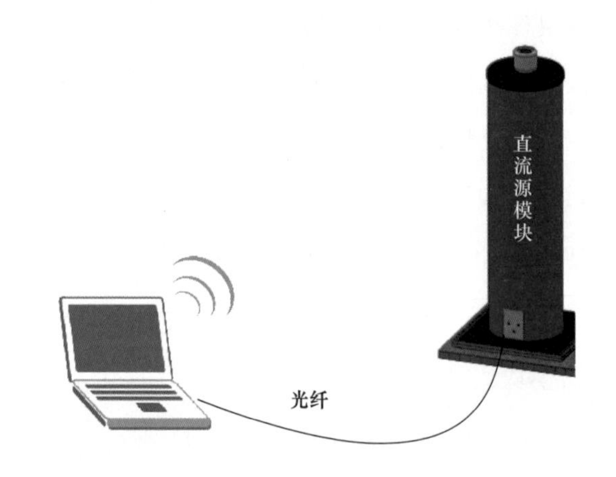

图 4-15　无损式直流激励蓄能装置与 PC 机通信示意图

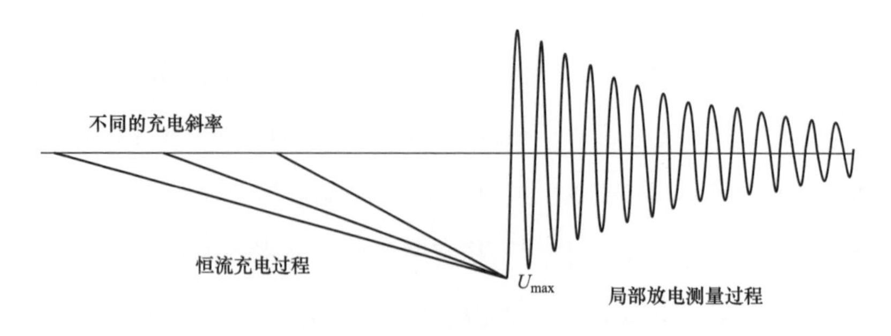

图 4-16　无损式直流激励蓄能装置充电过程控制

第三节 设备选型及维护

一、 阻尼振荡波检测设备的选型

35kV及以下电力电缆用阻尼振荡波检测设备的基本性能应满足DL/T 1575—2016《 6kV～35kV电缆振荡波局部放电测量系统》的要求，具体包括内容如下。

（一）激励电源

直流激励方式，最大试验电压峰值不低于电力电缆额定相电压的$2\sqrt{2}$倍，输出电压连续可调，最大试验电压下充电电流不小于8mA。

交流激励方式，最大试验电压有效值不低于电力电缆额定相电压的2倍，输出电压连续可调，容量满足被试电力电缆的测试要求。

应具备过压、短路和过载保护等功能。

可测电力电缆电容量范围为0.08～2μF。

（二）局部放电测量

可检测局部放电量范围为20pC～20nC。测量挡位应包括20nC、10nC、5nC、1nC、500pC、100pC、50pC、20pC。

在每个测量挡位下，测量误差不大于挡位量程的±10%。

局部放电测量频带应符合GB/T 7354—2018《高电压试验技术 局部放电量测量》中4.3.4的要求，通频带的上、下限截止频率与标称值的偏差不应超过±10%。

在屏蔽实验室条件下的局部放电测量灵敏度应优于20pC。

局部放电定位频带至少应包含150kHz～20MHz范围，通频带的上、下限截止频率与标称值的偏差不应超过±10%。

局部放电点定位精度应达到测量长度的1%（测量灵敏度为3m左右）。

（三）振荡波电压及测量要求

振荡波频率应在30～500Hz范围内，波峰呈指数规律衰减，且连续8个周期内的幅值衰减不超过最高幅值的50%。

电压峰值测量误差应不大于3%。

（四）校准器

校准器应符合DL/T 356—2010《局部放电测量仪校准规范》中5.6的要求，输出电荷量应包含以下挡位：20nC、10nC、5nC、1nC、500pC、100pC、50pC、20pC。

（五）补偿电容器

电容量宜不小于150nF±5%。

最大试验电压下局部放电量不大于1pC。

（六）软件功能

软件应具有电荷量校准、试验电压控制和测量、局部放电测量及定位功能。

（七）安全性能

外部电源输入端口对机壳应能承受2000V，历时1min的工频耐压试验，无击穿或闪络现象。

在被试电力电缆发生击穿后，系统应能自动快速切断激励电源，并具备报警提示功能。

应配置防止非法操作以及出现意外情况时紧急断电的装置。

（八）电磁兼容性

应能承受GB/T 17626.2《电磁兼容　试验和测量技术　静电放电抗扰度试验》规定的严酷等级为4级的静电放电干扰。

应能承受GB/T 17626.3《电磁兼容　试验和测量技术　射频电磁场辐射抗扰度试验》规定的严酷等级为3级的射频电磁场辐射干扰。

应能承受GB/T 17626.4《电磁兼容　试验和测量技术　电快速瞬变脉冲群抗扰度试验》规定的严酷等级为4级的电快速瞬变脉冲群干扰。

应能承受GB/T 17626.5《电磁兼容　试验和测量技术　浪涌（冲击）抗扰度试验》规定的严酷等级为4级的浪涌（冲击）干扰。

应能承受GB/T 17626.6《电磁兼容　试验和测量技术　射频场感应的传导骚扰抗扰度》规定的严酷等级为3级的射频场感应的传导骚扰干扰。

应能承受 GB/T 17626.8《电磁兼容　试验和测量技术　工频磁场抗扰度试验》规定的严酷等级为 5 级的工频磁场干扰。

应能承受 GB/T 17626.9《电磁兼容　试验和测量技术　脉冲磁场抗扰度试验》规定的严酷等级为 5 级的脉冲磁场干扰。

应能承受 GB/T 17626.10《电磁兼容　试验和测量技术　阻尼振荡磁场抗扰度试验》规定的严酷等级为 5 级的阻尼振荡磁场干扰。

应能承受 GB/T 17626.11《电磁兼容　试验和测量技术　电压暂降、短时中断和电压变化的抗扰度试验》规定的严酷等级为 60%U_T、持续时间为 10 个周波的电压暂降和短时中断干扰。

（九）机械性能

应能够承受 GB/T 6587—2012《电子测量仪器通用规范》中 5.9.3.3 规定的组别为Ⅲ组的振动试验。

应能承受 GB/T 6587—2012 中 5.9.4.3 规定的组别为Ⅲ组的冲击试验和倾斜跌落试验。

应能承受 GB/T 6587—2012 中 5.10.1.3 规定的流通条件等级为 3 级的运输试验。

（十）外壳防护性能

应符合 GB 4208—2008《外壳防护等级（IP 代码）》规定的外壳防护等级为 IP51 的要求。

66kV 及以上电力电缆用阻尼振荡波检测设备的基本性能应满足 T/CSEE 007—2016《66～220kV 电缆振荡波局部放电现场测试方法》相关要求，具体包括以下要求。

1. 衰减要求

测试电压第一和第二峰值电压之差与第一峰值电压的比值不大于 15%。

2. 频率范围

测试电压的频率应为 20～500Hz。

3. 允许偏差

在整个测试过程中，测试电压值应保持在规定电压值的±3%以内。

4. 充电时间

不大于 100s。

5. 开关导通时间

最高电压下不大于 5μs。

阻尼振荡波检测设备选型时，应以设备最高输出电压作为首要指标，设备最高输出电压与被测电力电缆应满足表 4-1 中的要求。

表 4-1　　阻尼振荡波检测设备最高输出电压

电压等级（kV）	10	35	66	110	220
最高输出电压 U_0（kV）	2.0	2.0	2.0	1.7	1.4

阻尼振荡波检测设备原则上建议各电压等级专用，不推荐降级使用。35kV 用阻尼振荡波检测设备可用于 10kV 电力电缆，66kV 及以上阻尼振荡波检测设备不可用于 35kV 及以下电压等级电力电缆。

二、阻尼振荡波检测设备的维护

阻尼振荡波检测设备应按检测仪器进行日常维护，主要包括以下内容：

（1）仪器设备维护保养要按仪器使用说明书进行，维护的主要内容是进行清洁润滑、紧固、通电检查、更换磨损零件。

（2）定期进行仪器设备的维护保养工作，禁止超负荷、超时限、超压使用，严格遵守安全操作规程。仪器设备出现故障，应马上停机，防止故障扩大，并记录故障发生时间、原因、详细记录故障现象。

（3）严禁擅自拆卸和改造仪器设备，仪器设备做到每年清点一次。

（4）仪器使用结束，应检查仪器和配件的完好，做好保养、清洁工作，放回原位；做好防尘、防潮、防锈等工作，按说明书使用专用材料进行维护保养。

为保证局部放电测量与定位的准确性，还应定期对设备进行检定，推荐的检定项目如表 4-2 所示。局部放电测量稳定度及误差在测试前均需进行检定。

表 4-2　　阻尼振荡波检测设备检定项目一览表

序号	检定项目	首次检定	后续检定	使用中检验
1	振荡波高压发生器性能	+	+	–
2	局部放电测量稳定度及误差	+	+	+
3	局部放电测量灵敏度	+	+	–
4	局部放电定位灵敏度	+	+	–
5	局部放电定位误差	+	+	–
6	多源局部放电定位性能	+	+	–

注　1. 表中“+”表示需检项目，“–”表示不需检项目。
2. 后续检定包括周期检定，修理后的检定按首次检定进行。
3. 检定周期一般为一年。

第五章 电力电缆振荡波检测试验方法

电力电缆振荡波检测试验流程分为四个部分，分别是试验前准备工作、检测设备布置与连接、装置校验与测试、振荡波试验检测与诊断。

第一节 试验前准备工作

一、被检线路准备及验电

确认待测电力电缆已断电，使用放电棒充分放电并保持接地，拆除电力电缆与其他设备的连接，电力电缆端部悬空，三相分开，非试验相保持接地，必要时清除终端表面的污秽。

试验应尽可能采用单点接地，高压端采用防晕连接措施。

二、被检线路 TDR 测长

开始测量前先将试品短路接地，将残余电荷释放出来，科学选择测距仪量程，保证数据分辨率，入射波和反射波会在显示屏内显示出来。

对增益进行适当的调整，并对中间头进行寻测和记录，对于位置比较可疑的中间头需要标明，完成测量工作后，将被试品短路、放电、接地，保证试品彻底放电。

三、被检线路绝缘电阻测量

使用兆欧表在 2500V 或 5000V 量程下测量电力电缆绝缘电阻，阻值小于 30MΩ 时，不宜进行局部放电测试。

第二节　检测设备布置与连接

在进行测试线路连接之前，首先要将被测电力电缆及测试设备可靠接地。确认被测电力电缆对地绝缘电阻在正常范围内后，利用连接电缆将被测电力电缆、振荡波电压源、供电电源、工控机等进行可靠连接。

勘查现场，确认具备试验条件后，将电力电缆线路停电，做好安全措施。使电力电缆两端脱离电网，交叉互联系统分相短接，并将 OWTS 系统设备运至现场，选好位置摆放装配连接。最后将 OWTS 系统设备与初测电力电缆有效连接，设置电力电缆线路基本参数。

当电力电缆线路终端为较高终端塔时，若为测试端，可以采用延长高压试验引线的方法进行测试。但应对延长连接线导致的干扰增大、检测灵敏度下降等因素对测试结果的影响进行评估；若为非测试端，则需拆除与其他设备的连接并保持足够安全试验距离。

当电力电缆线路终端为 GIS 终端时，若为测试端，试验前拆除 TV、避雷器并安装试验套管；若为非测试端，则拆除 GIS 电缆筒导体。终端为 GIS 终端时的电缆筒试验布置示意图如图 5-1 所示。

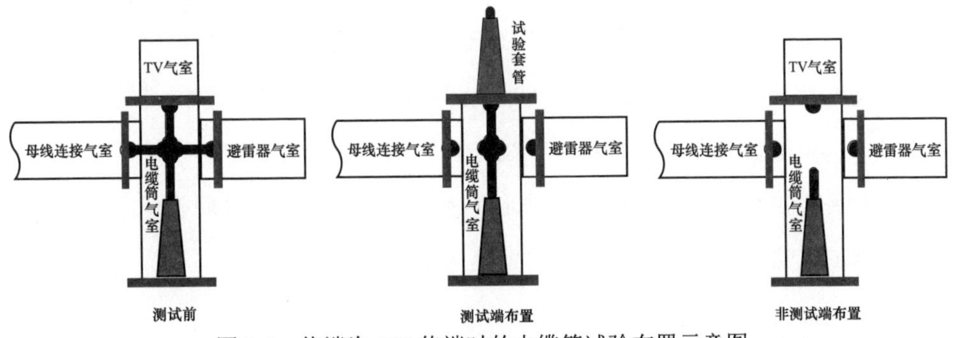

图 5-1　终端为 GIS 终端时的电缆筒试验布置示意图

相关断路器和隔离开关、接地开关符合高压试验条件的状态。

GIS 电缆筒气室微水试验应合格且气压在额定范围。

第三节 装置校验与测试

一、装置校验

校准器连接到测量回路中，应依次按照 100nC、50nC、20nC、10nC、5nC、2nC、1nC、500pC、200pC、100pC、50pC、20pC 进行校准，同时在电力电缆振荡波局部放电测试系统软件中选择对应的校准挡位。如校准至某一量程时，反射波已衰减至无法观测，应结束校准。校准接线如图 5-2 所示。

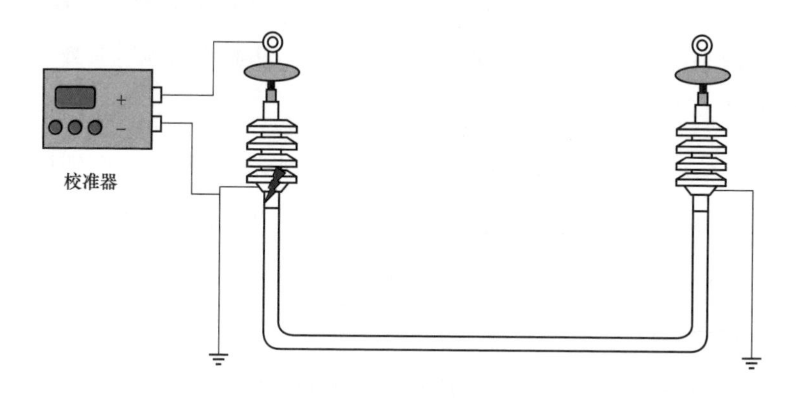

图 5-2　校准接线图

（1）各挡位校准时，应调节电力电缆振荡波局部放电测试系统的增益，使得所采集的信号幅值在合理的量程范围之内，待信号稳定后选取反射波。如根据反射波计算的波速超出了参考范围（160～180m/μs），则应检查当前所选择反射波是否为接头或干扰信号，或电力电缆长度输入错误。

（2）各挡位校准时，根据校准波形中入射波与反射波的时间差与幅值差计算当前局部放电信号在电力电缆中传播的衰减系数。

（3）校准完成后移除校准器。

二、局部放电测试

在进行局部放电测试时，要应用系统对电力电缆进行高压电源充电，充电完成后将高压断路器切断，电力电缆和系统组成一个振荡回路，产生的振荡点是交流的，阻尼值较低。在电力电缆上加载交流振荡电压一个非常快速短暂的时间，不会影响电力电缆的绝缘性。如果电压幅值越来越小，同时可以检测得出起始电压、局部放电水平以及局部放电终止电压。

如果在加压时出现了特殊情况，要马上将断路器关闭，将高压电源切断。在加压时如果局部放电量较大，如果局部放电量大于 2000pC，要临时中断加压，此时要对获得的数据进行分析。如果局部放电点比较集中，这时此相电可以停止加压，如果局部放电点没有明显的集中，可以继续加压。

加压结束后要进行换相和拆线操作，在进行此操作之前要保证全部放电，如果试验电力电缆的长度小于 300m，要设置补偿电容来作为补充，对补偿电容检测完成后要重新检测绝缘电阻。

配电电力电缆振荡波局部放电试验中各测试电压及次数如表 5-1 所示。若测试过程中发现放电量急剧增加，应停止升压测试，尝试定位排查潜在缺陷。

表 5-1　配电电力电缆振荡波局部放电试验中各测试电压及次数

电力电缆类型	试验电压 U_0（kV）										
	0	0.5	1	1.1	1.3	1.5	1.7	1.8	2.0	1.0	0
	次数										
新投运电力电缆	1	1	3	1	1	3	3	1	3	1	1
已投运电力电缆	1	1	3	1	1	3	3	—	—	1	1

注　新投运电力电缆为敷设时间小于 1 年且未经过大修的电力电缆；其他情形按已投运电力电缆考虑。

对于新敷设或投运 1 年以内的高压电力电缆，根据电力电缆电压等级的不同，相应的测试电压及次数见表 5-2。

对于电压等级更高的电力电缆及运行年限较久（如 5 年以上）的电力电缆线

路，应考虑到运行年份、环境条件、击穿经历以及试验目的，协商确定测试电压和次数，但最高测试电压不宜超过表 5-3 中对应的幅值。

若测试过程中发现放电量急剧增加，应停止升压测试，尝试定位排查潜在缺陷。

表 5-2　　新敷设或投运 1 年内的高压电力电缆振荡波局部放电试验中各测试电压及次数

电压等级（kV）	试验电压与次数											
66	电压 U_0（kV）	0	0.3	0.5	0.7	1.0	1.2	1.5	1.8	2.0	1.5	0
	次数	1	1	1	1	5	5	5	5	5	5	1
110	电压 U_0（kV）	0	0.3	0.5	0.7	1.0	1.2	1.5	1.7	1.5	0	—
	次数	1	1	1	1	5	5	5	5	5	1	—
220	电压 U_0（kV）	0	0.3	0.5	0.7	1.0	1.2	1.4	1.2	0	—	—
	次数	1	1	1	1	5	5	5	5	1	—	—

表 5-3　　大修后或老旧的高压电力电缆振荡波局部放电测试最高试验电压

电压等级（kV）	相电压 U_0（kV）	最高试验电压峰值（kV）	U_0 倍数
66	35	80	$1.6U_0$
110	64	145	
220	127	198	$1.1U_0$

三、介质损耗测量

电力电缆的介质损耗值 $\tan\delta$ 可通过阻尼振荡波电压 U_{DAC} 波形的衰减特征来计算，测量原理如图 5-3 所示。

$\tan\delta$ 计算式为

$$R_c = \frac{L}{2\beta_{DAC}LC_c - R_L C_c} \tag{5-1}$$

$$\beta_{\mathrm{DAC}}=\frac{\ln(U_5/U_1)}{t_5-t_1} \tag{5-2}$$

$$\tan\delta=\frac{1}{\omega R_{\mathrm{c}}C_{\mathrm{c}}} \tag{5-3}$$

式中：L 为高压电感量：C_{c} 为电力电缆等效电容：R_{c} 为电力电缆等效电阻：R_{L} 为高压电感等效电阻：ω 为振荡电压角频率：U_1、U_5 及其 t_1、t_5 分别为第 1、5 个完整交变电压波形正峰值及其正峰时刻值。

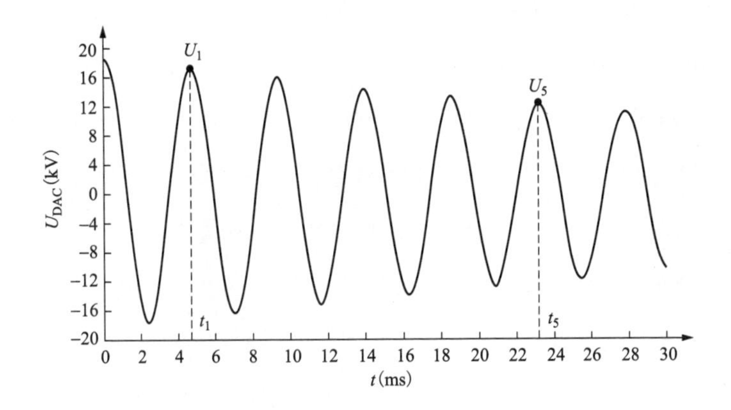

图 5-3　阻尼振荡波下介质损耗测量原理

四、现场测试注意事项

（1）试验设备的布置，对人身周围要有足够的安全距离。尽量避免在人员过道上布置设备及施设高压引线。

（2）试验现场安装围栏、悬挂“止步、高压危险”标识牌。

（3）试验中高压引线要有支撑或牵引绝缘物。要有安全监护员，防止有人靠近和从底下穿过。

（4）工作地线（高压尾、稳压电容末端接地线）与保护地线（操作箱外壳）应分开连接，并有良好的接地性能。工频耐压试验时，请注意验算设备容量是否足够，并应避免产生谐振。

（5）试验中如有电源不规则摆动，必然影响高压输出稳定，此时应停止试验查找原因排除。

第四节 振荡波试验检测与诊断

一、局部放电信号属性判断方法

（一）局部放电基本判别方法

局部放电信号的分析判断，主要是从频率 f、相位 φ、频度 n、电量 q 和时间 t 五个要素来分析判断。测试仪器和后台软件应可以清楚地看到这几个量的大小，以及相互关系。通过相互之间的关系，对存在局部放电的可能性进行分析，再结合多个方面，从多个角度来确定是否为真正的局部放电信号。

（二）图谱的分析与判别

在监测系统的图谱分析和判别时，需要参照局部放电特征五要素。其中最重要的是频率 f，需要结合高通滤波器和带通滤波器的选择来确定。

（1）f：相同的信号，同时出现在多个频率→PD 可能性大。

（2）φ：两个信号团之间的相位差为 180°→PD 可能性大。

（3）n：信号脉冲重复率高于每秒 30 次（pps）→PD 可能性大。

（4）q：信号在相同电压之下，水平大致相同→有可能 PD。

（5）t：信号长时间持续出现→有可能 PD。

（6）数据图谱比较。

与邻相比较：相同信号同时出现在三相→外部噪声可能性大。

与背景比较：相同信号同时出现在三相→外部噪声。

实际测试中还可参考如下特征对局部放电与干扰进行判别：

（1）放电量与放电频率随电压升高而升高。

（2）局部放电信号波形可以明显分辨出入射波和反射波。

（3）定位图上有较为明显的集中性。

（4）局部放电具有典型的相位分布特征。

二、局部放电定位方法

振荡电压下局部放电定位技术采用时域反射法（TDR 法），频域范围为150kHz～45MHz。即测试一条长度为 L 的电力电缆，在阻尼振荡波电压激励作用下，在确定绝缘形式的前提下，电力电缆中电脉冲的传播速度通常是已知的常数，因此假设在距测试端 X 处发生局部放电，振荡波电压在局部放电点会激发出一个电脉冲，电脉冲在局部放电点沿电力电缆向两个相反方向传播，其中一个脉冲经过时间 t_1 直接到达测试端；另一个脉冲向相反的方向传播，在电力电缆末端发生反射后，再向测试端传播，经过时间 t_2 到达测试端，这样一个局部放电点激发出的两个电脉冲信号到达测试点就存在一个时间差，根据这两个脉冲到达测试端的时间差即可计算局部放电发生位置，即

$$t_1 = x / v \tag{5-4}$$

$$t_2 = \frac{(1-x)+l}{v} \tag{5-5}$$

$$t_3 = l - \frac{v(t_2 - t_1)}{2} = l - \frac{v\Delta t}{2} \tag{5-6}$$

式中：v 为脉冲在电力电缆中传播的波速；t_1 为电力电缆放电位置的放电脉冲传递到始端（即测试端）的时间；t_2 为电力电缆放电位置的放电脉冲经电力电缆终端反射后传递到始端（即测试端）的时间；Δt 为 t_2 与 t_1 的差值。行波法定位原理如图 5-4 所示。

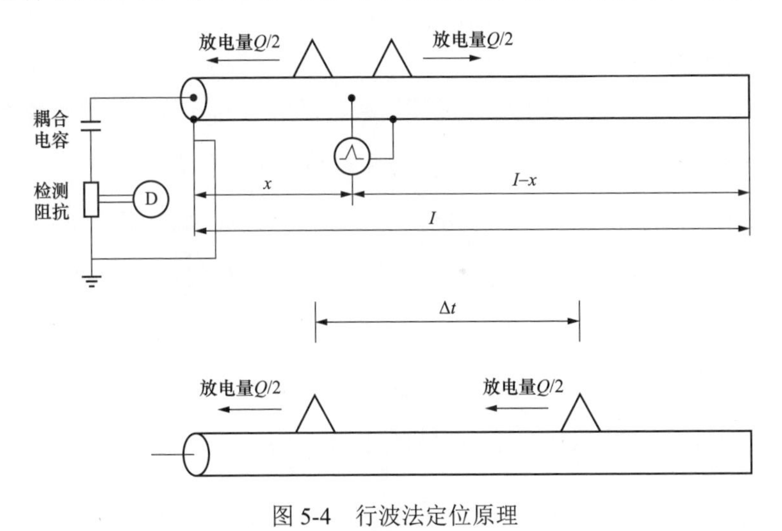

图 5-4　行波法定位原理

脉冲反射法原理简单，操作容易，操作人员很容易掌握，有利于推广使用。而脉冲反射法的使用中最关键的就是准确寻找出入射波和反射波，从而精确定位局部放电点。寻找入射波与反射波的一般原则是入射波幅值大于反射波；入射波上升沿更陡而反射波脉冲更宽。

振荡波电力电缆局部放电检测和定位装置采用该原理对电力电缆局部放电进行定位。图 5-5 为基于局部反射法的局部放电定位波形。

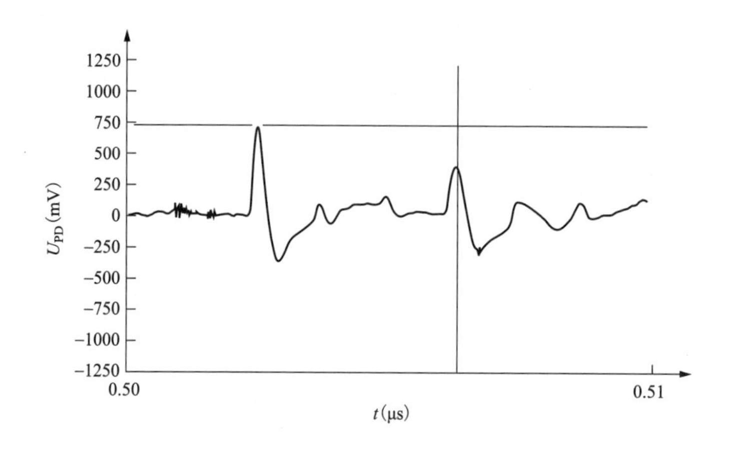

图 5-5　基于局部反射法的局部放电定位波形

三、局部放电缺陷评价判据及运维检修策略

（一）配电电力电缆

对于存在局部放电的配电电力电缆线路，根据电力电缆不同部件及水平，建议参考表 5-4 中的临界局部放电量开展电力电缆维护工作。

（1）新投运及投运 1 年以内的电力电缆线路：最高试验电压 $2U_0$，接头局部放电超过 300pC、本体超过 100pC 应及时进行更换；终端超过 3000pC 时，应进行更换。

（2）已投运 1 年以上的电力电缆线路：最高试验电压 $1.7U_0$，接头局部放电超过 500pC、本体超过 100pC 应及时进行更换；终端超过 5000pC 时，应及时进行更换。

表 5-4　　典型的参考临界局部放电量

电力电缆及其附件类型	投运年限	参考临界值（pC）
电力电缆本体	—	100
接头	1 年以内	300
	1 年以上	500
终端	1 年以内	3000
	1 年以上	5000

（二）高压电力电缆

对于高压电力电缆线路，新敷设或投运 1 年以内的电力电缆，局部放电起始电压限值见表 5-5。对于电压等级更高的电力电缆及运行年限较久（如 5 年以上）的电力电缆线路，可适当降低局部放电起始电压限值。但还应考虑运行年份、环境条件、击穿经历以及试验目的等因素，综合决策处理。

表 5-5　　新敷设或投运 1 年以内电力电缆局部放电起始电压限值

电压等级（kV）	电力电缆及其附件类型	局部放电起始电压
66	本体	高于 $2.0U_0$
	接头/终端	高于 $1.5U_0$
110	本体	高于 $1.7U_0$
	接头/终端	高于 $1.5U_0$
220	本体	高于 $1.4U_0$
	接头/终端	高于 $1.2U_0$

对于不满足局部放电起始电压限值限制要求的电力电缆本体、电力电缆接头、电力电缆终端，可分别参见图 5-6～图 5-8 所示的决策流程进行处理。

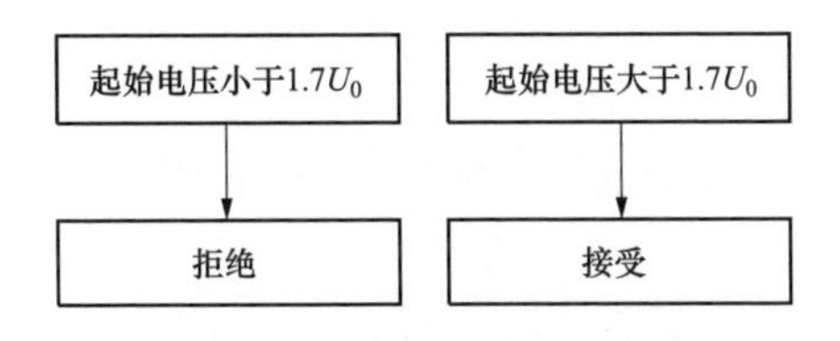

图 5-6　电力电缆本体振荡波局部放电检测的决策流程图

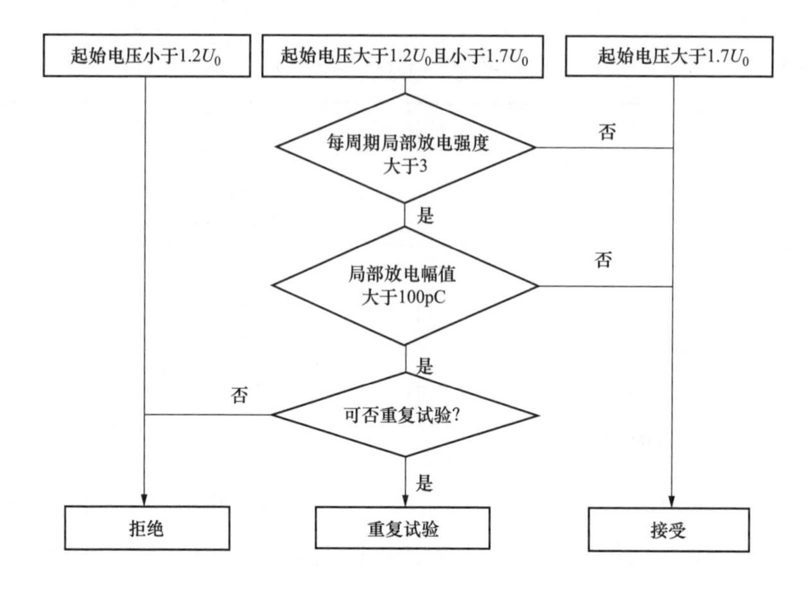

图 5-7 电力电缆接头振荡波局部放电检测的决策流程图

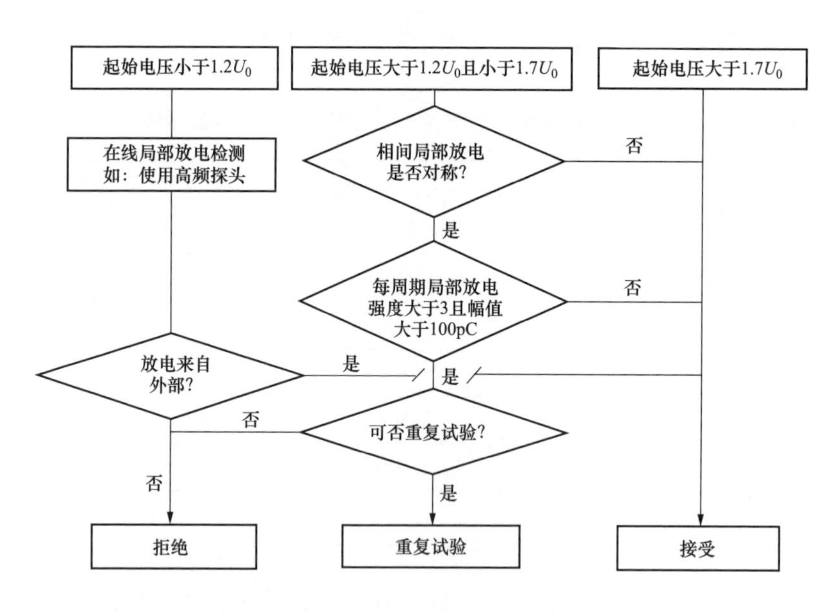

图 5-8 电力电缆终端振荡波局部放电检测的决策流程图

四、阻尼振荡电压下介质损耗（tanδ）评估

在阻尼振荡试验中，根据施加电压的衰减特征可以得到绝缘材料的介质损耗特性。随着电力电缆老化，介质损耗会逐步增加，因此介质损耗的检测可用于电

力电缆老化检测。阻尼振荡测试中，根据由谐振频率（固有频率）确定电压的测试频率 f_t 以及已知的空心电抗器的电感值，可以计算得到电力电缆电容。根据阻尼正弦电压的衰减特性可以估值得到介质损耗 $\tan\delta$。

介质损耗最重要、最明显的来源如下：

（1）因为绝缘的体积电阻有限和泄漏电流造成的电导性损耗。

（2）偶极性材料与绝缘材料之间的接触与摩擦（极化损耗）。

（3）磁导率不同的材料之间的接触面部位形成的局部强电场。

（4）发生局部放电的情况将增加介质的损耗。

对于频率为数十赫兹的电压作用下的良好油纸绝缘，介质损耗系数的值很低，例如，低于 0.2%；而且其值与电压的大小和变化关系很小，例如，在试验电压从 $0.5U_0$ 增大到 $2U_0$ 时，变化量小于 0.1%。理论上，介质损耗系数的值大于 0.5%时，结合老化效应和暂时的局部发热等现象，可能导致热击穿的风险较高。

在局部放电起始电压（PDIV）之上的电压作用下，局部放电的放电强度和次数将增加；例如，纳库仑（nC）级别的局部放电也可能增加介质的损耗。

图 5-9 为可用于介质损耗系数估算的振荡电路模型，其本质为一个 RLC 回路。

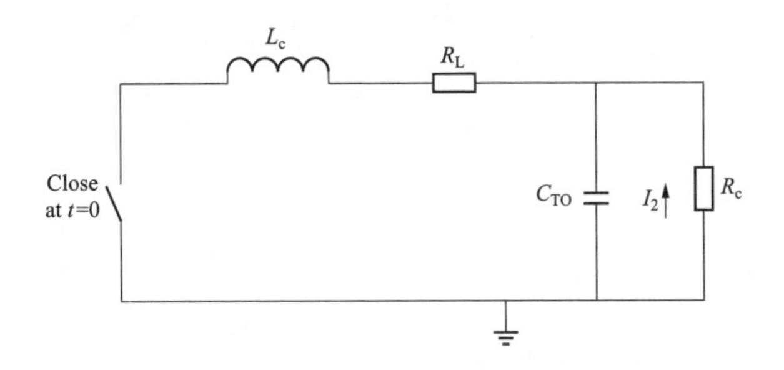

图 5-9　可用于介质损耗系数估算的振荡电路模型

图 5-9 中，R_L 为回路的总内阻，与系统施加电压的幅值和频率有关；R_c 代表被试品的损耗；L_c 为空心电抗器的电感值；C_{TO} 为被试品的电容值。需要注意：C_{TO} 与 R_c 也有可能是电压幅值和频率的函数。

根据设定的振荡电压而得到的振荡电压波形结果，可以由振荡电压波形的衰减特性来估算介质损耗系数，如图 5-10 所示。

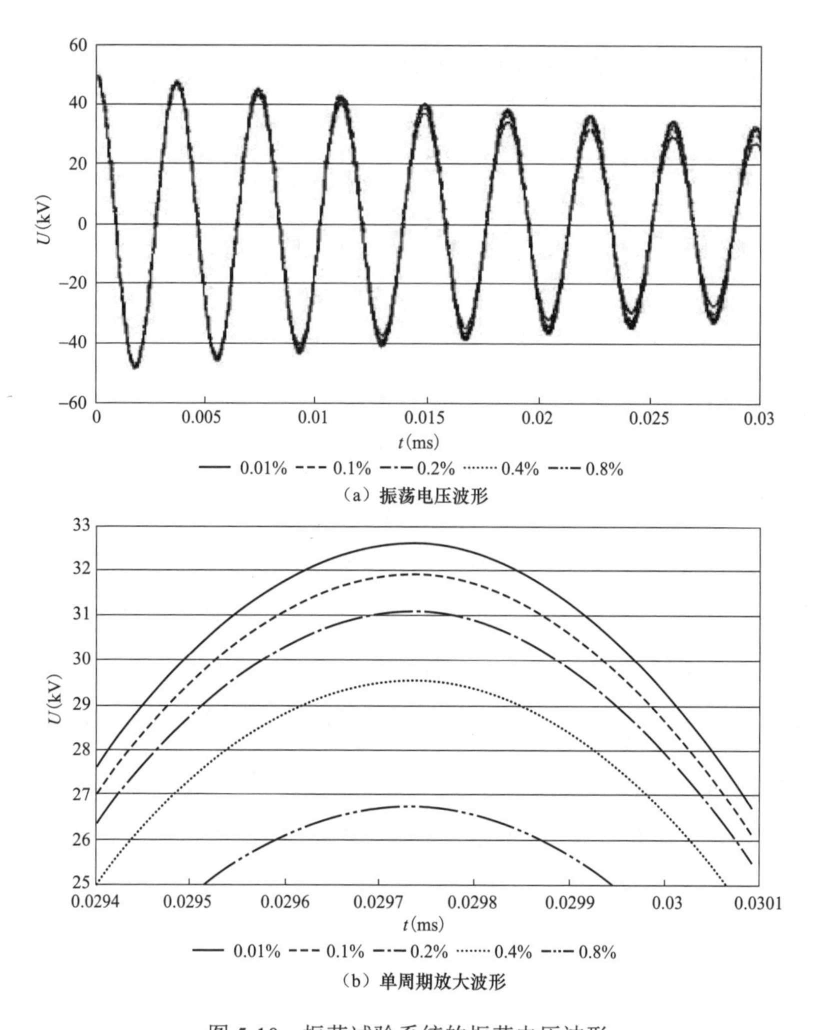

（a）振荡电压波形

（b）单周期放大波形

图 5-10　振荡试验系统的振荡电压波形

（对不同介质损耗特性的试品，电感为 2H，电容为 1μF 时）

图 5-10（a）为放大的第 8 个振荡周期振荡电压形细节，显示了不同情况下的阻尼特性的区别。一个振荡电压的时域函数可以描述为

$$U(t) = U_0 e^{-\beta t} \bullet \sin(\omega t + \varphi) \tag{5-7}$$

式中：U_0 为单极性充电过程结束时的系统电压；β 为衰减系数；φ为相位偏移；ω 为角频率，$\omega = 2\pi f$ ；$\tan\delta$ 的值可以由波形的衰减特性来计算。

为了在振荡试验中估计被试品的介质损耗系数，振荡试验系统设置的自身损耗应该是已知的，例如，测定在未接入被试品的情况下系统总内阻 R_L 的损耗。被

试品的损耗可以由一个并联电阻 R_c 代表，此 R_c 可以根据公式由测量结果进行估算

$$R_c = \frac{L_c}{2\beta_{DAC}L_cC_{TO} - R_LC_{TO}} \tag{5-8}$$

式中的未知参量 β_{DAC} 可以直接通过电压峰值比率与时间差所反映的波形衰减特性来计算

$$\frac{U_5}{U_1} = e - \beta_{DAC}(t_5 - t_1) \tag{5-9}$$

由式（5-9）即可得

$$\beta_{DAC} = -\frac{\ln(U_5/U_1)}{t_5 - t_1} \tag{5-10}$$

此时，介质损耗系数与电力电缆的损耗（D_L）相同，即

$$D_L = \frac{1}{\omega R_c C_{TO}} \tag{5-11}$$

如已知测试回路中其他部分，如空心电感、高压断路器等的损耗，可以提高根据振荡电压衰减特征评估电力电缆损耗的准确性。测试原理可以表示为电阻与电容并联，其中电阻取值可以根据给出的公式，之后可以计算出负载的介质损耗因数 tanδ。

图 5-11（a）所示为对新敷设完成的电力电缆的试验过程中施加的振荡电压示意图，由此可得出该电力电缆介质损耗很低，小于 0.1%。图 5-11（b）所示为测试使用一定年限的油浸电缆过程中施加的振荡电压示意图，由此得出该电力电缆介质损耗较高，约为 0.5%。

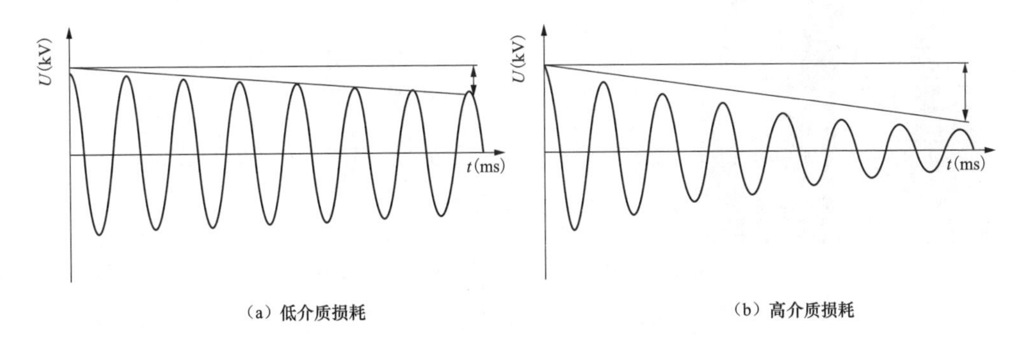

（a）低介质损耗　　（b）高介质损耗

图 5-11　电力电缆测试施加电压示意图

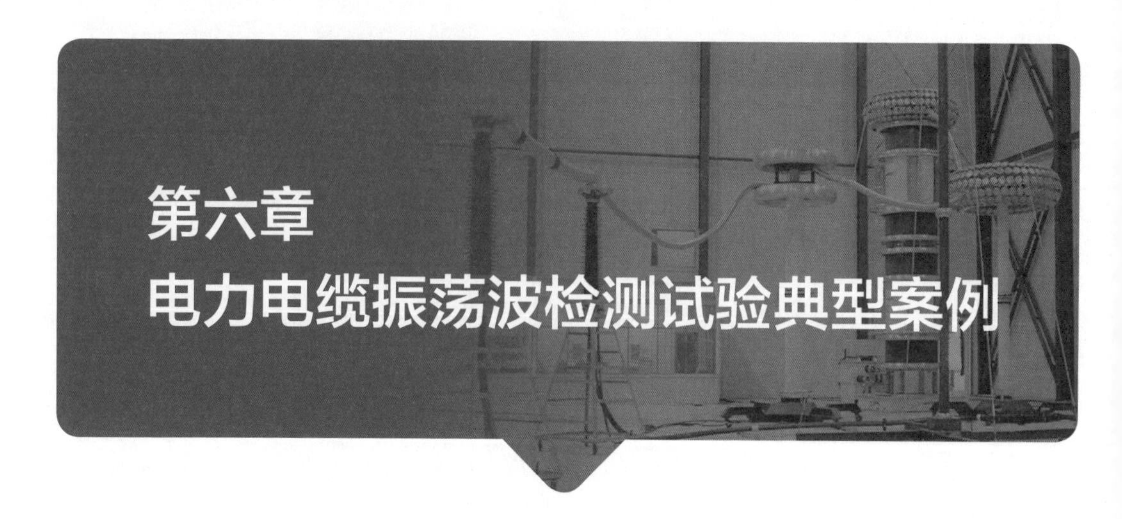

第六章 电力电缆振荡波检测试验典型案例

第一节 高压电力电缆案例

一、案例1 220kV电力电缆线路振荡波试验一

（一）线路概况

220kV甲线为架空电缆混合线路，其中A变电站至33号塔为架空段，33号塔至B变电站为电缆段，电力电缆总长度5.899km。其中33号塔至1号接头井电力电缆段于2014年5月完成上改下工程，电力电缆长度575m，型号为ZC-YJLW03-127/220kV-1×1000mm²；1号接头井至B变电站电缆段于2006年4月投产，电力电缆长度5.324km，型号为YJLW03-127/220kV-1×800mm²。33号塔终端为户外复合式终端，B变电站内为户外瓷套式终端。

图6-1 被试电力电缆终端

（二）试验对象

试验对象为B变电站内220kV甲线户外瓷套式终端，已投运14年。被试电力电缆终端如图6-1所示。

（三）带电检测

1. 高频局部放电检测

测试设备为PD-CHECK局放仪，高频局部放电检测接线示意图见图6-2，同步信号为B相电缆线芯电流信号。

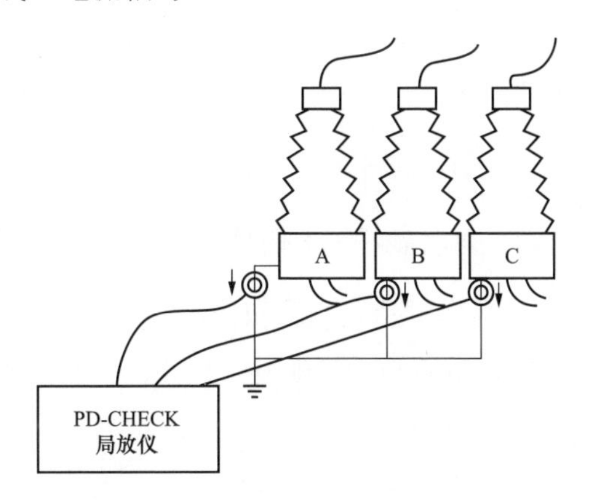

图6-2　高频局部放电检测接线示意图

第一次测试：三相TA均卡接在接地箱处，测试结果见图6-3。

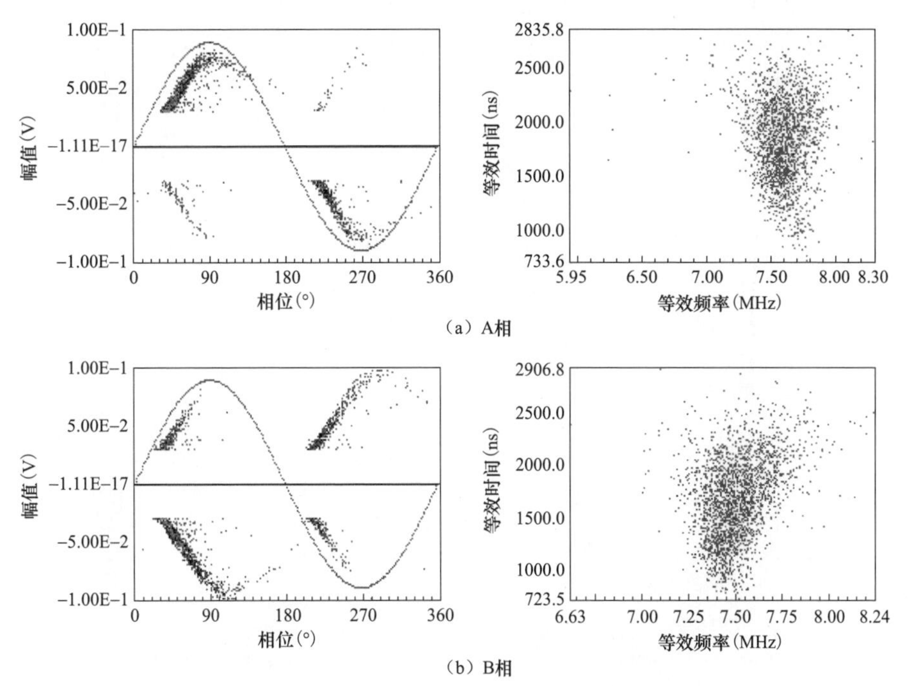

图6-3　高频局部放电测试结果（第一次测试）（一）

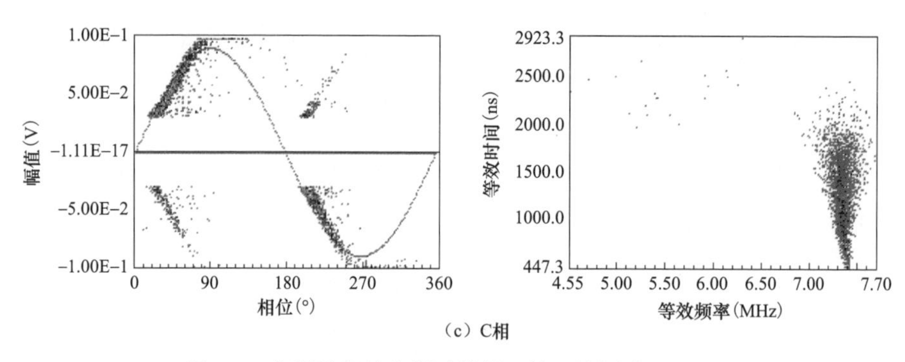

（c）C相

图 6-3　高频局部放电测试结果（第一次测试）（二）

根据图 6-3，三相均存在明显的放电信号，放电幅值 A 相约 80mV、B 相约 100mV、C 相约 100mV，放电频率三相均为 7.5MHz 左右。三相放电信号相位相同，均位于同步信号（B 相）的一、三象限，且 A、C 相放电信号极性与 B 相相反。因此判断放电信号来自 B 相，A、C 相放电信号为 B 相信号通过共用接地体传播至 A、C 相。

第二次测试：三相 TA 均卡接在终端尾管处（即增大三相测试点间的距离），测试结果见图 6-4。

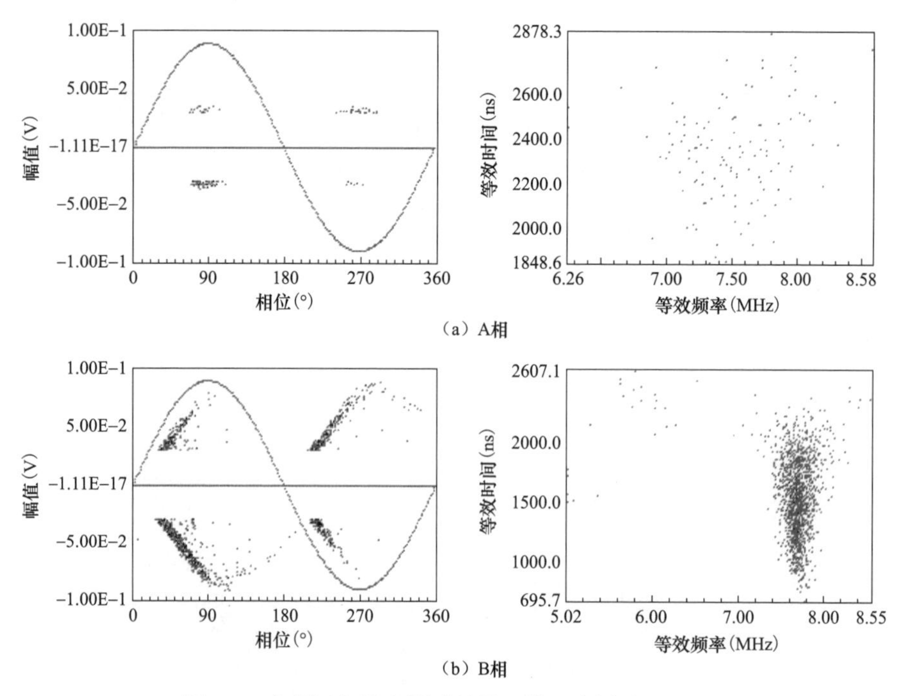

（a）A相

（b）B相

图 6-4　高频局部放电测试结果（第二次测试）（一）

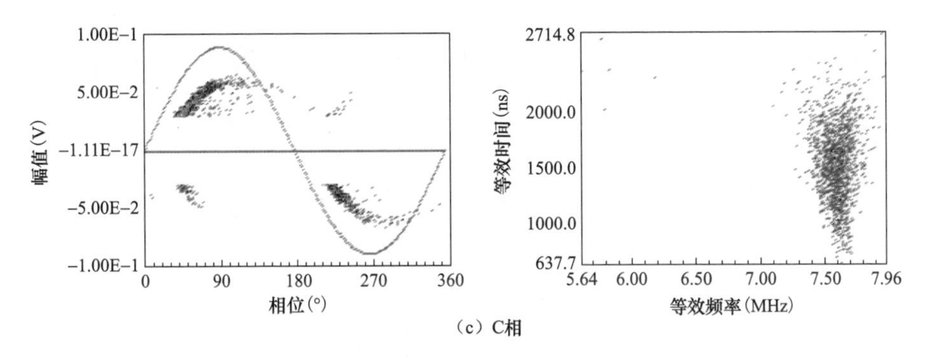

（c）C相

图 6-4　高频局部放电测试结果（第二次测试）（二）

与图 6-3 相比，增大三相测试点间距离后，A 相放电信号幅值减小至约 40mV，C 相放电信号幅值减小至约 70mV，图谱特征与第一次测试相同，进一步证明了放电信号来自 B 相。

2. 高频局部放电时差法定位

6 个 TA 分别卡接在接地箱及终端尾管处，高频局部放电时差法定位示意图见图 6-5。

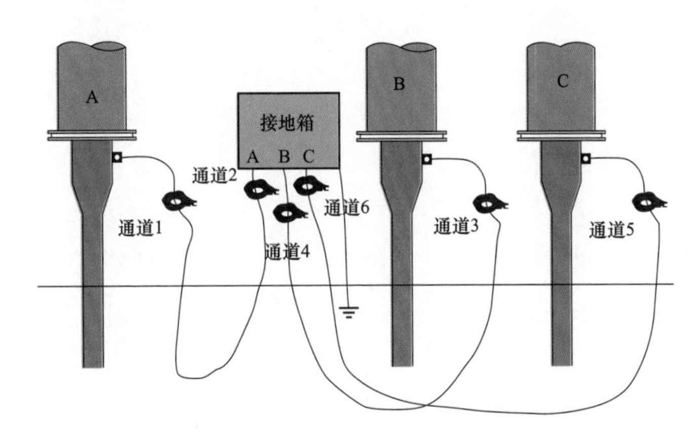

图 6-5　高频局部放电时差法定位示意图

高频局部放电测试结果见图 6-6。PRPD、PRPS 图谱表现出来的特征与 PD-CHECK 检测结果类似，符合典型局部放电信号的特征。

对 6 个通道测得的放电脉冲信号进行时差分析，高频脉冲信号时域图见图 6-7。通道 3、通道 4 信号（B 相）明显超前其他通道，其中通道 3（近终端）超前通道 4（近接地箱）信号。通道 3、通道 4 的放电脉冲信号极性与其余通道相反。

综上所述，判断放电信号由 B 相终端传播至接地体再传播至 A、C 相。

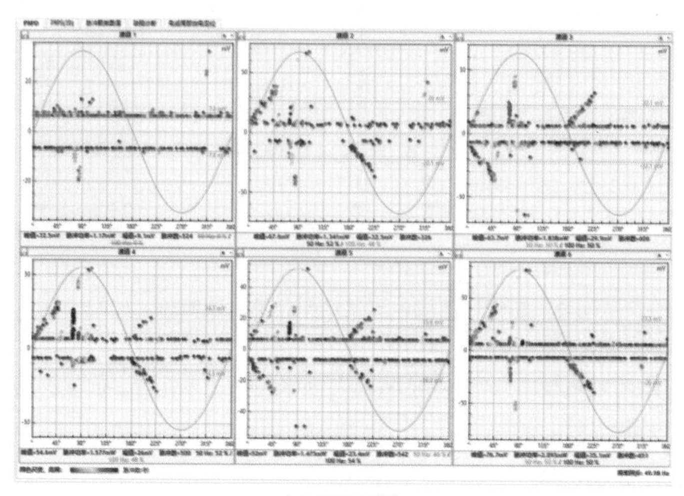

（a）PRPD图谱

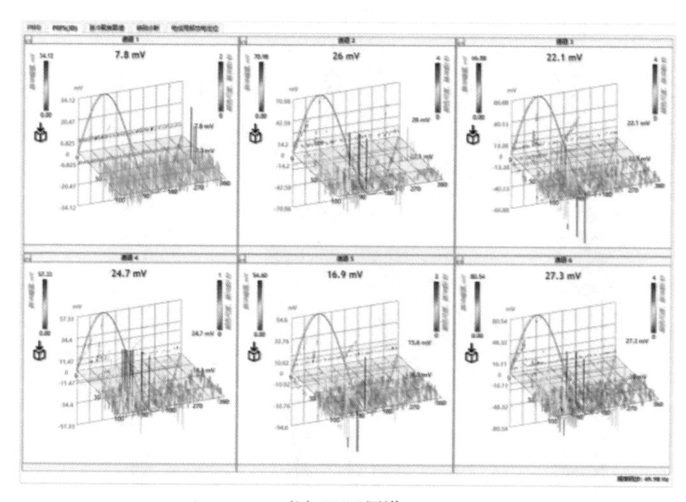

（b）PRPS图谱

图 6-6　高频局部放电测试结果

3. 特高频、超声局部放电检测

对三相电力电缆终端分别进行特高频、超声局部放电检测，均未发现明显异常放电信号。

4. 临近位置局部放电检测

对临近电力电缆终端的中间接头、GIS 进行高频、特高频局部放电检测，均未发现明显异常放电信号。

5. 检测结果

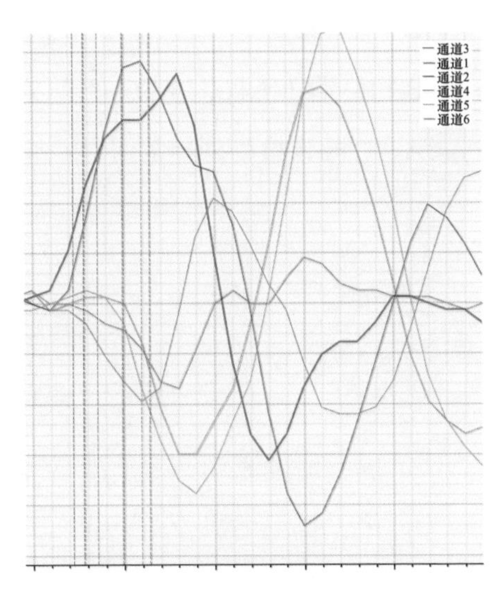

图 6-7　高频脉冲信号时域图

带电检测测得的三相放电信号相位一致，测试同步信号为 B 相线芯电流，同时放电脉冲频率一致，说明三相放电信号来自同一放电源。当三相测试 TA 在同一位置时，三相放电信号幅值接近，三相测试 TA 间距离增大后，A、C 相放电信号幅值明显减小，B 相放电信号幅值变化相对较小。时差法定位结果表明，靠近 B 相终端的测试 TA 较 B 相接地处测试 TA 先测得放电脉冲，A、C 相测试 TA 测得放电脉冲时间均晚于 B 相。初步判断 220kV 甲线 B 相电力电缆终端存在放电缺陷，该线路应停电开展振荡波局部放电与定位试验，根据试验结果确定处置措施。

（四）振荡波定位试验

1. 试验方法

分别对三相终端加压至 $0.3U_0$、$0.5U_0$、$0.7U_0$、$0.9U_0$、$1.0U_0$、$1.1U_0$、$1.2U_0$，除 $1.0U_0$、$1.1U_0$、$1.2U_0$ 各记录两次外，其余电压点记录一次测量并存储有关波形。振荡波局部放电测量及定位试验见图 6-8。

图 6-8　振荡波局部放电测量及定位试验

2. 试验结果

B 相终端在 1.1U_0、1.2U_0 下的放电图谱见图 6-9。两个电压下均检测到放电信号。A、C 相未检测到异常信号。

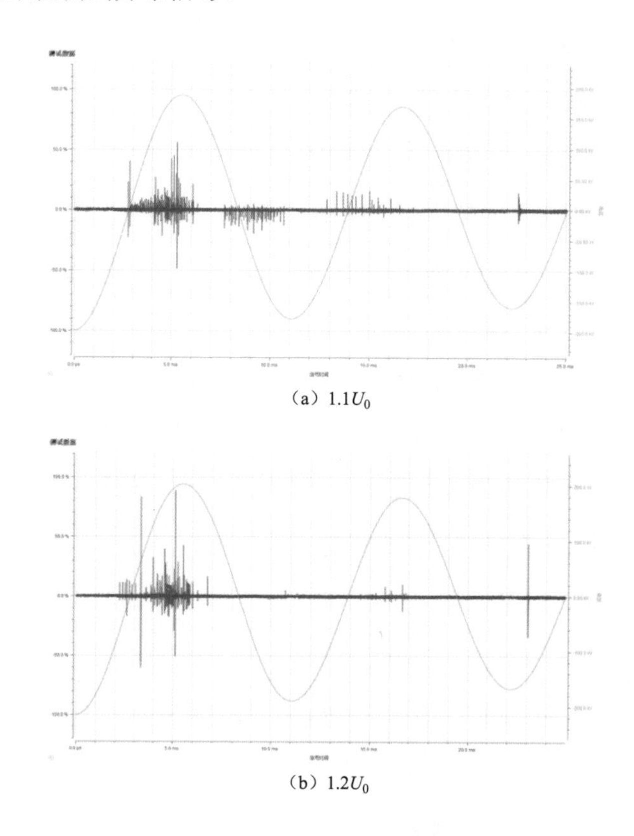

（a）1.1U_0

（b）1.2U_0

图 6-9　B 相终端在振荡波电压下的放电图谱

B 相终端局部放电定位见图 6-10。放电集中在电力电缆终端，放电幅值较大。

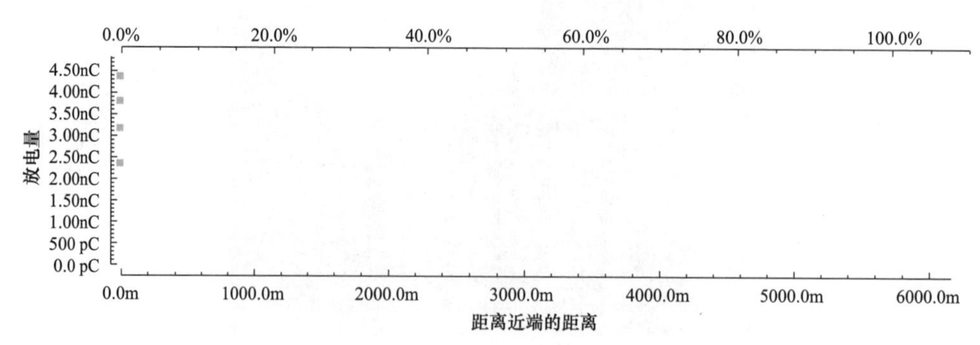

图 6-10　B 相终端局部放电定位图

在振荡波电压下，仅在B相测得了较为明显的放电信号，且幅值较大，定位于B变电站内电力电缆终端。综合带电检测结果，判断220kV甲线B相电力电缆终端存在放电缺陷，建议更换该相电力电缆终端，并对样品开展电气试验和解体分析。

（五）电气试验

1. 试验回路搭建

高压试验大厅内搭建试验回路，由工频升压装置、耦合电容器、局部放电仪、被试样品构成，试样品为一支220kV电力电缆终端和约10m长电力电缆，电缆侧加压采用水终端，试验回路见图6-11。

图6-11　试验回路

2. 试验过程

分别开展工频电压下的脉冲电流法局部放电和高频局部放电检测，高频局部放电检测采用PD-CHECK局部放电仪。

试验时，将水终端和户外终端接地，试验电压上升至155kV，采用脉冲电流法测得的局部放电量如图6-12所示，局部放电量约为20pC，随着试验电压的上升，局部放电幅值和相位分布迅速增大和增加。试验电压上升至165kV时，局部放电量如图6-13所示。试验电压下降至135kV时，局部放电熄灭。再次升压重复出现上述情况。

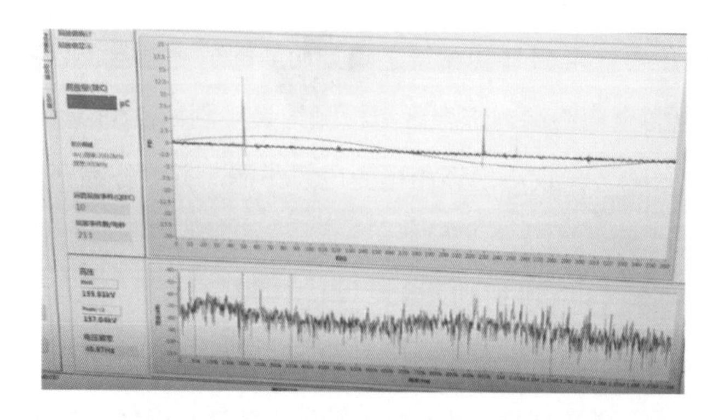

图 6-12　试验电压 155kV 时采用脉冲电流法测得的局部放电量

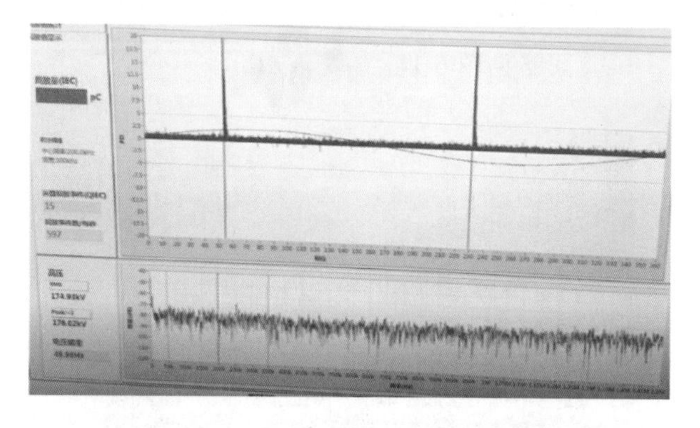

图 6-13　试验电压 165kV 时采用脉冲电流法测得的局部放电量

试验电压上升至 165kV，采用高频局部放电法测得的局部放电量如图 6-14 所示，局部放电量约为 50mV，中心频率为 6.5MHz，90°和 270°相位对称分布。

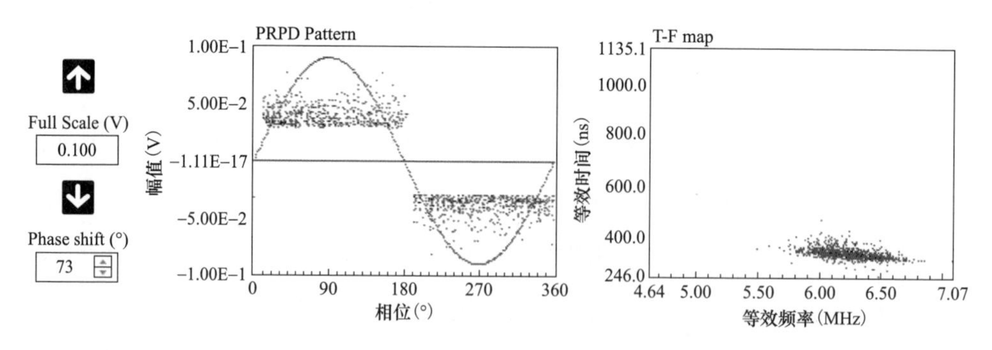

图 6-14　试验电压 165kV 时采用高频局部放电法测得的局部放电量

试验时，将电力电缆终端铝护套破损和铅封处包绕铜网，试验电压上升至 185kV，脉冲电流法测得局部放电如图 6-15 所示，局部放电量从几百至上万皮库，分布在一、三象限，特点为放电脉冲不连续，放电一出现幅值快速增大，多数时间为放电幅值较大。

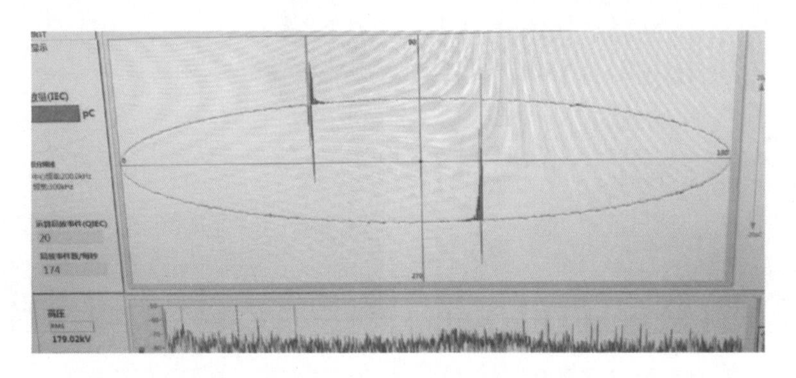

图 6-15　试验电压 185kV 时脉冲电流法局部放电

3. 试验结果

工频试验电压下，脉冲电流法和高频局部放电均测得被试电力电缆终端存在局部放电。脉冲电流法测得的局部放电特点为放电幅值较大，为几百至上万皮库，分布在一、三象限，放电脉冲不连续，放电一出现幅值快速增大，多数时间为放电幅值较大。铅封处绕包铜网对局部放电检测有影响，绕包时，在较高试验电压下（185kV）下出现放电。

（六）解体检查

1. 解体过程

对试验后的电力电缆终端样品开展解体检查，主要发现以下 4 项问题。

（1）半导电断口存在附着物，电力电缆本体绝缘颜色变黄，且嵌着半导电颗粒。切开应力锥后，电力电缆本体半导电断口处存在少量粉末状附着物，对应的应力锥内表面同样存在粉末状附着物（见图 6-16 和图 6-17），条形分布圆周长度约 50mm、宽度约 10mm。半导电断口处电力电缆本体绝缘表面颜色呈淡黄色，区域较粉末状附着物大。通过放大镜检查发现，靠近半导电断口处，电力电缆本体嵌着大量黑色半导电颗粒（见图 6-18）。

本体嵌入的半导电颗粒为施工过程中打磨方向不符合要求造成的，附着物和发黄应为后期运行中形成的，物质成分待进一步分析，附着物会使应力锥和本体界面处形成气隙。

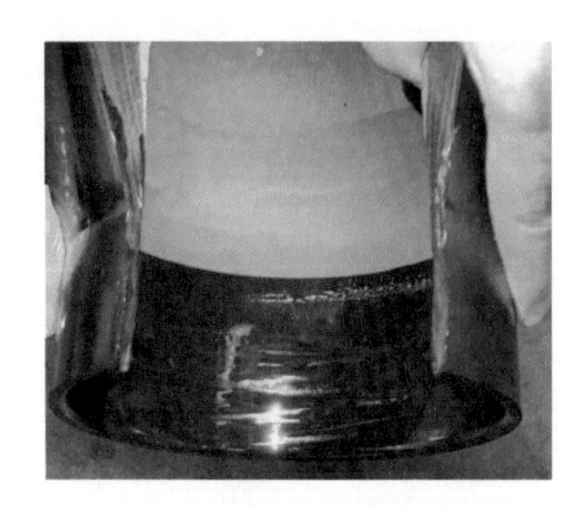

图 6-16　应力锥内表面附着物

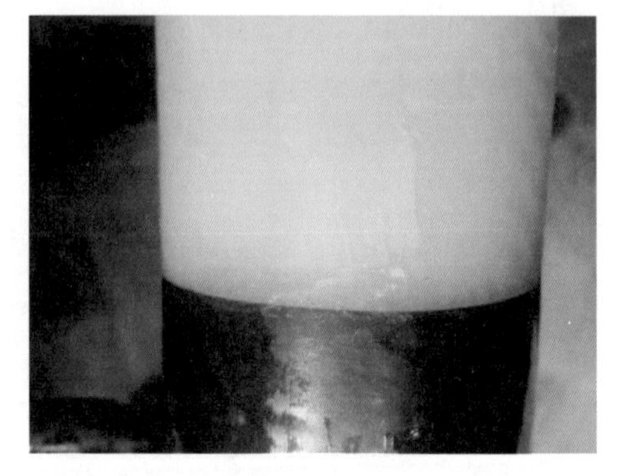

图 6-17　电力电缆本体半导电断口附着物

图 6-18　半导电颗粒放大

（2）瓷套表面存在黑色斑点。拆除套管后，应力锥环氧件表面存在块状黑色斑点，擦拭后颜色变浅，但仍旧有印迹。另一面存在颜色较浅的黑色斑点（见图 6-19），呈长条状，长度约 80mm、宽度约 10mm。

（3）铅封存在脱离，内表面发生锈蚀。去除铅封包带后，铅封和电力电缆铝护套整周均存在间隙（见图 6-20）。切开铅封后，铅封内表面和铝护套外表面均存在斑状锈蚀痕迹。

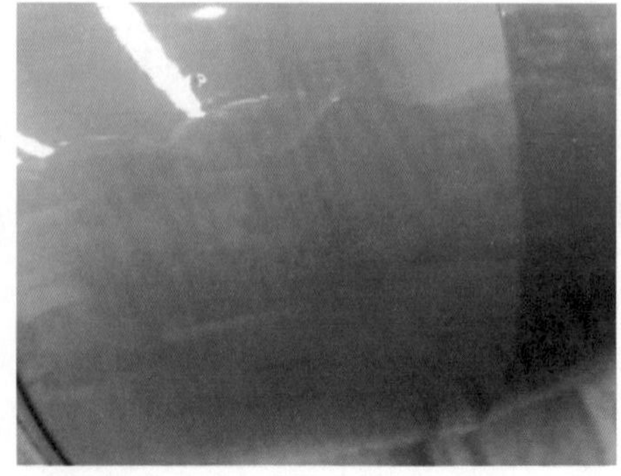

图 6-19　环氧件外表面黑色斑点

脱铅可能为样品拆装运输过程中或铅封制作不良受力拉伸造成的，解体时铅封绕包带材较为紧密，斑状锈蚀痕迹可能为放电造成。

图 6-20　铅封间隙

（4）铅封部位电力电缆本体半导电存在烧蚀。去除铅封区域电力电缆本体缓冲阻水带后，本体半导电存在 4 条严重的烧蚀痕迹（见图 6-21），其中 3 条较短，约 40mm，一条较长，整周均有。

烧蚀痕迹为搪铅时温度控制不良，局部过热烫伤造成。

2. 解体结论

电力电缆终端明显的施工工艺不良情况，如半导电断口处本体绝缘嵌留半导电颗粒、铅封处本体烫伤和脱铅。悬浮半导电颗粒位于应力锥内部电场最为集中区域，会使电场发生畸变，同时附着物会使应力锥与本体界面处形成界面气隙，易发生局部放电。附着物形成原因待进一步开展成分分析，环氧件表面黑色斑点成因待绝缘油样试验结果后分析。

图 6-21　电力电缆本体烧蚀痕迹

（七）油样及异物成分试验

1. 油样试验

电力电缆终端解体时取终端油样一份，开展油样电气性能试验和色谱分析。试验结果为该油样击穿电压、介质损耗因素、相对介电常数均满足性能指标要求，但油色谱中甲烷、乙烷、一氧化碳和二氧化碳含量非常高（见图 6-22）。

该电力电缆终端采用的油为二甲基硅油，与变压器油不同；通常电力电缆终端油在性能指标方面只关注击穿电压、介质损耗因素、相对介电常数等电气性能，而色谱数据不做要求，且开展相关试验和研究较少。此次电力电缆终端油色谱数据与《电力安全技术》中《220kV 电缆终端硅油老化鉴定试验与分析》文章中数据非常相似，产生的原因可能为低能量局部放电下低温过热，不排除该类油样长期运行老化的因素。

分析项目		H_2	CH_4	C_2H_6	C_2H_4	C_2H_2	ΣC_1+C_2	CO	CO_2
标气浓度(μ1/L)									
标样峰高									
样品峰高(mV)									
样品含量(μ1/L)		10.47	4512.07	554.61	12.31	<0.01	5278.99	517.79	4602.19

图 6-22　油色谱测试结果

2. 异物成分分析

在终端应力锥内表面取异物样品一份，样品呈淡黄色，有黏性。将异物置于扫描电子显微镜（scanning electron microscope，SEM）中，通过能谱分析技术（energy dispersive spectrometer，EDS）对异物进行成分分析，元素分析结果如图 6-23 及表 6-1 所示，异物主要由 C 元素、O 元素以及 Si 元素组成，并且含有少量的 Cl 元素以及金属元素 Zn。黄色异物不同位置得到的元素分析结果基本一致，各元素含量的波动相对较小，成分组成稳定。

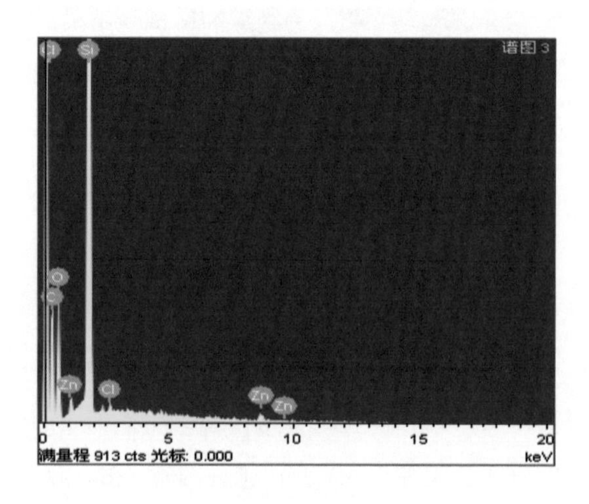

图 6-23　异物成分分析

表 6-1　异物分析的 EDS 分析结果　wt.%

元素	C	O	Si	Cl	Zn
含量	6.17	27.01	63.06	0.54	3.22

由异物成分分析可知，主要元素 C、O 和 Si 元素与润滑剂硅油、电力电缆本体绝缘料基本一致，可排除终端安装过程中带入异物的可能性，应为放电产物。

（八）放电原因分析

1. 导电颗粒及界面气隙对电场分布的影响

在电力电缆终端解体过程中，电力电缆本体半导电断口处存在少量粉末状附着物，对应的应力锥内表面同样存在粉末状附着物，而粉末状的附着物会使应力锥和电力电缆本体界面处出现微小气隙。同时，通过放大镜检查发现，靠近半导电断口处的电力电缆本体嵌着大量黑色半导电颗粒。

参照 110kV 电力电缆中间接头界面气隙和终端悬浮导电颗粒电场分布计算，空界面气隙空气域高度为 1mm，导电颗粒设置为矩形宽 0.6mm、高 1mm、长 1mm。接头界面气隙缺陷模型示意图见图 6-24，电力电缆终端三维建模图见图 6-25。

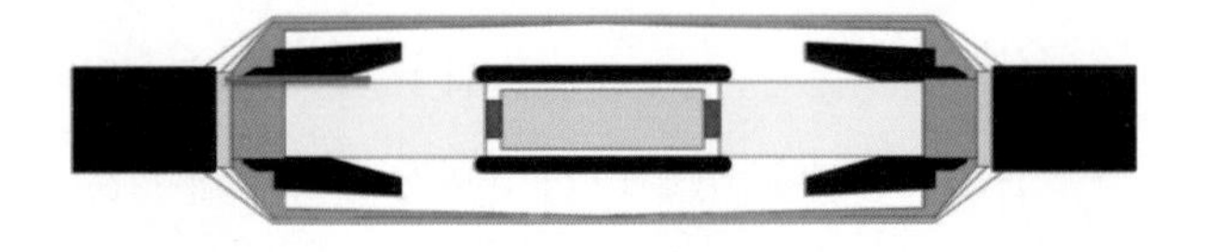

图 6-24　接头界面气隙缺陷模型示意图

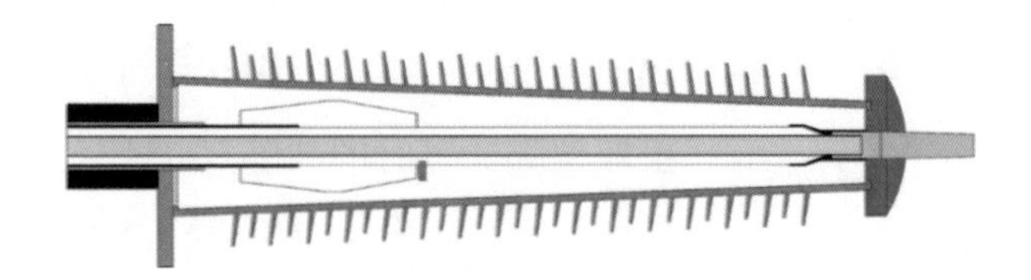

图 6-25　电力电缆终端三维建模图

仿真结果如图 6-26、图 6-27 所示，电力电缆接头与本体绝缘的交界面上存在气隙时，矩形界面气隙域内电场强度剧烈增加，运行电压下界面气隙缺陷最大电场强度超过 3kV/mm，达到了空气击穿场强 3kV/mm。

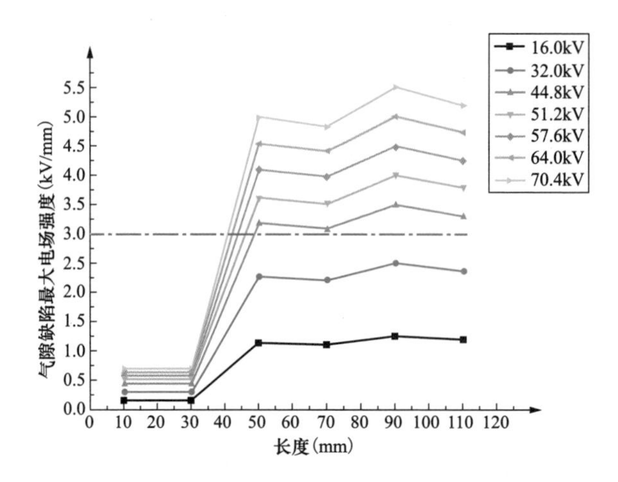

图 6-26 不同电压和不同气隙长度时缺陷部分最大电场强度折线图

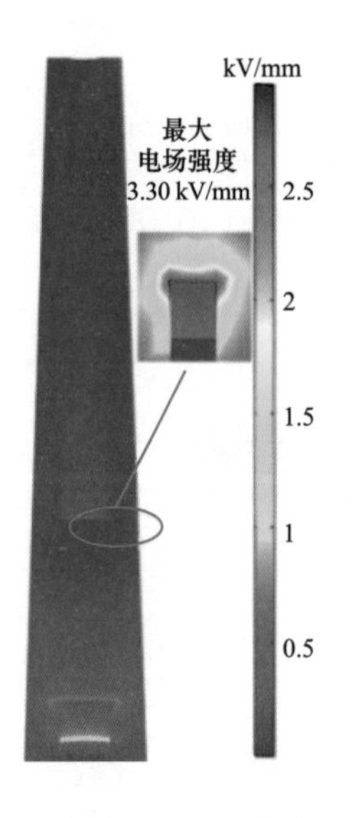

图 6-27 运行电压下最大电场强度

终端接头结构如图 6-28 所示，当终端接头橡胶件顶部台阶处存在金属颗粒缺陷，最大电场强度出现在金属颗粒处。金属颗粒分布区域增长时，缺陷部分最大电场强度呈现出增长趋势，缺陷部分的最大电场强度大于 3kV/mm。

通过仿真计算可知，应力锥界面气隙和悬浮导电颗粒对电场分布影响非常大，电场强度呈现剧烈增大，运行电压下可超过 3kV/mm。结合本次电力电缆终端解体出现的两种缺陷，附着物形成的不规则的微小气隙和半导电颗粒分布较多，虽较仿真计算时的缺陷尺寸小，但在两种缺陷叠加下，数量较多，仍可在较低电压下发生放电。

2. 放电原因

通过高频局部放电带电检测、振荡波离线试验和试验室内脉冲电流法局部放电三种试验方法（测试结果比较如表 6-2 所示），均测得 220kV 甲线 B 相电力电缆终端存在局部放电信号，且振荡波离线试验和试验室内脉冲电流法局部放电通过施加高于运行电压的试验电压，测得局部放电幅值较大，放电特征尤为明显。

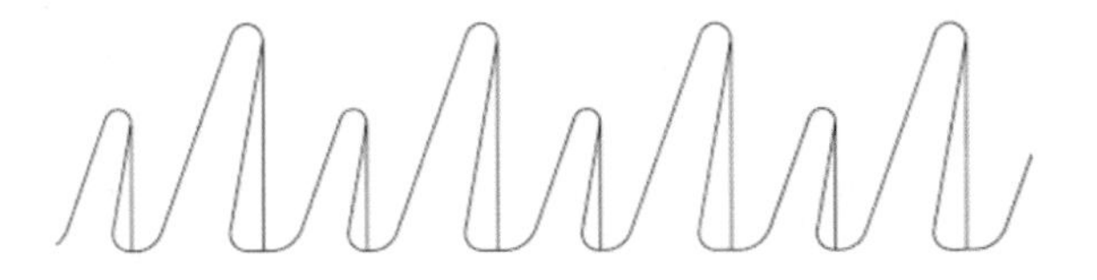

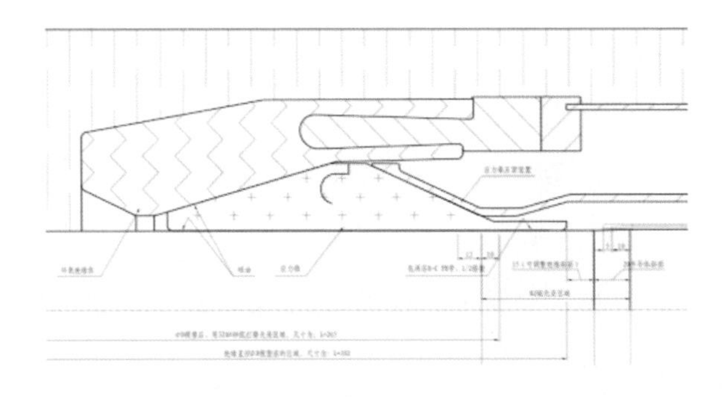

图 6-28　终端接头结构示意图

表 6-2　不同试验方法测试结果比较

检测方法	线路状态	试验种类	数据特征	检测结论
高频局部放电	运行状态	带电检测	三相放电信号相位位于一、三象限，且 A、C 相放电信号极性与 B 相相反，B 相幅值约 100mV，B 相时域明显超前于 A/C 相	初步判断 220kV 甲线 B 相电力电缆终端存在放电缺陷
振荡波试验	停电状态	离线试验	B 相放电信号明显，1.1U_0 幅值大于 2nC，定位于电力电缆终端	220kV 甲线 B 相电力电缆终端存在放电缺陷
脉冲电流法局部放电	缺陷样品	高压大厅	起始放电电压为 155kV，放电幅值较大，为几百至上万皮库，相位分布在一、三象限，放电脉冲不连续，放电一出现幅值快速增大，多数时间放电幅值较大	220kV 甲线 B 相电力电缆终端存在内部放电缺陷

结合电力电缆终端解体情况及电场仿真，分析认为放电的主要原因为终端应力锥存在附着物和半导电颗粒缺陷，附着物使应力锥和电力电缆本体界面处产生气隙，界面气隙和悬浮半导电颗粒使电场发生畸变，电场强度剧烈增大，从而引发内部放电。半导电颗粒为施工过程中打磨方向不符合施工工艺要求造成，附着物的产生可能为长时间运行过程中半导电颗粒诱发的放电生成物，待后续附着物

成分分析。

（九）结论及处理建议

220kV 甲线 B 相电力电缆终端放电主要原因为施工质量不合格，终端应力锥内存在半导电颗粒和附着异物，使电场发生畸变引发内部放电。

基于以上结论，提出以下处理建议：

（1）持续开展 220kV 甲线 A、C 相电力电缆终端状态检测，缩短高频局部放电带电检测周期。

（2）对运行年限较长（大于 10 年）同批次 220kV 电力电缆终端线路开展振荡波局部放电测量和定位试验，评估终端状态。

（3）对运行年限较长、地质情况较差的 220kV 电力电缆终端开展缺陷检查，排查铅封脱铅或开裂等缺陷。

二、案例 2　220kV 电力电缆线路振荡波试验二

（一）线路概况

220kV 乙线电力电缆线路于 2003 年 12 月投运，纯电力电缆线路，主要敷设方式为电缆沟道结合过路排管，采用 1200mm^2 线芯截面电缆（电力电缆结构特性见表 6-3），设计最大输送电流 910A，一侧为位于室内的户外式电力电缆终端，作为此次测试点；另一侧为 GIS 终端，测试时断开与电网的连接。该线全线回路长度 6687m，共分 9 段电缆，形成 3 个交叉互联接地系统。乙线总体运行情况良好。2008 年 3 月 6 日，该线 A 相因地铁施工钻探打穿造成跳闸，故障点位于 4～5 号中间接头段，抢修更换故障点至 5 号中间井电缆段长 230m，新制作中间接头 2 个，该故障不属于绝缘性能故障。

表 6-3　电力电缆结构特性

电缆厂家	进口电力电缆		
序号	材料名称	单位	规格参数
1	额定电压	kV	220
2	额定载流量	A	910

续表

序号	材料名称		单位	规格参数
3	芯数			1
4	导体	标称截面积	mm^2	1200
		绞线种类	—	4 扇形紧密绞合
		外径（约）	mm	41.7
		20℃时导体最大直流电阻	Ω/km	0.0156
5	导体屏蔽层厚度（约）		mm	1
6	绝缘标称厚度		mm	27
7	绝缘屏蔽层厚度（约）		mm	1
8	垫层总厚度（约）		mm	1
9	铅护套标称厚度		mm	2.8
10	PE 外护套标称厚度（外涂石墨层）		mm	4.5
11	电力电缆总直径		mm	136
12	电力电缆净重		kg/m	24.9
13	导体额定温度	正常运行	℃	90
		短路情况	℃	250

电力电缆线路停电并连接好 OWTS 系统后，将乙线相关信息资料录入系统（见表 6-4）。

表 6-4　　　　电力电缆信息录入 OWTS 系统

从____变电站	变电站 1
至____变电站	变电站 2
敷设时间	2003.12
线路名称	乙线
绝缘类型	XLPE
中间头数量	8（6 个交叉互联改成直通）
电力电缆长度	6687m
电压等级	220kV
运行电压	U_0 = 127kV（90kV）
测试电压频率	64Hz
电力电缆电容（一相）	1.13μF
运行历史	总体情况良好，外力破坏 1 次

（二）试验过程

1. 局部放电校准

测试之前，需要依据 IEC 60270 标准对系统进行校准。校准过程中，标准局部放电脉冲被注入电力电缆中，读取其波速和脉冲幅值，校准从 100pC、200pC、500pC、1nC、2nC、5nC、10nC 七挡依次完成，100pC/200pC 的校准脉冲确定波速及校准整个测试系统如图 6-29 所示。

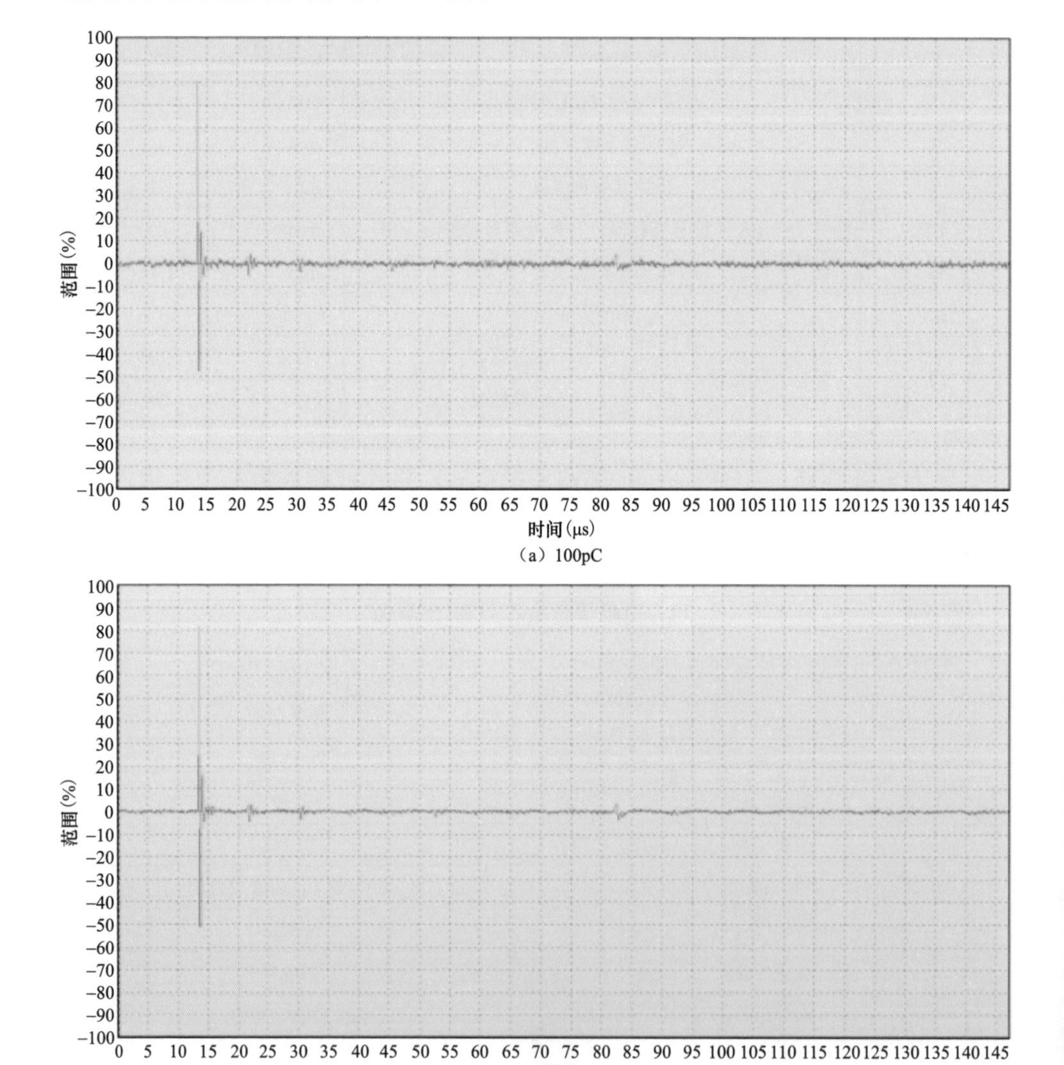

图 6-29 IEC 60270 校准：100pC/200pC 的校准脉冲确定波速及校准整个测试系统

因在 3011m 处的 4 号中间接头接地箱检修工井被市政施工占用，直到检测时仍在清理，于是提供了验证电力电缆金属护层接地系统是否影响局部放电信号传播的机会。在校准时，当 3011m 处交叉互联未改为分相直通连接时，校准波形在中间头反射较大且衰减较大。在交叉互联恢复分相直通之后，校准波形在交叉互联箱位置反射较小且末端反射的衰减较小。3011m 附近 50000pC 的校准波形如图 6-30 所示。从图 6-30 可以看出测试灵敏度有所提高。

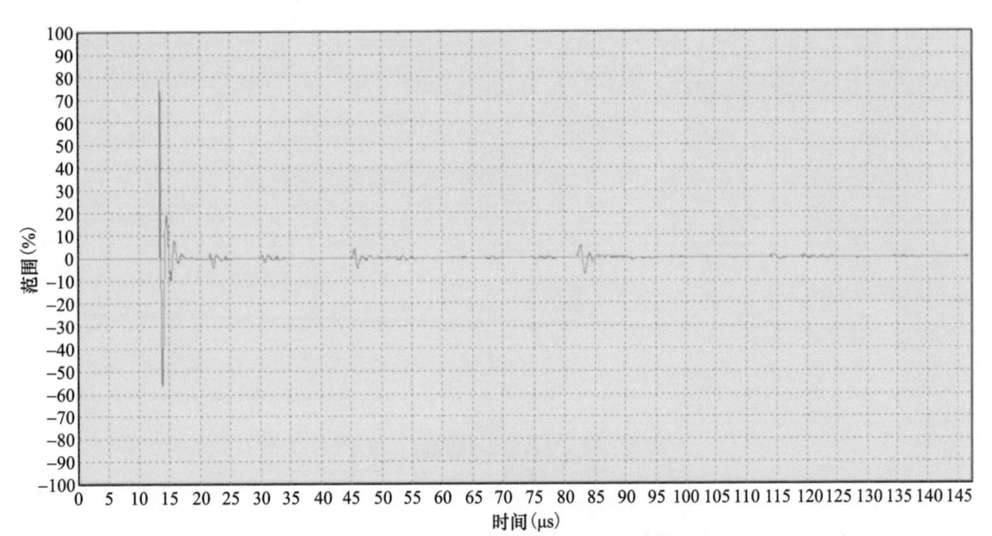

(a) 交叉互联恢复直通前50000pC的校准波形

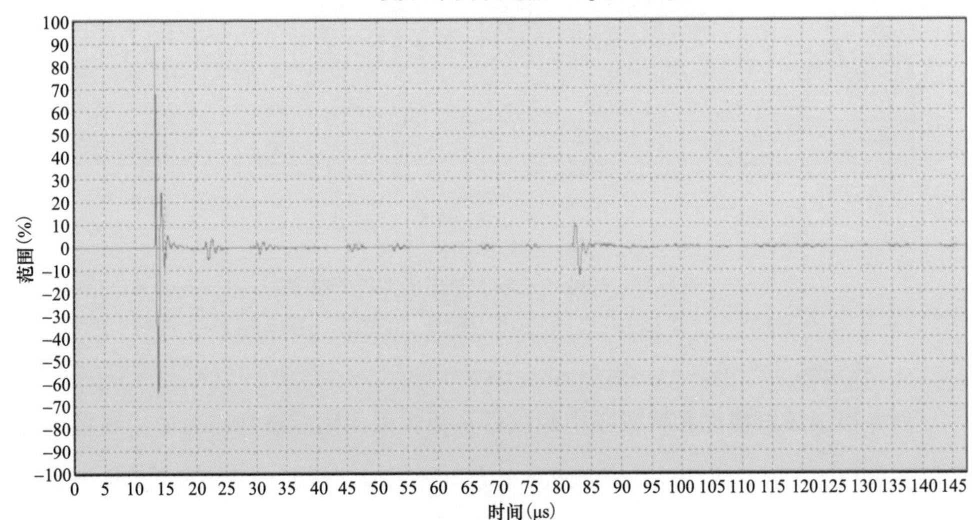

(b) 交叉互联恢复直通后50000pC的校准波形

图 6-30　3011m 附近 50000pC 的校准波形

同理采用瑞士 OWTS HV250 系统进行乙线的阻尼振荡波局部放电检测，先进行现场背景噪声的检测，实测到背景噪声图谱如图 6-31 所示，背景噪声情况比较良好（不超过 10pC），虽可见室内的电晕干扰，测试可以忽略排除。图 6-30（a）小尖刺为设备和系统固定产生，在测试所有电力电缆时都固定产生且大小不变，故认定其为该设备系统产生。

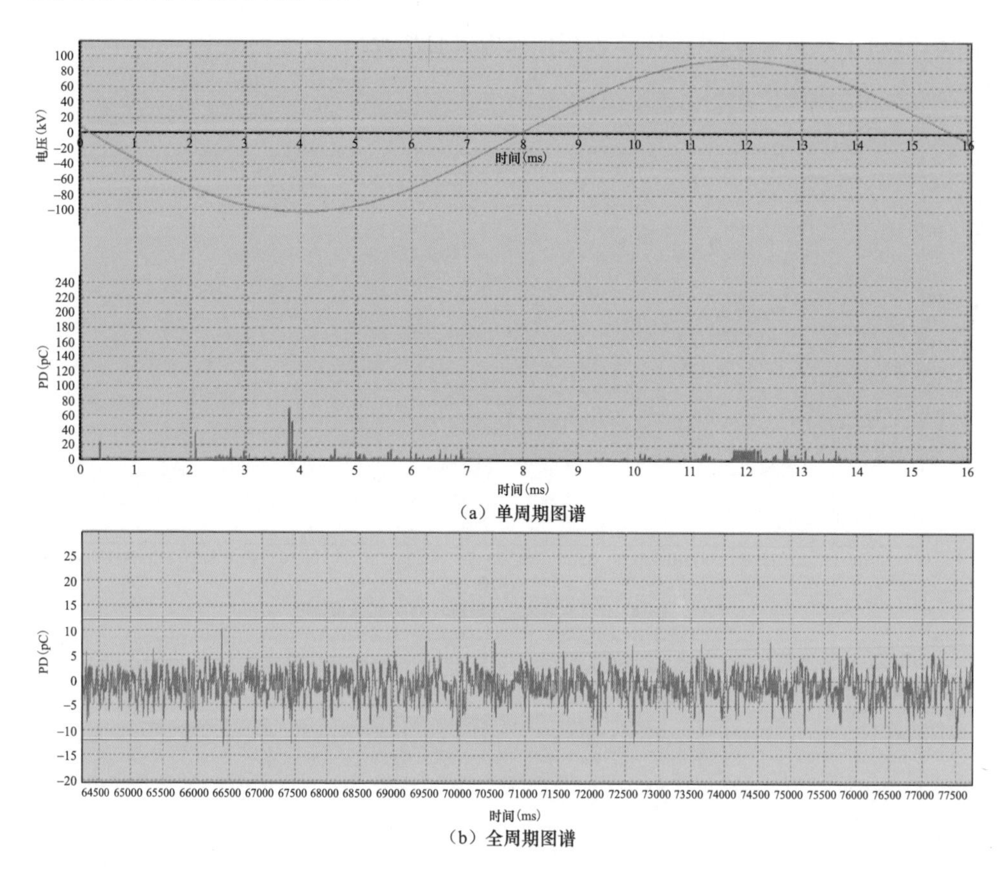

图 6-31　220kV 乙线测试时背景噪声图谱

2. 局部放电测试

做好局部放电校准和背景噪声测试后，正式采用振荡波加压对电力电缆进行现场局部放电测试，加压时系统记录下电力电缆的振荡波测试回路参数，见表 6-5。此次试验电压从 0 开始，采用增幅为 ΔU=30kV 的电压逐级升压检测，每个电压等级施加 5 次振荡波，一直升压至 U_0。U_0 以后直接升压至 1.1U_0 的最高试验电压。

若发现有可疑信号可多加几次振荡波周期和通过升、降压来观察信号的变化，以便找到局部放电起始电压和熄灭电压。

表 6-5 振荡波测试回路参数

参数	数值
被测电力电缆电容 C_{TO}（μF）	1.13
系统电感 L_C（H）	5.5
最大测试电压 U_{max}（kV）	250
最大充电电流 I_{Cmax}（mA）	8
振荡频率 f_r（Hz）	64
介损因数 D_f（%）	13
测试电压 U_T（kV）	117
电压增幅 ΔU（kV）	$1U_0$ 以下为 15kV，$1U_0$ 以上为 $0.1U_0$
振荡次数 $N_{DAC}/\Delta U$	5

在对乙线的 B 相及 C 相进行振荡波加压测试过程中，未发现明显的局部放电信号，录得 U_0 和 $1.1U_0$ 的波形图谱分别如图 6-32 和图 6-33 所示。由图可见，相关检测到的波形及图谱与背景噪声相当类似，初步未见异常。

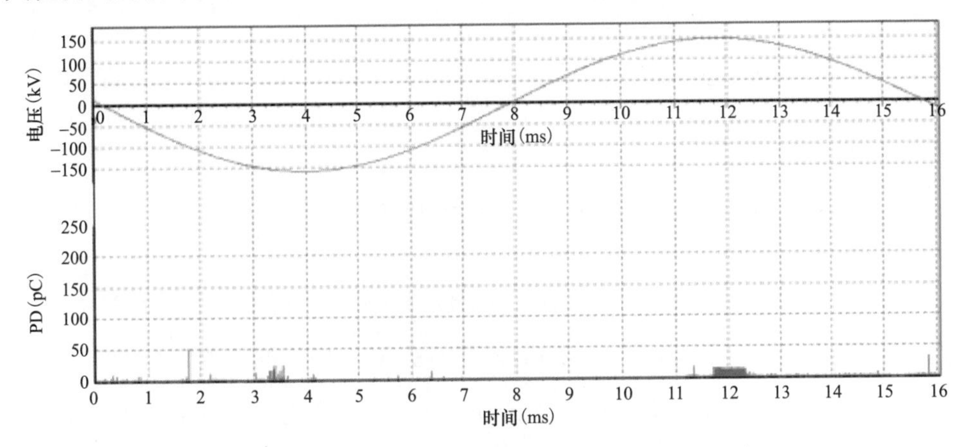

图 6-32 U_0 电压下乙线 B 相的振荡波检测波形图谱

3. 测试结果分析

虽然现场检测到的波形图谱未发现异常，但是仍通过后台专家系统软件对有关录入数据进行分析，选取部分可疑波形段进行行波时域反射法（TDR 法）

分析。

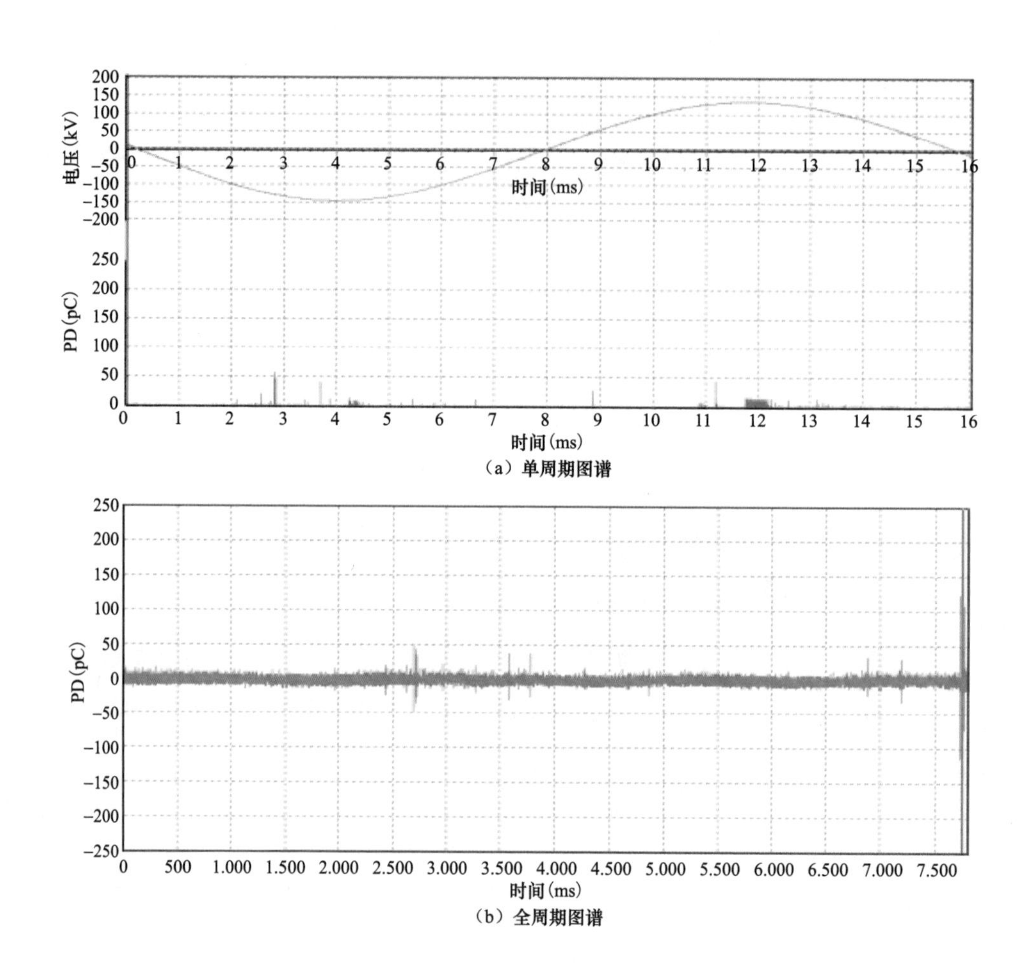

图 6-33　1.1U_0 电压下乙线 B 相的振荡波检测波形图谱

图 6-34 为乙线振荡波检测局部放电定位选取波形分析图。由图 6-34 可见，该图测试的 B 相、C 相电压为 1.1U_0 时，图 6-33（a）定位的位置为 0～1m，即为检测点的电力电缆终端，由于检测地点为一个 220kV 室内带电设备场所，该场所极可能受到电晕干扰，此类波形段 B 相、C 相均同时出现电晕干扰，共约 20～30 次，信号相角大多出现在电压峰值附近，且量值比较接近，因此可判断为电晕干扰；图 6-33（b）定位的位置为 B 相 2759m，另有 C 相 1425m 和 C 相 2953m 处各出现一次放电信号，因为局部放电脉冲发现的总数非常少，且不具有重复性

和集中性，所以不能判断其为局部放电信号。乙线所有局部放电脉冲信号定位汇总图见图 6-35。

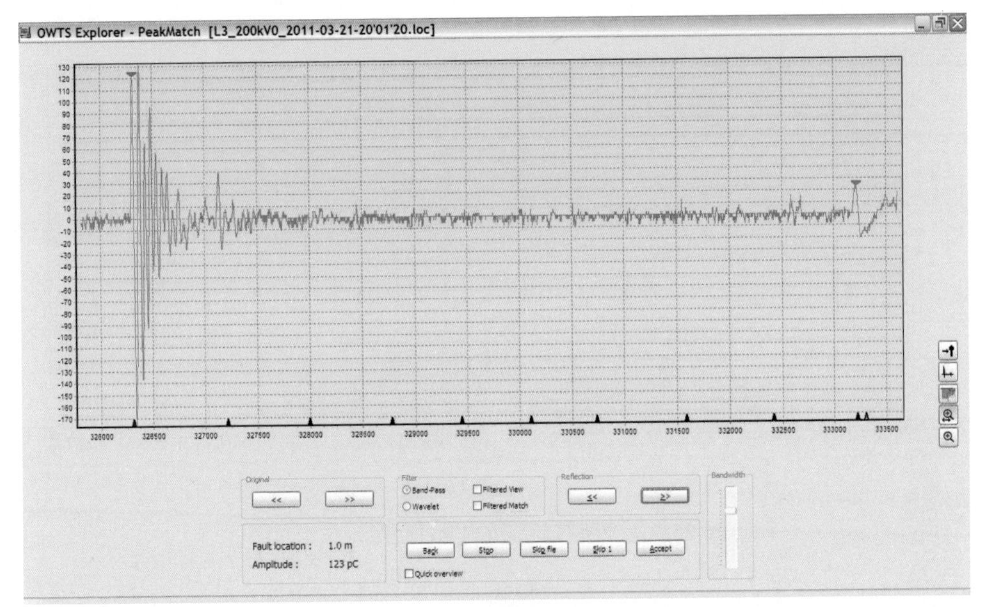

（a）C相图谱

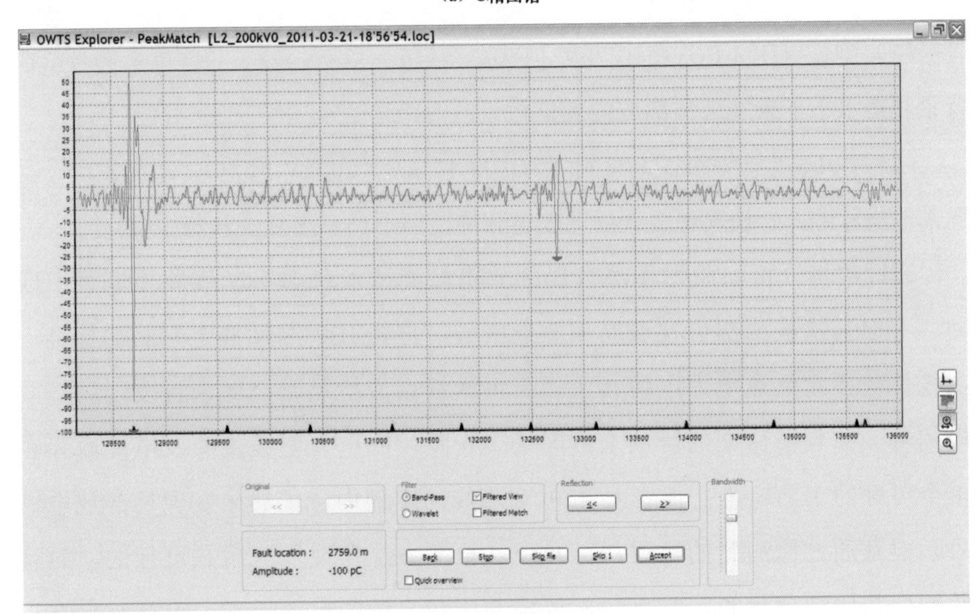

（b）B相图谱

图 6-34　乙线振荡波检测局部放电定位选取波形分析图

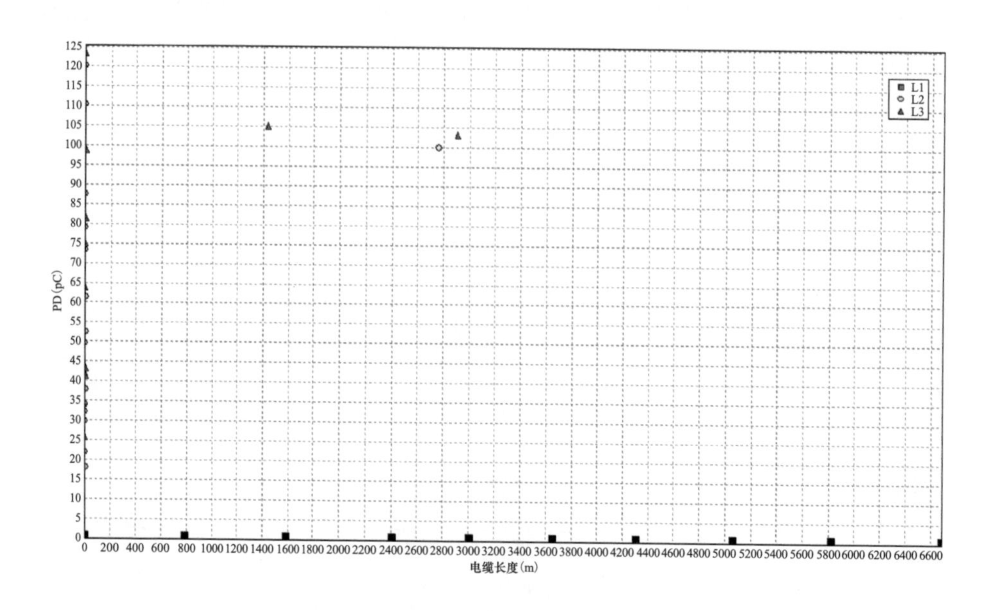

图 6-35　乙线所有局部放电脉冲信号定位汇总图

因此得出以下结论：

（1）测试电压 $1.0U_0$ 在 127kV（180kV 峰值）以下，除了一些电晕信号，在背景噪声水平下未发现局部放电现象。

（2）$1.0U_0$ 电压等级以上直到 $1.1U_0$ 为 141kV（200kV 峰值），B 相发现一次局部放电脉冲，C 相发现 2 次局部放电脉冲，但不具有重复性和集中性。

通过实例分析，阻尼振荡波局部放电检测技术在 110kV 线路上取得了成功，不但几次检测都可发现局部放电信号，符合 IEC 局部放电判断的标准，在抢修更换定位点电力电缆接头后，再次振荡波检测时已经未再发现局部放电信号，并且在后期的解剖上也印证了切除段的电力电缆接头及电缆段存在多个可疑的工艺缺陷；而在对 220kV 乙线的实例中，虽然未发现局部放电信号，但是通过检测到的数据，可发现其检测方法在现场应用是可行的，而且其精度是比较理想的，符合局部放电判断和定位的有关原则，可分辨出真正的局部放电和普通电晕放电，是目前各种局部放电检测手段中比较可信的检测方法。

三、案例 3　110kV 电力电缆线路振荡波试验案例一

（一）线路概况

110kV 丙线电力电缆线路于 2004 年 6 月投运，纯电力电缆线路，主要敷设方式为电缆沟道结合过路排管，采用 800mm^2 线芯截面电缆（电力电缆结构特性见表 6-6），设计最大输送电流 760A，一侧为户外式电力电缆终端，作为此次测试点；另一侧为 GIS 终端，测试时断开与电网的连接。该线全线回路长度 3917m，共分 6 段电缆，形成 2 个交叉互联接地系统。丙线 B 相 1 号电力电缆接头 2009 年曾发生击穿故障，A 相 2 号电力电缆接头 2010 年曾检测到接头内部进水进行了更换消缺，电力电缆线路总体运行情况不佳。

表 6-6　　电力电缆结构特性

序号	材料名称		单位	规格参数
1	额定电压		kV	110
2	额定载流量		A	760
3	芯数		—	1
4	导体	标称截面积	mm^2	800
		绞线种类	—	铜绞线
		外径（约）	mm	35.3
		20℃时导体最大直流电阻	Ω/km	0.0216
5	导体屏蔽层厚度（约）		mm	1.5
6	绝缘标称厚度		mm	25
7	绝缘屏蔽层厚度（约）		mm	1.2
8	垫层总厚度（约）		mm	1
9	铅护套标称厚度		mm	2.4
10	PE 外护套标称厚度（外涂石墨层）		mm	5.7
11	电力电缆总直径		mm	122.6
12	电力电缆净重		kg/m	16
13	导体额定温度	正常运行	℃	90
		短路情况	℃	250

电力电缆线路停电并连接好 OWTS 系统后，将丙线相关信息资料录入系统（见表 6-7）。

表 6-7　　　　电力电缆信息录入 OWTS 系统

从____变电站	变电站 1
至____变电站	变电站 2
敷设时间	2004.06
线路名称	丙线
绝缘类型	XLPE
中间头数量	5（4 个交叉互联改成直通）
电力电缆长度	3935m
电压等级	110kV
运行电压	U_o = 64kV（90kV）
测试电压频率	76Hz
电力电缆电容（一相）	0.8μF
运行历史	B 相 1 号电力电缆接头 2009 年曾发生击穿故障，A 相 2 号电力电缆接头 2010 年曾检测到接头内部进水，进行了更换消缺，电力电缆线路总体运行情况不佳

（二）试验过程

1. 局部放电信号的发现（第一次测试）

（1）局部放电校准。测试之前，需要依据 IEC 60270 标准对系统进行校准。校准过程中，标准局部放电脉冲被注入电力电缆中，读取其波速和脉冲幅值，校准从 100pC、200pC、500pC、1nC、2nC、5nC、10nC 七挡依次完成，如图 6-36 所示。

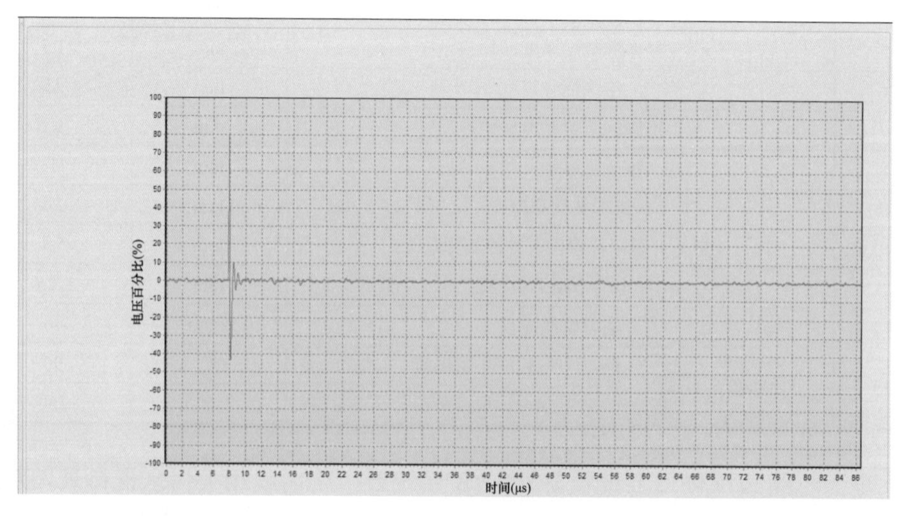

图 6-36　IEC 60270 校准：200pC 的校准脉冲确定波速及校准整个测试系统

（2）背景噪声。采用瑞士 OWTS HV250 系统，逐相进行丙线的阻尼振荡波局部放电检测，当检测 C 相时，当时现场实测到背景噪声图谱如图 6-37 所示，背景噪声比较良好（不超过 15pC）。图 6-37 中小尖刺为设备和系统固定产生，在测试所有电力电缆时都固定产生且大小不变，故认定其为该设备系统产生。

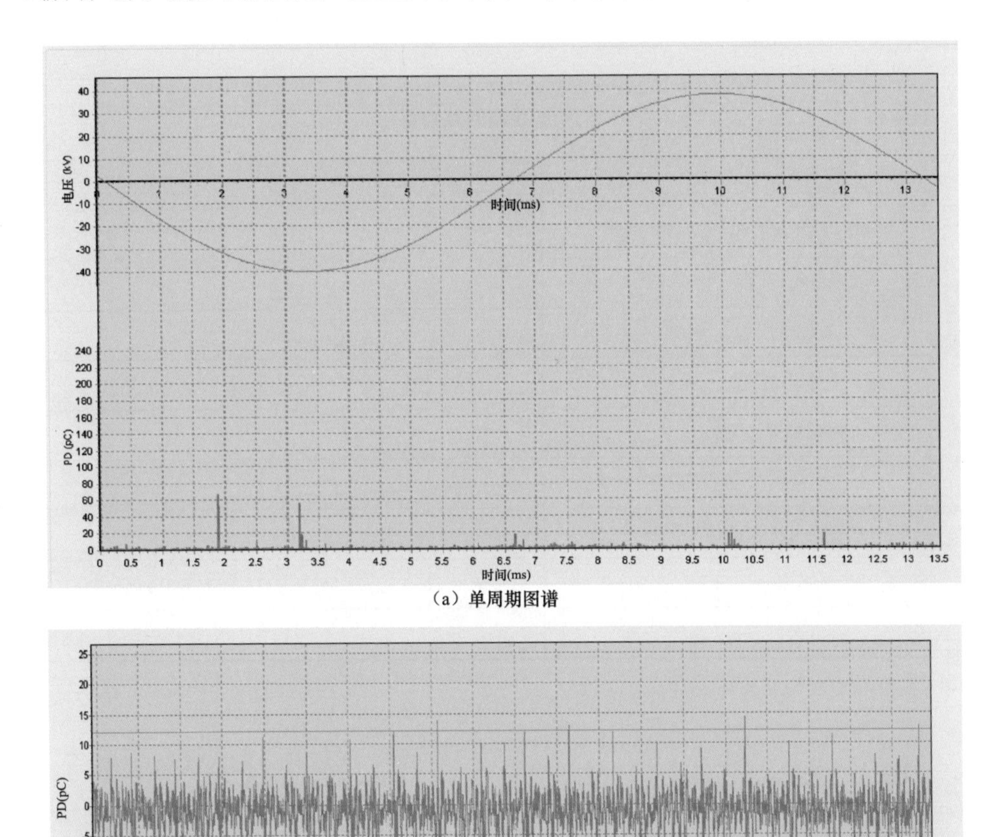

（a）单周期图谱

（b）全周期图谱

图 6-37　丙线 C 相第一次检测时背景噪声图谱

（3）局部放电信号第一次发现。做好局部放电校准和背景噪声测试后，正式采用振荡波加压对电力电缆进行现场局部放电测试，加压时系统记录下电力电缆振荡波测试回路的有关参数，如表 6-8 所示。此次试验电压从 0 开始，采

用的增幅为 ΔU=15kV 的电压逐级升压检测，每个电压等级施加 3～5 次振荡波，一直升压至 U_0。U_0 以后以 $0.1U_0$ 的梯度检测至允许的最高试验电压（丙线振荡波局部放电检测加压示意图见图 6-38）。若发现有可疑信号可多加几次振荡波周期和通过升、降压来观察信号的变化，以便找到局部放电起始电压和熄灭电压。

表 6-8　　　　振荡波测试回路参数

参数	数值
被测电力电缆电容 C_{TO}（μF）	0.8
系统电感 L_C（H）	5.5
最大测试电压 U_{max}（kV）	250
最大充电电流 I_{Cmax}（mA）	8
振荡频率 f_r（Hz）	76
介质损耗因数 D_f（%）	11
测试电压 U_T（kV）	117
电压增幅 ΔU（kV）	$1U_0$ 以下为 15kV，$1U_0$ 以上为 $0.1U_0$
振荡次数 $N_{DAC}/\Delta U$	5

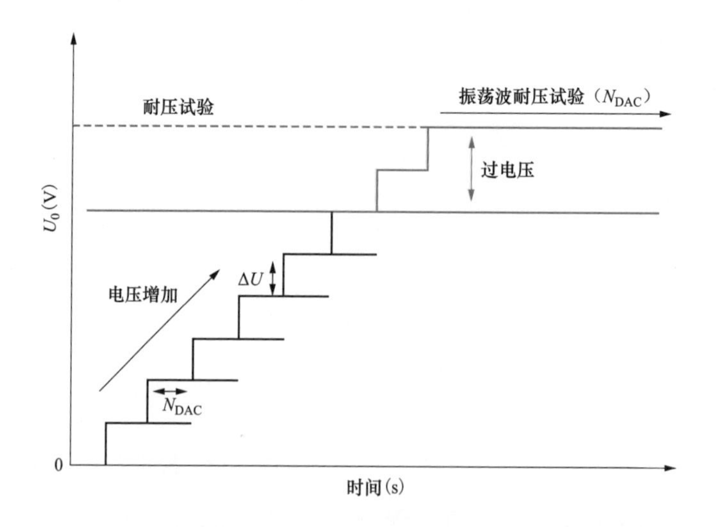

图 6-38　丙线振荡波局部放电检测加压示意图

当试验电压升至 U_0 附近，由 OWTS 系统监控电脑录得波形可发现，在参考相位弦波的第一、三象限出现明显高于背景噪声的放电尖刺，且有一定的持续性，放电量为 50～150pC，可判断为疑似局部放电信号，于是在 U_0 电压增加了 5 次振荡波周期检测，进行了详细的观察分析，验证了该信号的相角等特性与局部放电信号特性非常符合，于是将其 U_0 电压的检测波形和图谱记录下，图 6-39 为第一次检测 U_0 时的 PD 信号波形图。

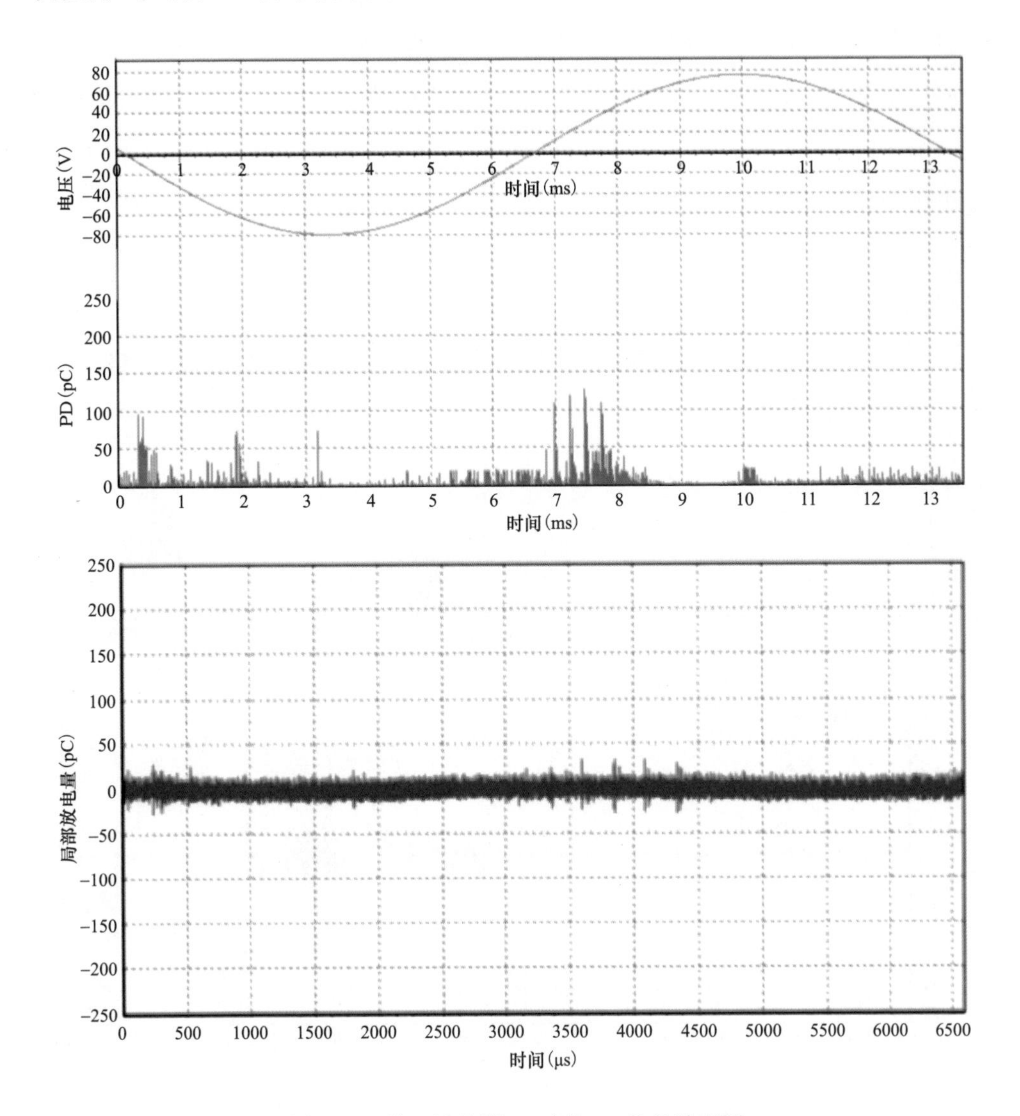

图 6-39　第一次检测 U_0 时的 PD 信号波形图

为进一步观察疑似局部放电信号，以 0.1U_0 的梯度逐级将试验电压升至 1.3U_0，发现局部放电量随电压升高而有明显增大趋势，因此可进一步判断为局部放电信号，因为一般情况下，影响噪声不会随试验电压增加而增大。

图 6-40 为第一次检测 1.3U_0 时的 PD 信号波形图，由图 6-40 可见，在参考相位弦波的第一、三象限出现的疑似局部放电信号放电量已增大至 200～600pC。于是，再次在 1.3U_0 电压下增加振荡周期进行观察，在反复振荡 10min 左右，发现局部放电量已增大超过 1000pC（见图 6-41）。于是开始以 0.05U_0 的梯度逐级降压，检测局部放电熄灭电压为 0.85～0.9U_0，这些过程都比较符合局部放电判断的特性，局部放电随电压升高，其变化有一个明显增加的过程，原因可能是电力电缆过电压引起的局部放电加剧。

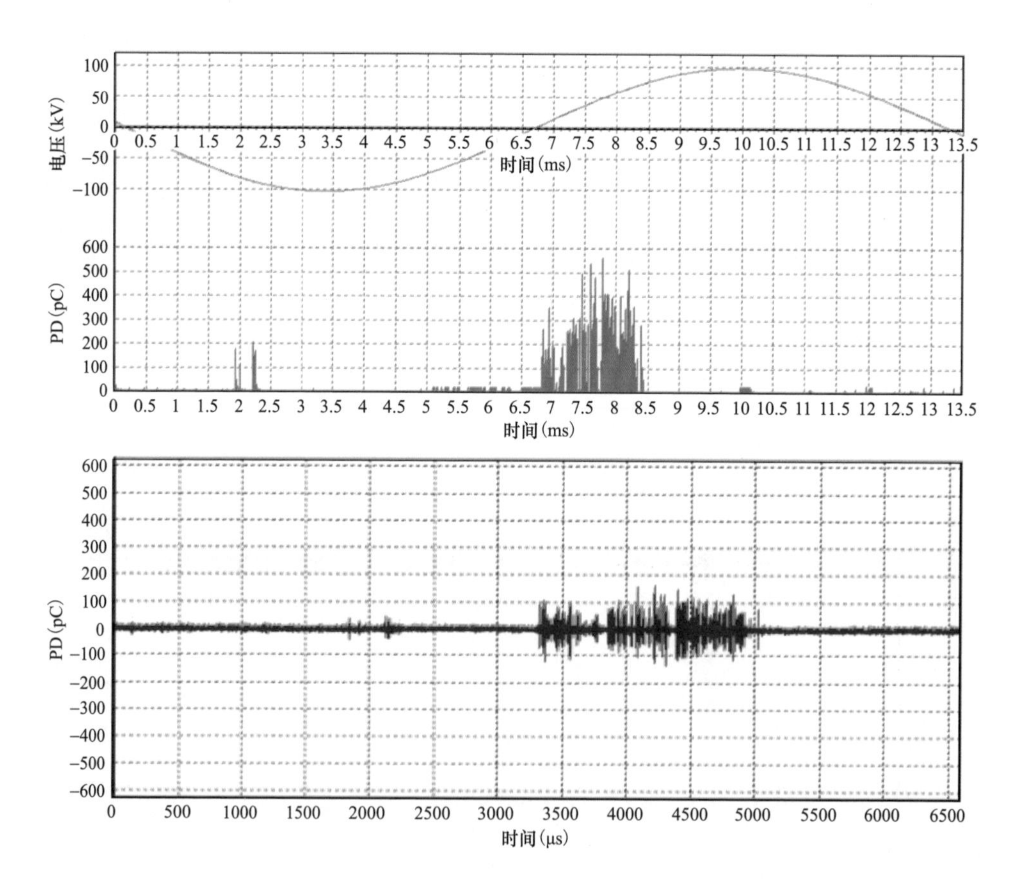

图 6-40　第一次检测 1.3U_0 时的 PD 信号波形图

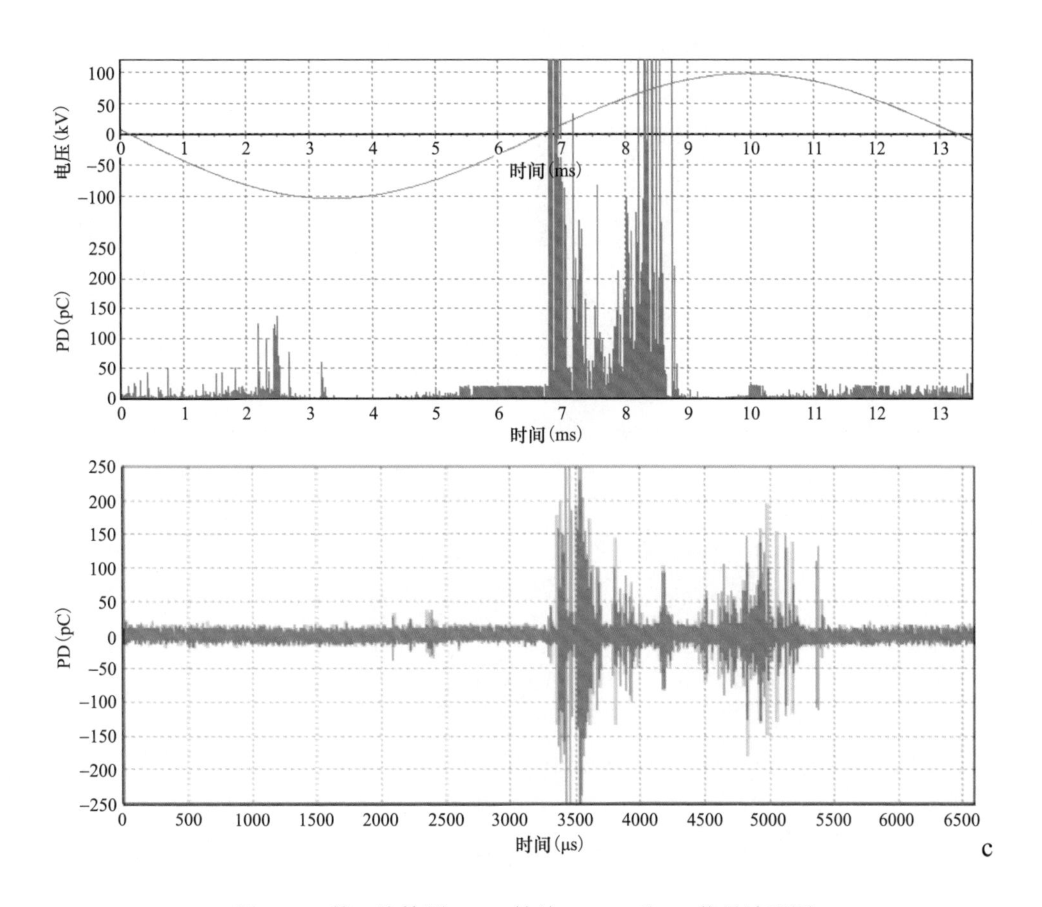

图 6-41　第一次检测 1.3U_0 持续 10min 后 PD 信号波形图

（4）局部放电信号分析。根据现场检测录得的波形图谱，进一步进行系统自动和手动选取定位分析：首先现场检测录得波形，寻找合适的波形段（见图 6-42）放大展开，合理展开段为该段有明显局部放电点信号激发的位置，重复多次采集波形。根据现场每次振荡周期录得的波形，系统智能选择输入波和反射波进行计算，得出系统自动定位局部放电点位置汇总，见图 6-43。

由图 6-43 结合现场实际情况进行分析，得出以下结论：

（1）电力电缆在试验前处于正常运行状态，局部放电缺陷未到致命程度。

（2）电力电缆在 1.0U_0 左右时就发现局部放电现象，局部放电水平为 100pC 左右，定位在 1498m。

（3）加压至 1.3U_0，C 相 1498m 处显示出可能存在缺陷（局部放电水平超过

1000pC），并且有明显的变化（局部放电幅值和强度的增加）。

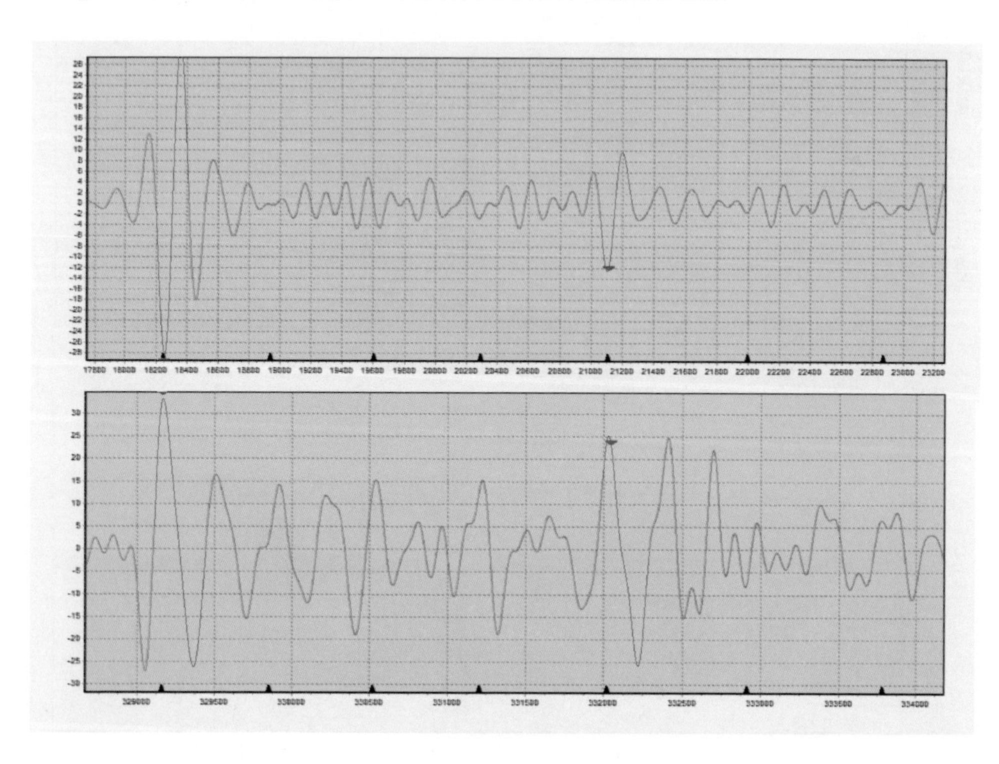

图 6-42 输入波和反射波选取定位图

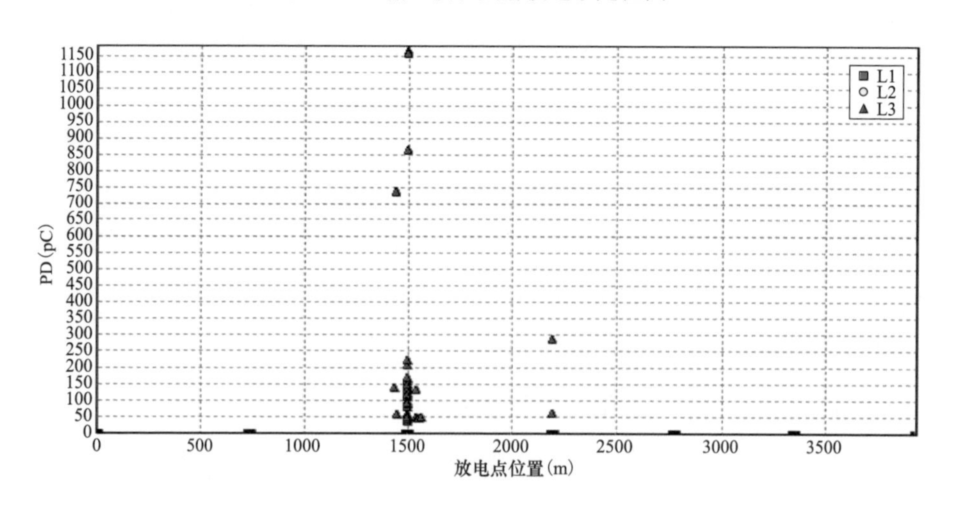

图 6-43 系统自动定位局部放电点位置汇总

（4）1498m 处在 $1.3U_0$ 耐压试验过程中局部放电明显增大（见图 6-44）。

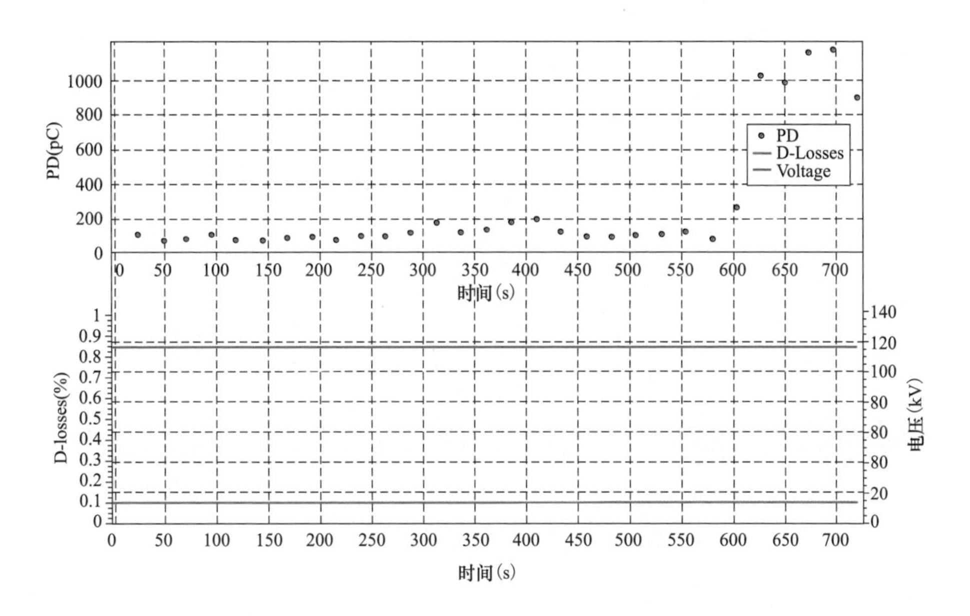

图 6-44　系统自动定位局部放电点位置汇总

因此，负责现场测试的国际局部放电权威专家判断及建议：C 相电力电缆在 1498m 左右有明显的局部放电现象或可能正在加速的绝缘老化、其他潜在的缺陷点。若恢复正常运行，存在运行故障的风险；1498m 处局部放电起始电压接近 U_0，且电场增强时，局部放电活动随之增强，因此，故障的风险取决于运行时过电压的状况；建议可以更换此中间头。

2. 局部放电信号的复测（第二次测试）

因没有检测局部放电信号的经验，虽然专家对测试的技术和结果很有信心，但为了更加科学严谨，技术人员专门组织召开技术讨论会，分析辨别该信号是否为局部放电信号以及该局部放电信号的危害程度，经过各个部门技术人员的分析，并根据国际上有关检测的标准，决定按照原来检测步骤进行复测，并同意将诊断测试的最高电压逐级升高至 1.6U_0，振荡波加压检测情况如下：

第二次振荡波局部放电检测时，背景噪声约为 20pC（见图 6-45），当升压至 U_0 左右时依然出现了 100pC 左右的局部放电（见图 6-46），情况特征与第一次检测时相似。

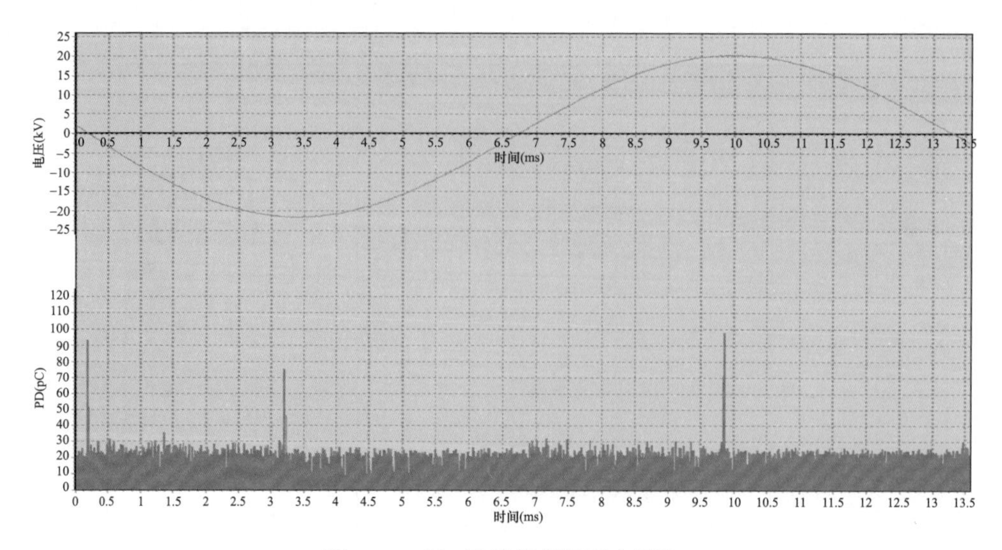

图 6-45　第二次检测背景噪声图谱

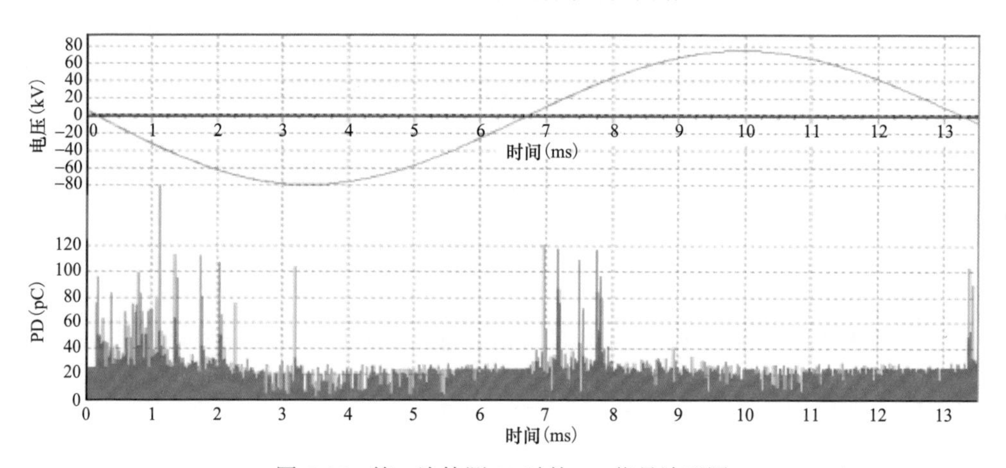

图 6-46　第二次检测 U_0 时的 PD 信号波形图

升压至 1.3U_0 时，局部放电大小增加到 150～200pC（见图 6-47），但之前局部放电增加至 1000pC 以上的情况并没有出现。

升压至 1.6U_0 时，局部放电大小增加到 200～300pC（见图 6-48），但仍未发生局部放电剧烈变化，出现增加到 1000pC 的现象。

因此，专家分析局部放电量未达到第一次 1000pC 的缘由：由于局部放电出现的原因不同，其局部放电现象也存在不同种类，由于持续局部放电出现突然的增大现象，然后又回归到稳定的局部放电量是可能的。因此，专家认为局部放电起始电压 PDIV 在 U_0 附近，1.1U_0 下局部放电水平在 150pC 左右；在 1.3U_0、1.6U_0

时，局部放电活动存在，但局部放电的出现和熄灭表现出不稳定的现象。局部放电点的位置依然定位在1498m附近的中间头，与第一次的测试相比，局部放电脉冲的传播受到了干扰，干扰原因不明，建议可以更换1498m处的中间头。

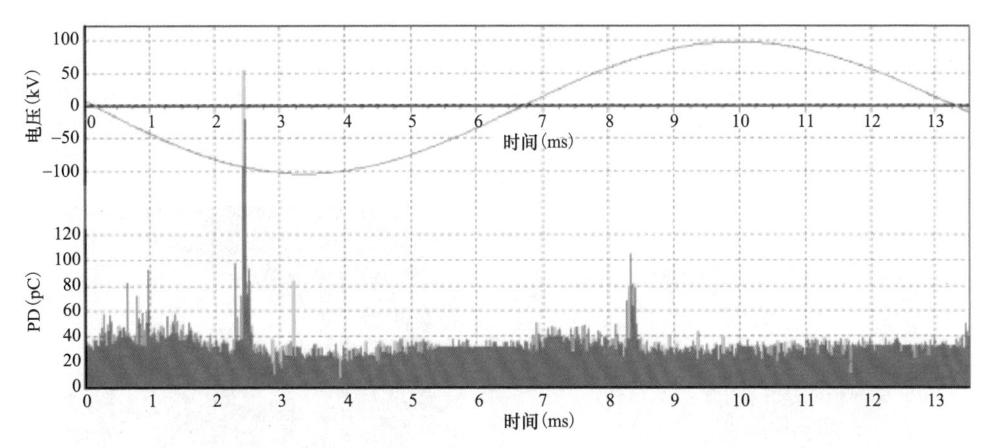

图6-47　第二次检测1.3U_0时的PD信号波形图

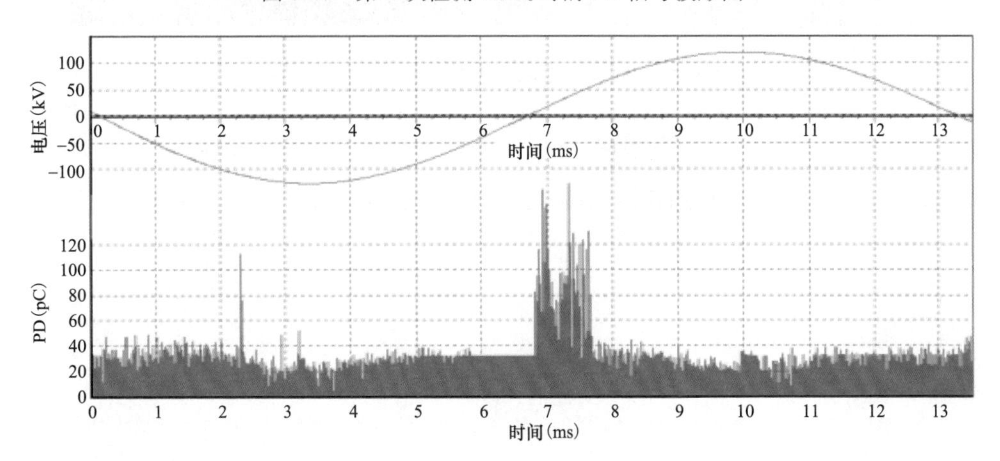

图6-48　第二次检测1.6U_0时的PD信号波形图

3. 局部放电缺陷的处理

鉴于两次测试都发现在U_0左右的起始电压时出现局部放电信号，定位均在1498m附近，与该相2号电力电缆接头1496m的长度位置极其吻合，加上局部放电量随着电压增加而发生增大变化，专家判断这信号为可确定的局部放电信号，且应为有害的局部放电信号，其危害程度视电力电缆线路过电压激发的程度而定。

考虑到丙线有同类接头击穿的历史，且该接头工井另一相电力电缆接头有进水的缺陷隐患前史，结合电力电缆线路历史运行较差的情况，按照有关抢修程序组织了紧急消缺，切除更换了丙线C相2号电力电缆接头及前后电力电缆约70m。抢修工作在各方协助配合下顺利完成，为再次验证做好准备。

4. 局部放电缺陷处理后检测验证（第三次测试）

经过抢修过后，在未明确告知专家是否已更换接头的情况下，再次组织进行了振荡波局部放电检测，以在送电前验证之前检测局部放电隐患是否消除（见图6-49）。

图6-49　局部放电缺陷处理后检测验证现场

结果发现：在10pC左右的背景噪声（见图6-50）下，升压至U_0、$1.3U_0$时均未再发现局部放电信号（见图6-51～图6-53），初步验证局部放电缺陷隐患已消除。

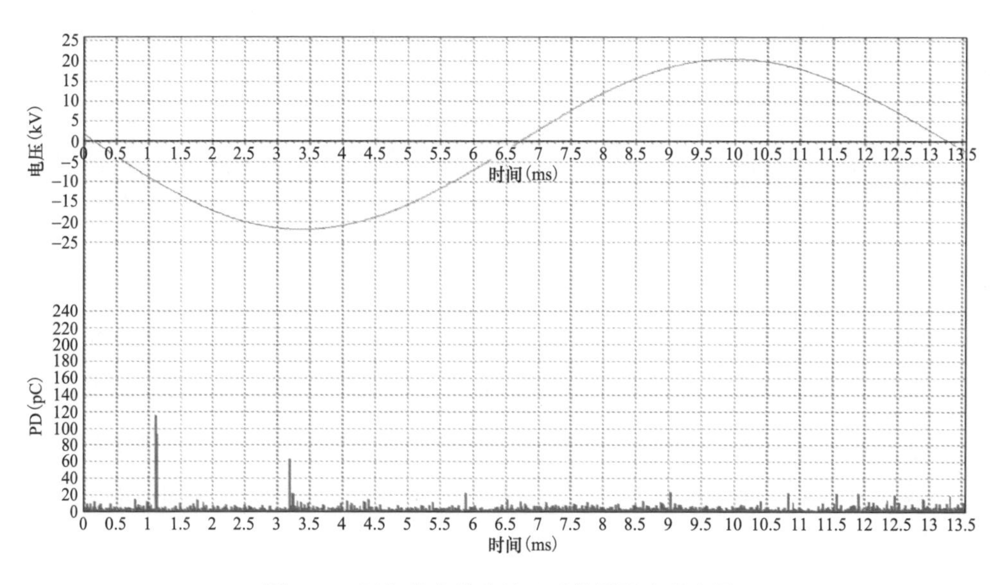

图6-50　局部放电缺陷处理后检测影响噪声图

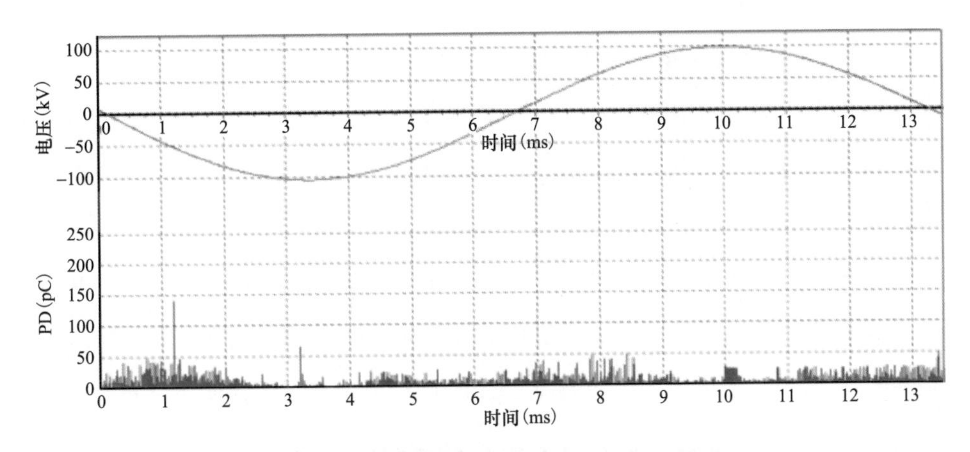

图 6-51　第三次检测 U_0 时的 PD 信号波形图

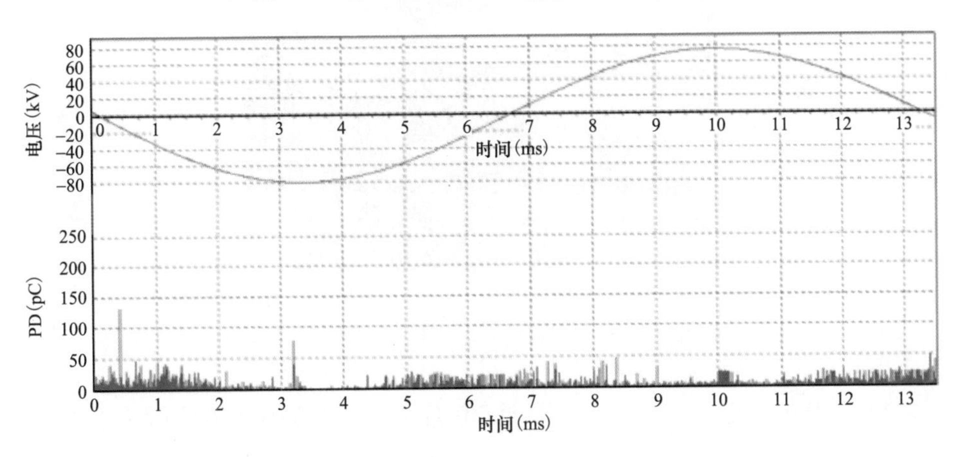

图 6-52　第三次检测 1.3U_0 时的 PD 信号波形图

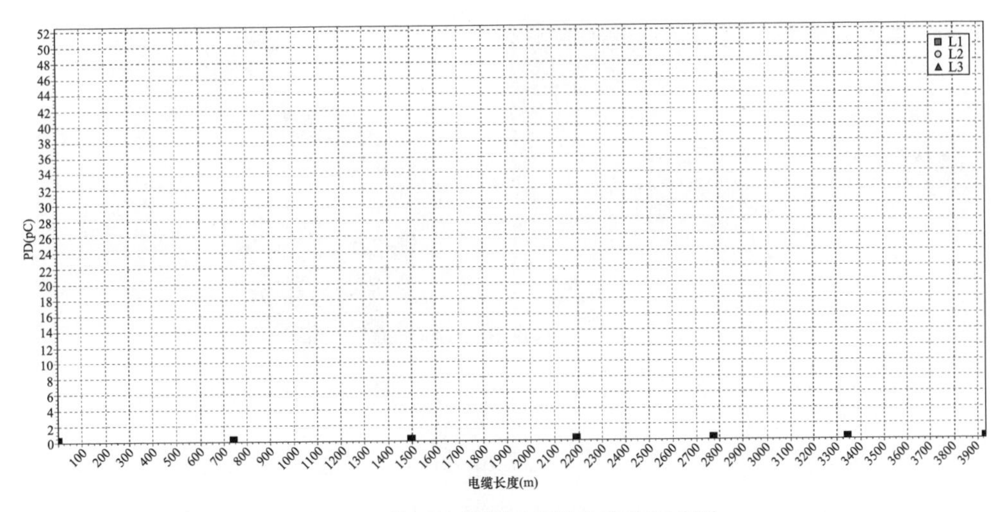

图 6-53　第三次检测局部放电定位汇总图

5. 切除电力电缆及接头解剖情况

为进一步证实电力电缆及附件存在局部放电潜在隐患，对被切除段电力电缆进行了试验和解剖，发现电力电缆及接头都存在一定缺陷隐患，具体缺陷隐患如下：

（1）在切除电力电缆接头往大号侧约 5m（距离测试点 1501m）处，电力电缆外半导电层与金属护层之间的填充阻水带有电灼烧焦痕迹（见图 6-54），烧焦面积约 5cm×3cm，电力电缆外半导电层表面有轻微灼痕，但损伤不严重。

图 6-54　电力电缆填充阻水带有电灼烧焦痕迹

（2）拆开电力电缆接头铜壳，发现右侧应力锥包扎的铜网及绝缘绕包带明显松散、内部铜网未缠紧（见图 6-55 和图 6-56）。

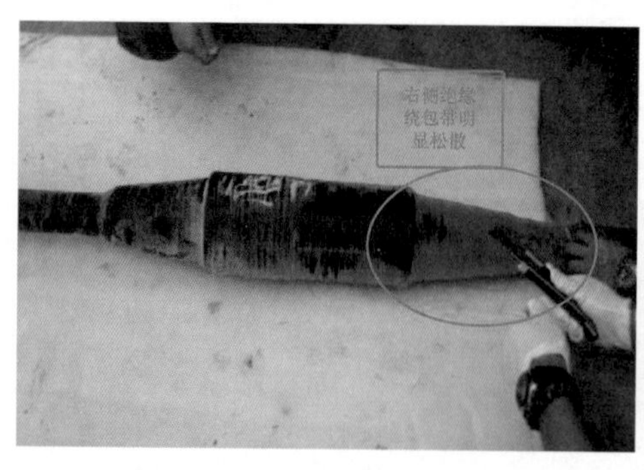

图 6-55　右侧绝缘绕包带明显松散

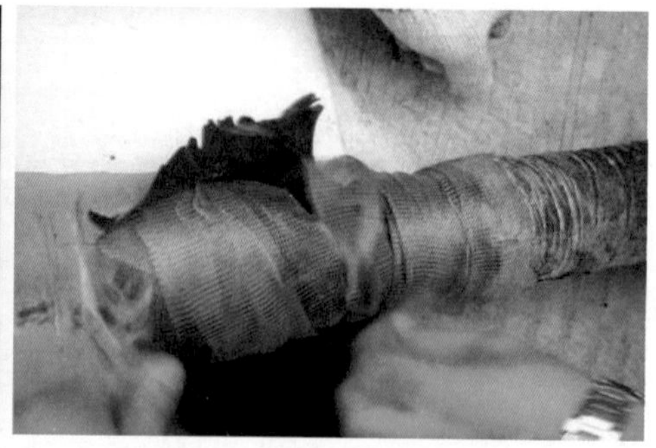

图 6-56　内部铜网未缠紧

（3）在松散铜网下距离应力锥尾端 7cm 处，电力电缆外半导电层有一长 3cm、宽 0.2cm、深 0.2cm 的伤痕，伤痕表面较平滑，似有电灼痕（见图 6-57 和图 6-58）。

图 6-57　外半导致层伤痕（宽）　　　　图 6-58　外半导致层伤痕（长）

（4）剥开应力锥，查看线芯压缩处情况，发现铜压接管表面有烧灼痕（见图 6-59），主绝缘材料表面有黑色粉末（见图 6-60），但查看似乎是安装焊接线芯与金属屏蔽罩时，烧灼未清抹干净。

图 6-59　铜压接管表面有烧灼痕

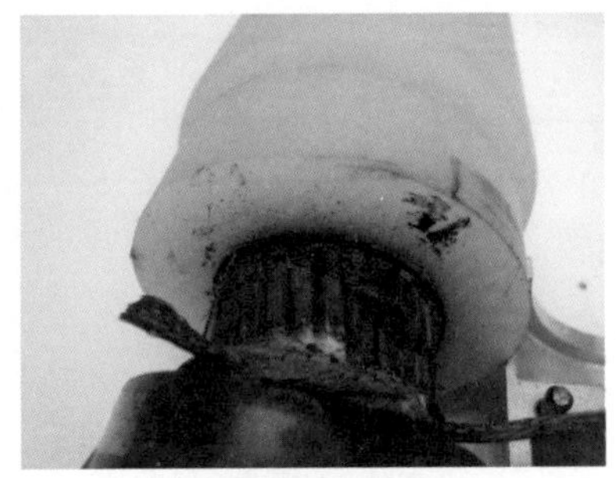

图 6-60　主绝缘材料表面有黑色粉末

四、案例 4　110kV 电力电缆线路振荡波试验案例二

（一）线路概况

2019 年 6 月，对 110kV 丁线电力电缆线路开展了阻尼振荡波电压下局部放电测试，评估电力电缆主绝缘健康水平，试验现场布置示意图见图 6-61。

110kV 电力电缆一侧终端为全预制式硅橡胶户外终端，另一侧为户外复合套管式终端，无中间接头。现场实测电力电缆全长 806m（波速度设置为 172m/μs），A 相电力电缆全长的测量波形如图 6-62 所示。

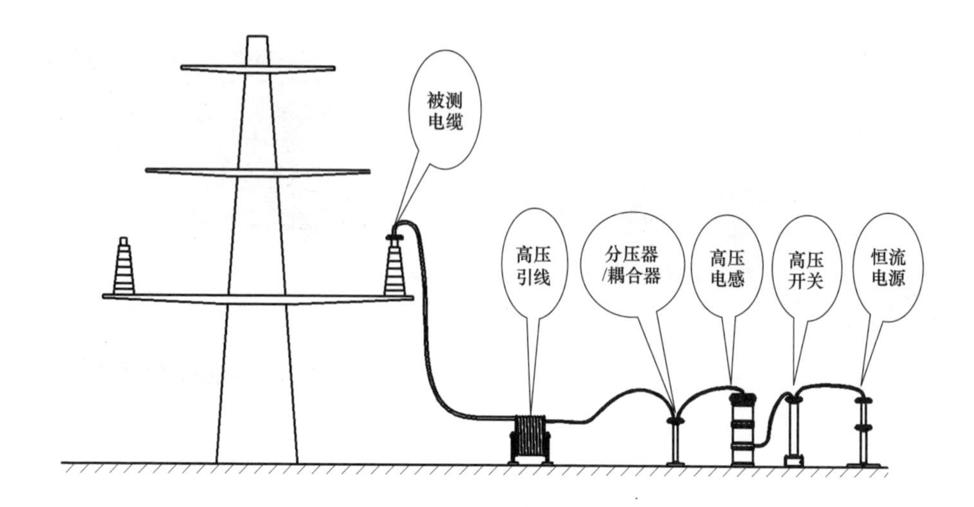

图 6-61　110kV 高压电力电缆振荡波试验现场布置示意图

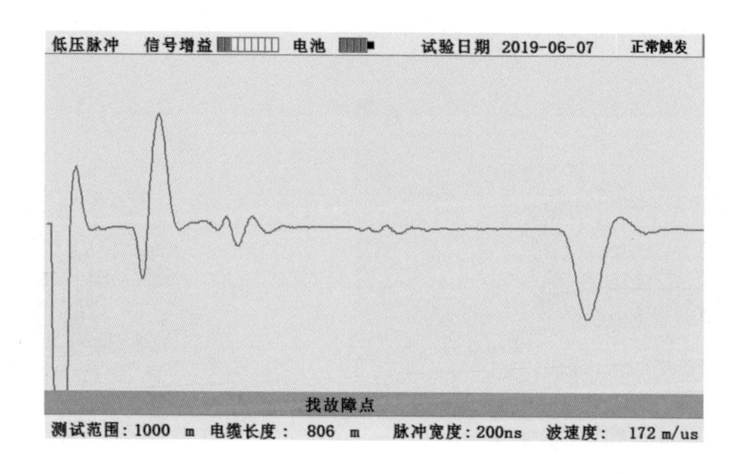

图 6-62　110kV 电力电缆 A 相电缆全长的测量波形

（二）试验过程

1. 波形校准

由于测量数据结果的准确性与校准的准确性有很大关系，因而标准放电脉冲校准尤为重要。根据 IEC 60270 要求，阻尼振荡波测试前，务必使用标准脉冲发生器按输出从大到小分别校准，以确保校正系数的准确性和可靠性，同时放大器增益、滤波频率范围、信号采集量程等都在校准过程中设定好，并且与放电量量程一一对应。图 6-63 为电力电缆 5nC 标准脉冲局部放电校准波形。

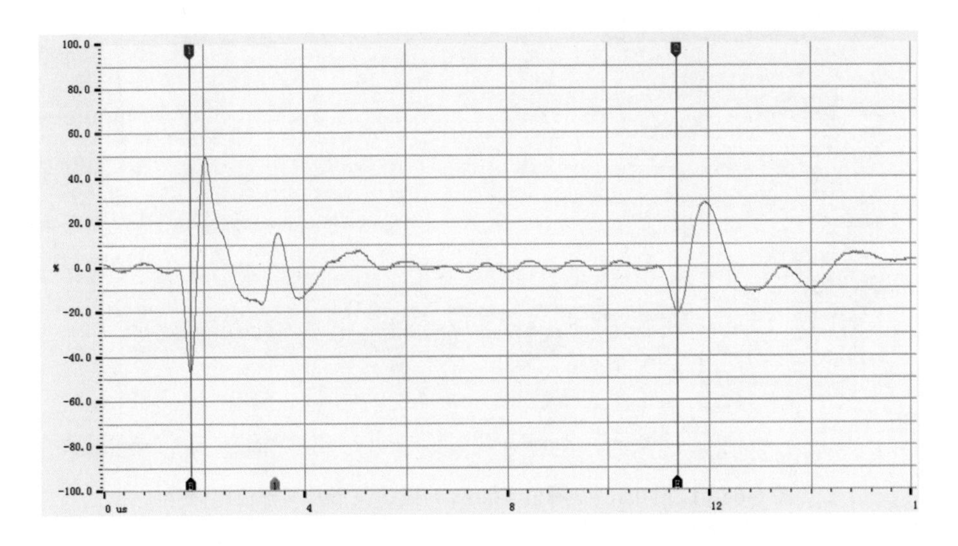

图 6-63　电力电缆 5nC 标准脉冲的局部放电校准波形

2. 局部放电测试

C 相未加压时所测背景噪声波形如图 6-64 所示，现场背景噪声水平为 183pC。

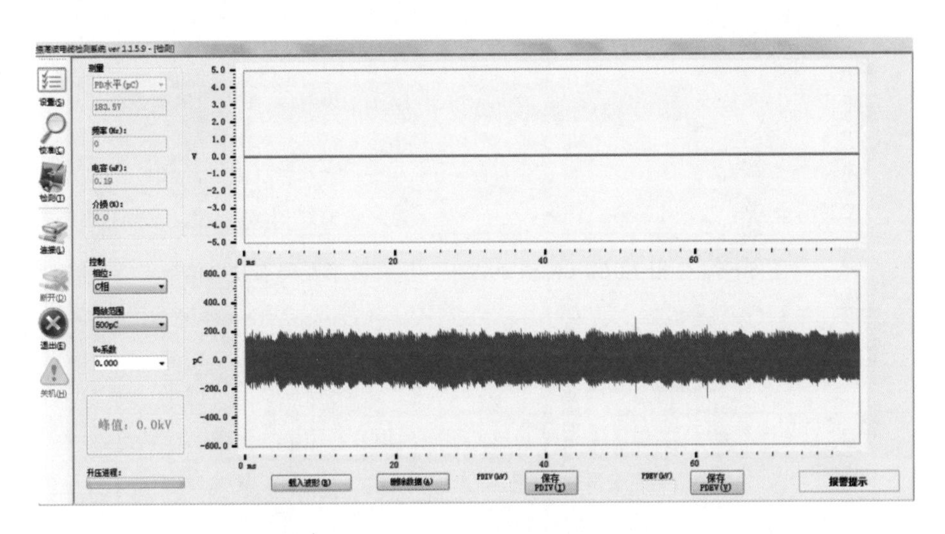

图 6-64　C 相未加压时所测背景噪声波形

110kV 电缆 C 相由 $0.5U_0$ 开始加压，按照预定加压顺序，最高加至 $1.3U_0$，试验过程中阻尼振荡正常，数据采集正常。$0.5U_0$～$1.3U_0$ 电压等级试验时采集的振荡波形及局部放电信号波形见图 6-65～图 6-67。

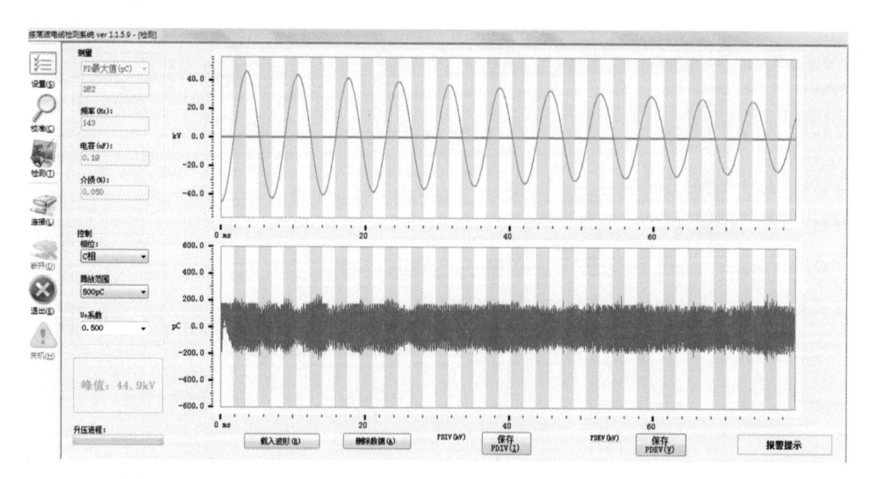

图 6-65　C 相 $0.5U_0$（峰值 44.9kV）振荡波形及局部放电信号

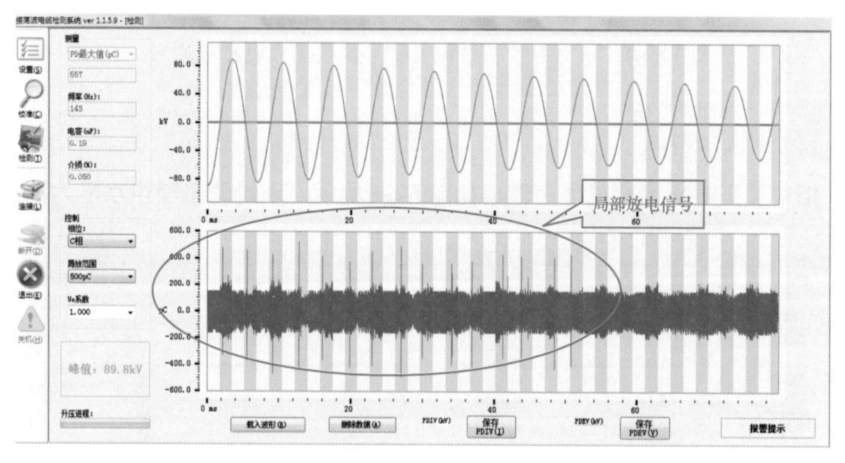

图 6-66　C 相 $1.0U_0$（峰值 89.8kV）振荡波形及局部放电信号

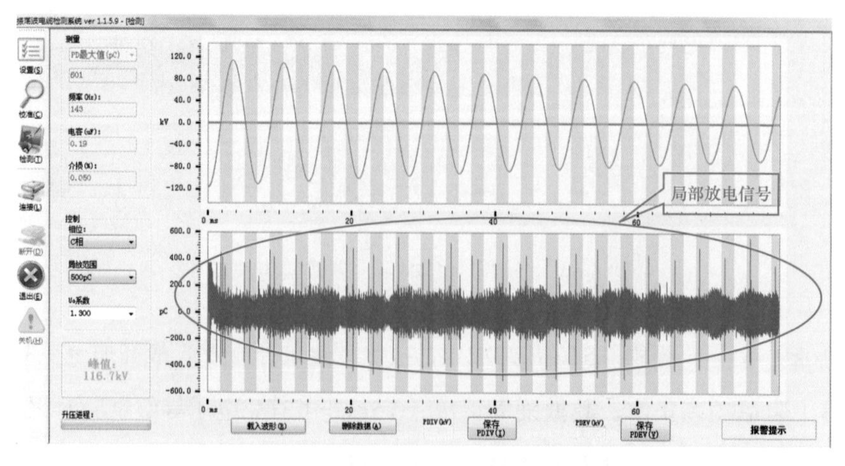

图 6-67　C 相 $1.3U_0$（峰值 116.7kV）振荡波形及局部放电信号

3. 数据分析

根据现场获得的数据进行分析，110kV 电力电缆 C 相加压至 1.0U_0 开始检测到明显超过背景的局部放电信号，经数据分析，局部放电源点定位于测试端终端，最大放电量约 800pC，定位图谱见图 6-68。

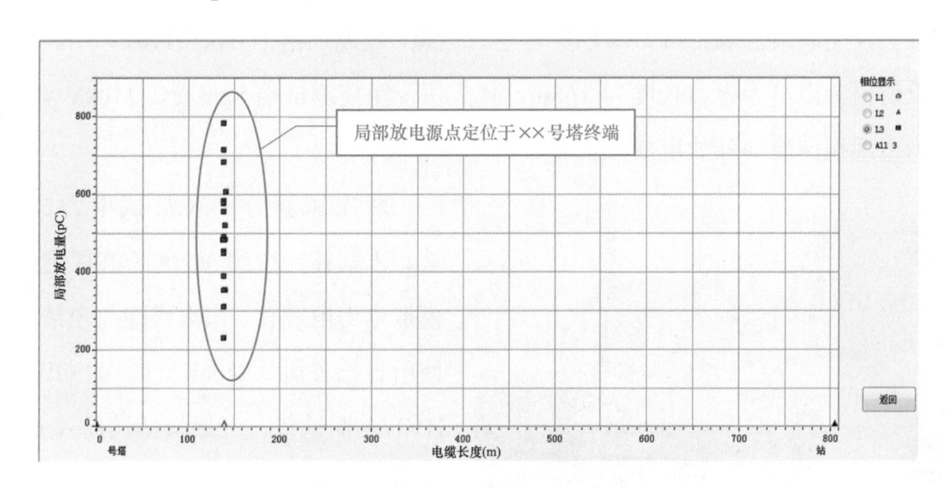

图 6-68　110kV 电力电缆 C 相振荡波局部放电定位图谱

4. 解体检查结果与分析

对 110kV 电力电缆 C 相进行更换处理，并开展解体检查，解体后发现该干式电力电缆终端半导电断口处存在大量粉末状异物，见图 6-69，粉末状异物形成空气间隙，从而引发局部放电。

图 6-69　110kV 电力电缆 C 相终端半导电断口存在粉末状异物

五、案例 5　110kV 高压电力电缆终端放电缺陷模拟试验

（一）缺陷模型

模拟试验所用电力电缆组成为两个 110kV 复合套管终端、一个 110kV 复合中间接头及交联聚乙烯绝缘皱纹铝护套电力电缆，电缆规格为 64kV/110kV，利用脉冲反射仪测出电力电缆长度为 168m，接头位于距离测试端 83m 处。110kV 高压电力电缆振荡波局部放电模拟试验布置见图 6-70。

图 6-70　110kV 高压电力电缆振荡波局部放电模拟试验布置

两次试验分别在被试电力电缆首、末端挂一段约 30cm 长的裸铜线，模拟电力电缆首、末端终端放电情况，使用赛巴公司（SebaKMT）的 OWTS HV150 测试仪，开展振荡波局部放电试验，验证缺陷定位效果及积累典型放电缺陷下的图谱特征。

（二）试验过程及分析

1. 无缺陷下电力电缆状态确认

电力电缆终端未设置缺陷时，对模拟试验电力电缆进行状态确认，开展电力电缆的主绝缘电阻测试、交流耐压试验及振荡波局部放电试验。

绝缘电阻测试时，测试电压 5000V，绝缘电阻值为 509MΩ；电力电缆主绝缘交流耐压试验电压 108kV，时间 60min，试验通过。

振荡波检测电压峰值为 125kV 时，电力电缆本体及附件未发现局部放电情况，测试数据见表 6-9。

表 6-9　　`试验电压峰值为 125kV 时的测试数据

试验结果	被试电力电缆相别	A 相
	背景噪声（dB）	37
	50kV 局部放电量（pC）	28

续表

试验结果	125kV 局部放电量（pC）	21
	中间接头放电情况	不明显
	本体放电情况	不明显
	终端位置放电情况	不明显

2. 放电缺陷下振荡波测试

在被试电力电缆首端挂一段约 30cm 长的裸铜线，模拟电力电缆首端放电情况，见图 6-71。

图 6-71 被试电力电缆首端放电模拟

振荡波检测电压峰值为 125kV，经测试数据分析，得出放电位置为电力电缆首端，放电位置分布见图 6-72，试验数据见表 6-10。

表 6-10 电力电缆首端放电模拟测试数据

试验结果	被试电力电缆相别	A 相
	背景噪声（dB）	36
	100kV 局部放电量（pC）	165
	125kV 局部放电量（pC）	1585
	中间接头放电情况	不明显
	本体放电情况	不明显
	终端位置放电情况	明显

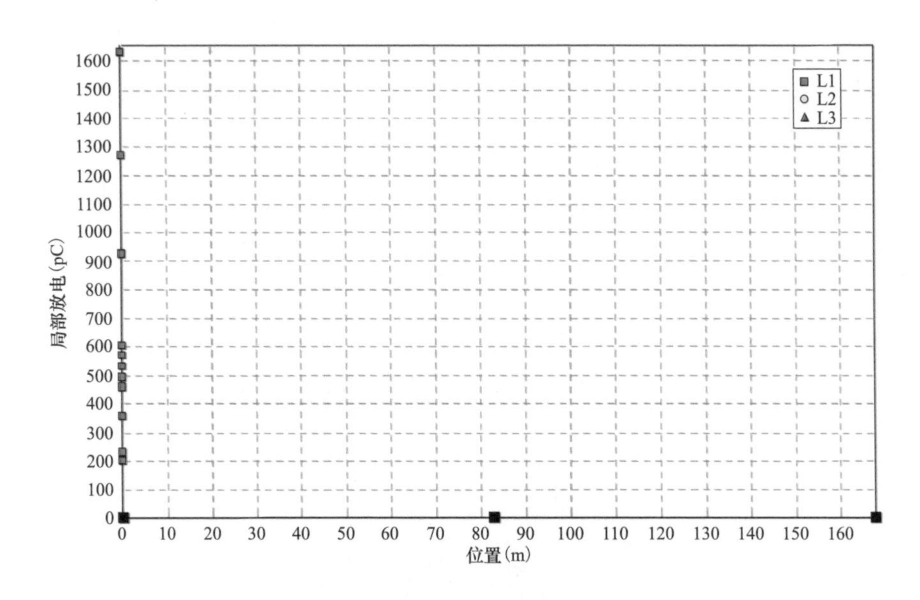

图 6-72 被试电力电缆首端放电模拟测试放电分布图

在被试电力电缆末端挂一段约 30cm 长的裸铜线，模拟电力电缆末端放电情况，图见图 6-73。

图 6-73 被试电力电缆末端放电模拟

振荡波检测电压峰值为 125kV，经测试数据分析，得出放电位置为电力电缆末端，放电位置分布图见图 6-74，试验数据见表 6-11。

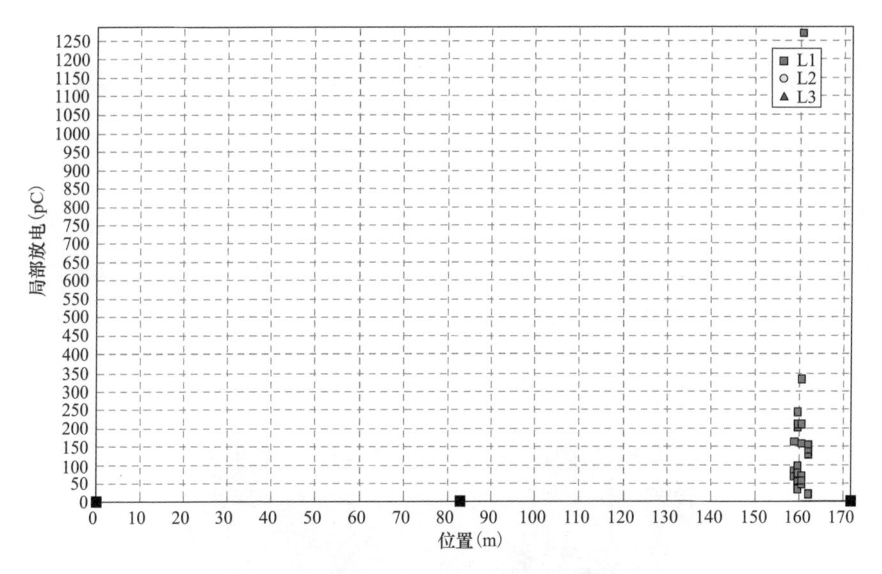

图 6-74　被试电力电缆末端放电模拟测试放电分布图

表 6-11　　　　　　　　　电力电缆末端放电模拟测试数据

试验结果	被试电力电缆相别	A 相
	背景噪声（dB）	32
	75kV 局部放电量（pC）	134
	125kV 局部放电量（pC）	1244
	中间接头放电情况	不明显
	本体放电情况	不明显
	终端位置放电情况	明显

3. 无缺陷下电力电缆状态复测

对模拟试验电力电缆进行振荡波检测后状态确认，对电力电缆的主绝缘做绝缘电阻测试及耐压试验。

绝缘电阻测试时，测试电压 5000V，绝缘电阻值为 489MΩ，电力电缆主绝缘交流耐压试验电压 108kV，时间 60min，试验通过。

4. 模拟试验结论

通过开展 110kV 高压电力电缆振荡波局部模拟试验，电力电缆振荡波试验可有效检测较明显的电力电缆终端放电缺陷，被试电力电缆对应缺陷位置存在大量、明显集中的放电点，放电位置与缺陷设置位置一致。

六、案例 6　110kV 高压电力电缆接头放电缺陷模拟试验

1. 缺陷模型

模拟试验所用电力电缆线路组成为两个 110kV 复合套管终端、一个 110kV 复合中间接头及交联聚乙烯绝缘皱纹铝护套电力电缆，电力电缆规格为 64kV/110kV，利用脉冲反射仪测出电力电缆长度为 146m，接头位于距离测试端约 118m 处。110kV 高压电力电缆振荡波局部放电模拟试验布置见图 6-75。

图 6-75　110kV 高压电力电缆振荡波局部放电模拟试验布置

制作 110kV 高压电力电缆接头导电尖端缺陷模型，如图 6-76 所示。缺陷制作时，从中间接头橡胶件喇叭口端部插入尖端薄铁片，宽度 5mm，距端口深度 150mm，超过喇叭口半导电屏蔽端口，模拟现场制作时的半导电层剥切不整齐形成的尖端。使用 Onsite 公司的 OWTS HV300 测试仪，开展振荡波局部放电试验，验证缺陷定位效果及积累典型放电缺陷下的图谱特征。

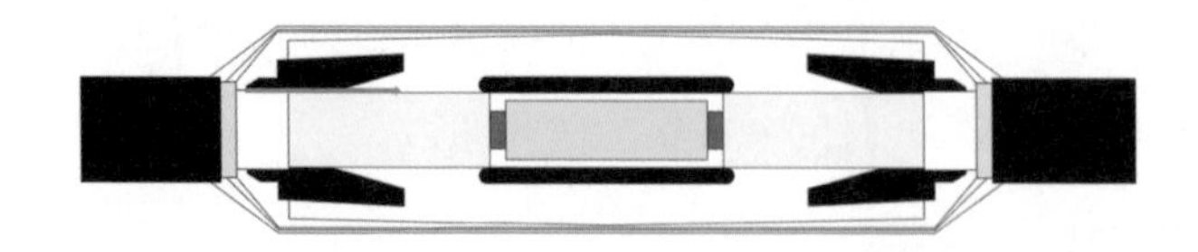

图 6-76　110kV 高压电力电缆接头导电尖端缺陷模型

2. 试验过程及分析

逐步升高振荡波试验电压，直至出现局部放电。局部放电背景，以及 20、30kV

试验电压下的时域波形见图 6-77，试验时的背景干扰约为 21pC，试验电压上升至 20kV 时，开始出现放电信号，试验电压上升至 30kV 时，检出明显的放电信号。电力电缆接头放电模拟测试数据见表 6-12。

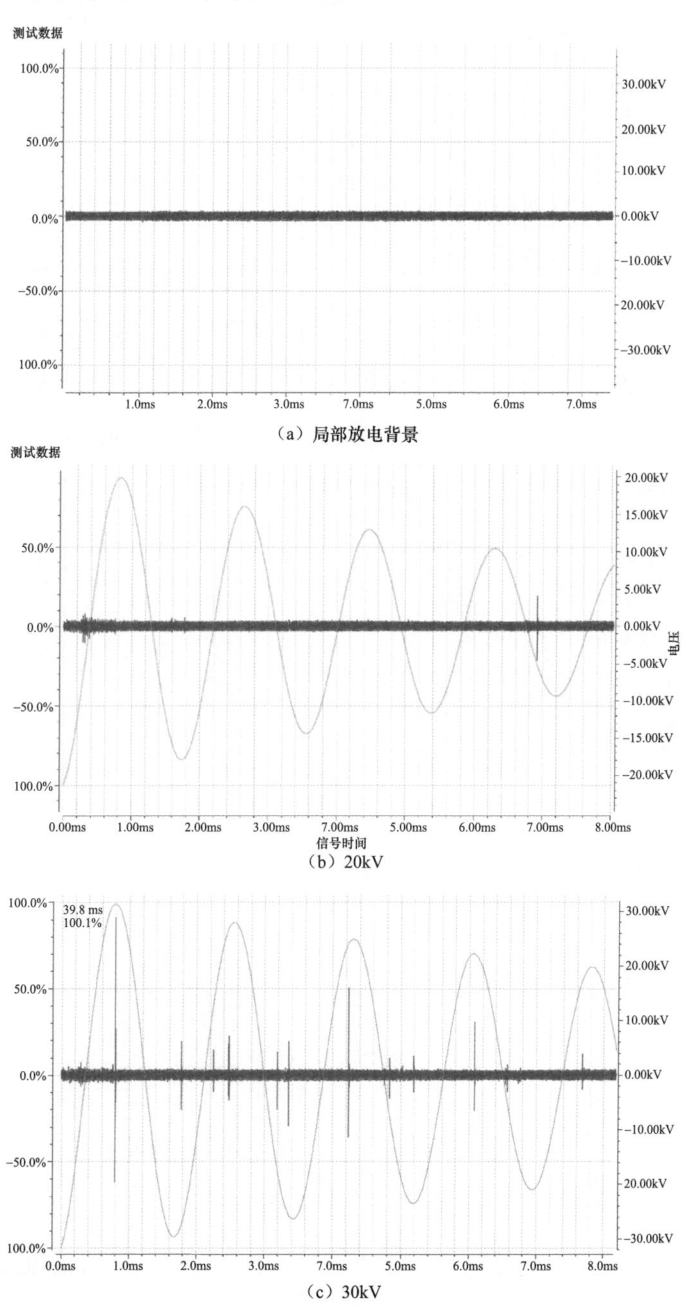

图 6-77　不同试验电压下的时域波形

表 6-12　　电力电缆接头放电模拟测试数据

	被试电力电缆相别	A 相
试验结果	背景噪声（dB）	21
	20kV 局部放电量（pC）	42
	30kV 局部放电量（pC）	96
	35kV 局部放电量（pC）	118
	中间接头放电情况	明显
	本体放电情况	不明显
	终端位置放电情况	不明显

通过对多次加压采集的局部放电信号进行分析，形成局部放电分布图及放电频次图，见图 6-78 和图 6-79。从局部放电分布图及放电频次图可看出，不同试验电压下出现的局部放电呈现了较为集中的现象，集中于 120m 左右范围内，且该范围内出现的放电频次较高，该范围为接头所处的位置。

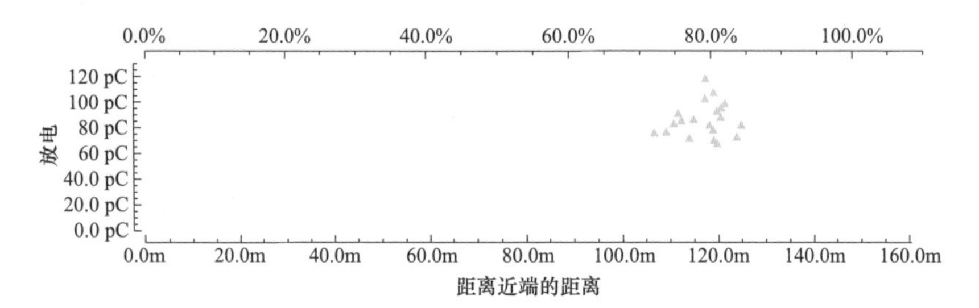

图 6-78　不同试验电压下局部放电分布图

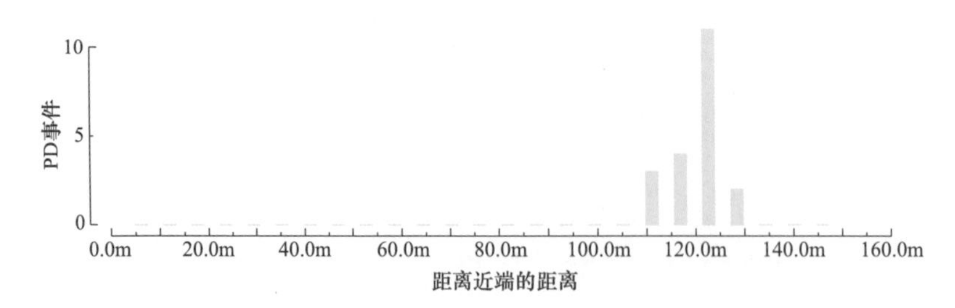

图 6-79　不同试验电压下局部放电频次图

3. 模拟试验结论

通过开展 110kV 高压电力电缆振荡波局部模拟试验，电力电缆振荡波试验可有效检测较明显的电力电缆接头内部放电缺陷，被试电力电缆对应缺陷位置存在大量、明显集中的放电点，放电位置与缺陷设置位置一致。

第二节　配电电力电缆案例

一、案例1　10kV电力电缆线路振荡波试验一

（一）线路概况

以某电力电缆线路A为例，说明OWTS系统在现场中的应用情况。被测电力电缆基本信息如下：

（1）电力电缆长度：1738m。

（2）电力电缆型号：YJV22-3×240mm^2。

（3）投运时间：2007年。

（4）加压步骤：0，0.5×U_0，0.7×U_0，0.9×U_0，1.0×U_0（三次），1.2×U_0，1.3×U_0，1.5×U_0（三次），1.7×U_0（三次），2.0×U_0，1.0×U_0，0。其中，U_0为电力电缆额定电压。

（二）数据分析方法

（1）若从信号波形中可明显地分辨出一对入射波与反射波，则可初步判断该信号为局部放电信号，人工分析的局部放电点定位图中的“点集合”如图6-80所示。

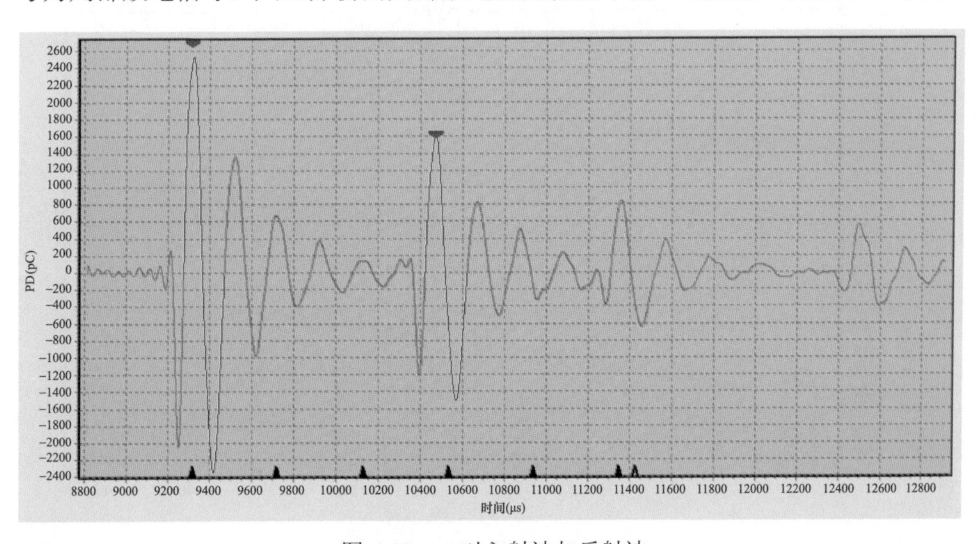

图6-80　一对入射波与反射波

（2）若在局部放电点定位图上有集中的“点集合”，则可初步判断该位置有局部放电现象发生，测试波形图中的簇状“点集合”如图 6-81 所示。此外，在测试波形图中若有簇状的“线集合”，则可怀疑该被测电力电缆发生局部放电，在数据分析时应加以留意，如图 6-82 所示。但是，如果波形图中的簇状“线集合”为

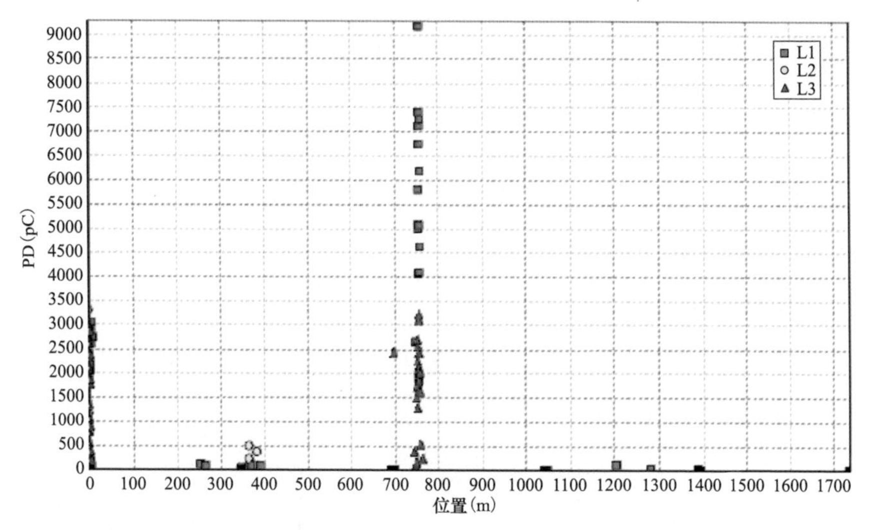

图 6-81　人工分析的局部放电点定位图中的“点集合”

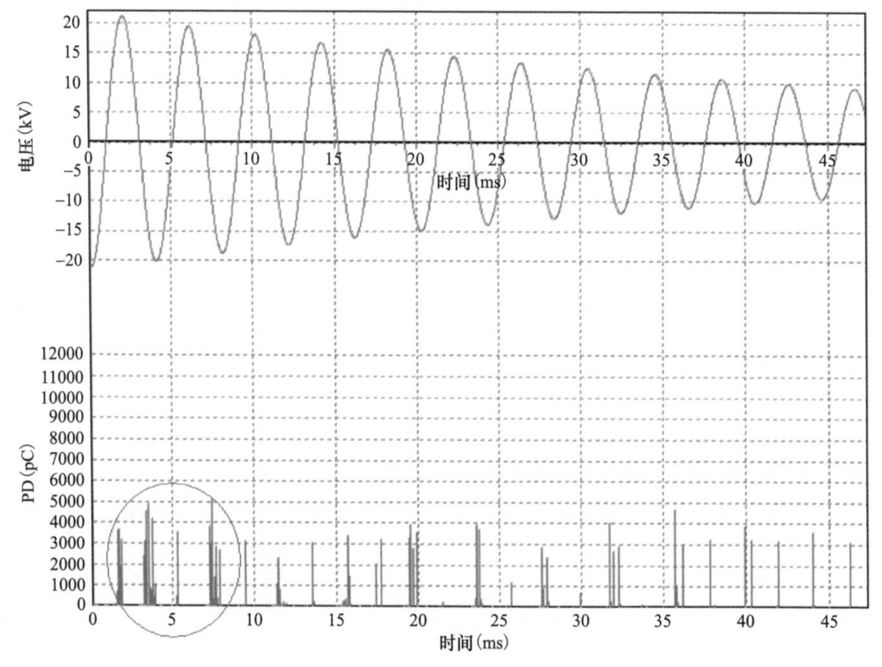

图 6-82　测试波形图中的簇状“线集合”

有规律出现，例如其出现频率为 2 倍工频，则这些簇状“线集合”可能系由电力系统设备中诸如可控硅二极管等电力电子元器件所引起，不要将其误认为是局部放电信号，可控硅二极管等元器件引起的波形图如图 6-83 所示。

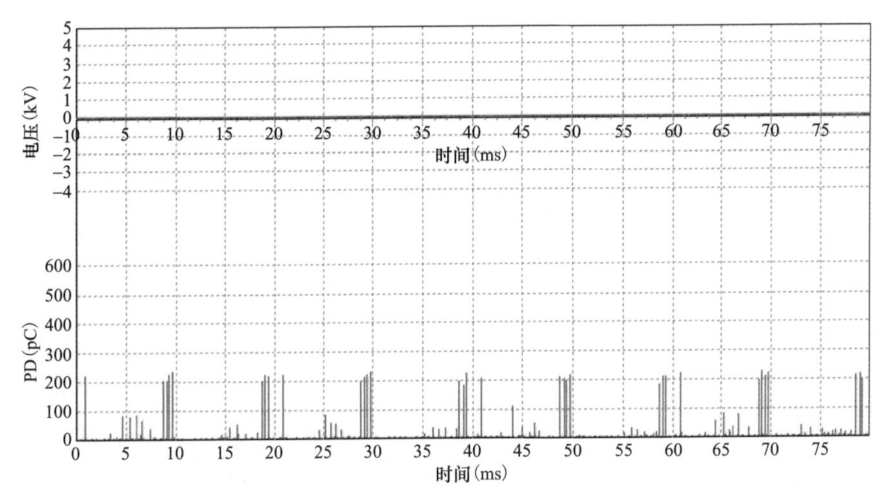

图 6-83 可控硅二极管等元器件引起的波形图

（3）数据分析步骤中，软件提供了自动分析的功能，但其结果往往存在较大误差。针对同一组数据，工作人员人工分析和软件自动分析得到不同的结果，软件分析结果如图 6-84 所示。因此，数据分析需由具有大量测试经验和分析技巧的工作人员进行人工分析，以保证数据分析的准确性。

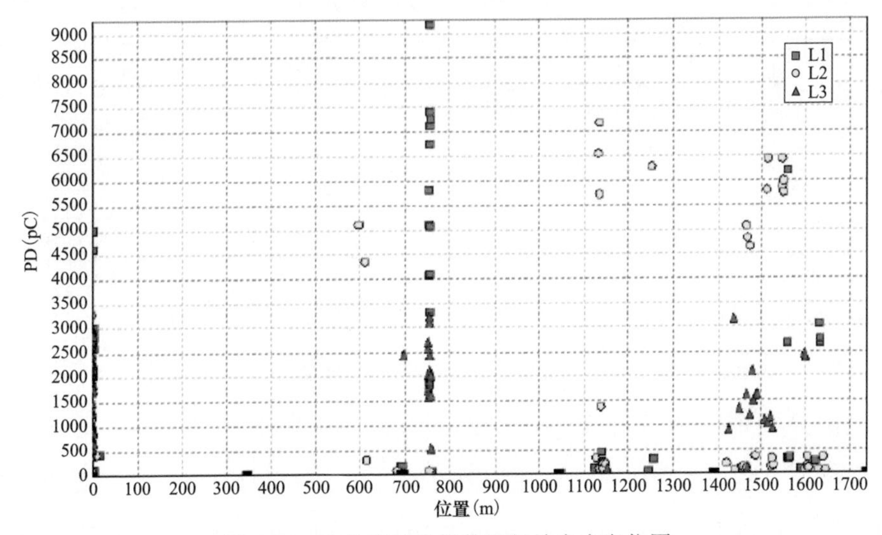

图 6-84 软件自动分析的局部放电点定位图

（三）测试结果

1. 初测

在电力电缆一端（记为 a 端）进行局部放电测试，经人工分析发现，A、C 两相距 a 端 775m 处存在明显局部放电，线路 A 初测局部放电点定位图如图 6-85 所示，初测结果见表 6-13。

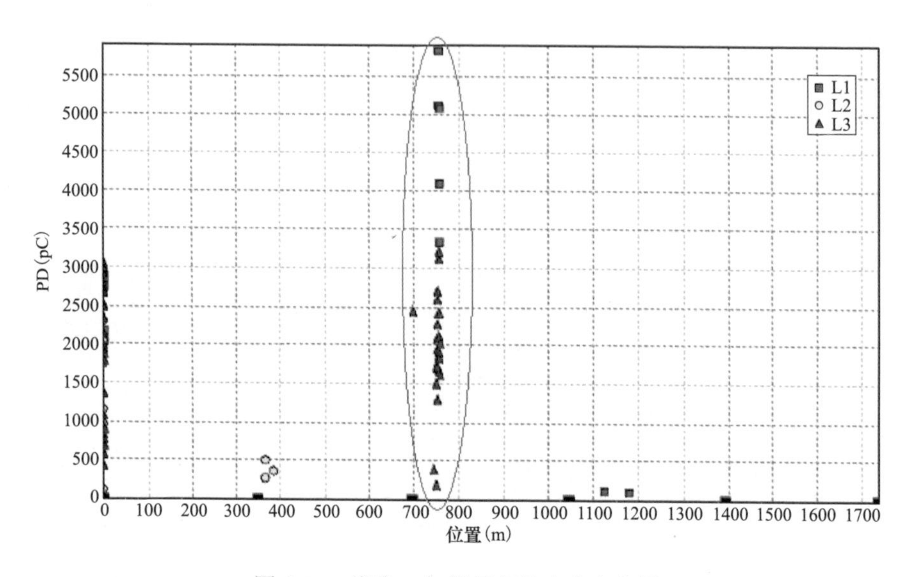

图 6-85　线路 A 初测局部放电点定位图

表 6-13　　线路 A 初测结果

局部放电点距测试端距离	相位	局部放电起始		PD_{max}（$1.7U_0$）
		PDIV	PD_{max}（PDIV）	
775m	A	$1.7U_0$	5835 pC	5835pC
	B	未检测到明显局部放电		
	C	$1.0U_0$	2712 pC	3235 pC

2. 对端复测

在该电力电缆对端（记为 b 端）进行复测，确认了初次测试结果，并且还检测发现距 B 相距 b 端 590m 处存在局部放电现象（初测时，所加最高电压为 $1.7U_0$，此次复测时，考虑到所测电力电缆为新投运电缆，故将最高电压提高至 $2.0U_0$，而新发现局部放电点的起始局部放电电压 PDIV 为 $1.7U_0$，故初测时此处局部放电点集中现象不明显；此外，新发现局部放电点距此次测试端 b 端 590m，即距初测测试端 a 端 1150m，初测时局部放电位置距测试端较远，由于波沿电力电缆传播时有衰减，故初测时局部放电现象不明显），线路 A 复测局部放电点定位如图 6-86 所示，复测结果见表 6-14。

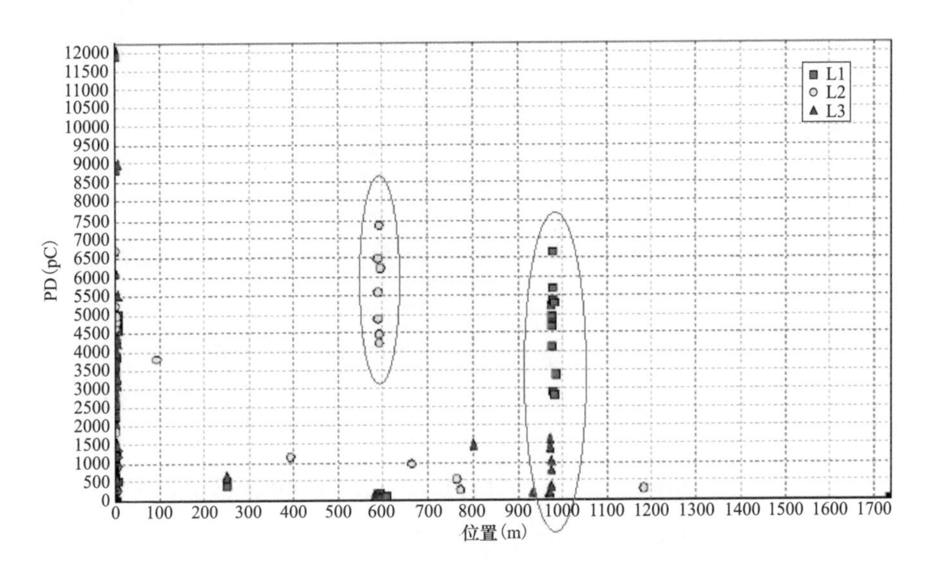

图 6-86　线路 A 复测局部放电点定位图

表 6-14　　　　线路 A 复测结果

局部放电点距测试端距离（m）	相位	局部放电起始		PD_{max}（$2.0U_0$）
		PDIV	PD_{max}（PDIV）	
975	A	$1.5U_0$	5705	6662
	B	未检测到明显局部放电		
	C	$1.0U_0$	1287	1651
590	A	未检测到明显局部放电		
	B	$1.7U_0$	6836	7359
	C	未检测到明显局部放电		

3. 处缺后再次测试

电力电缆经处缺后，再次进行局部放电测试，A、B、C 三相均未检测到明显局部放电，线路 A 处缺后再次测量局部放电点定位图如图 6-87 所示。

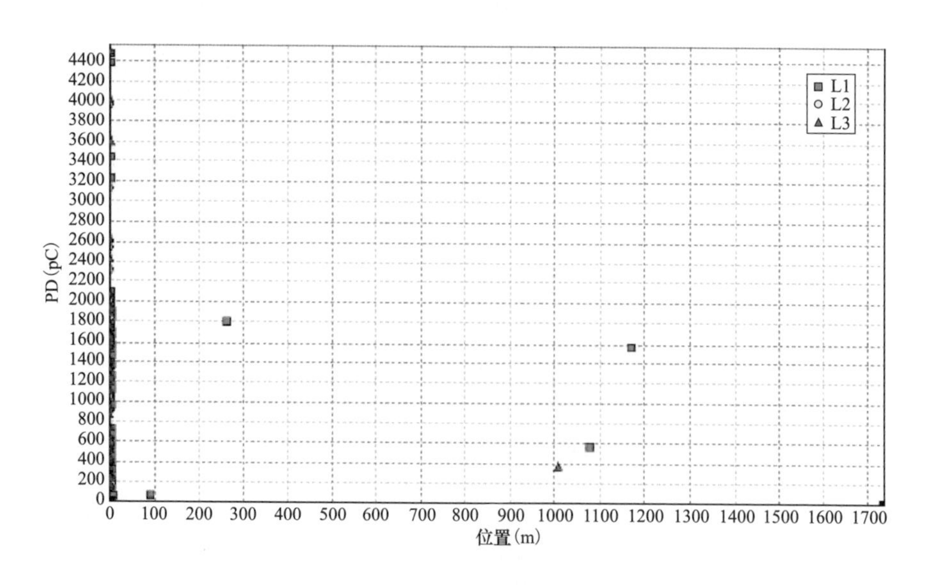

图 6-87　线路 A 处缺后再次测量局部放电点定位图

（四）问题接头解剖

对引起局部放电的电力电缆接头进行解剖，解剖的基本情况如下：

（1）电力电缆附件为预制冷缩型产品。

（2）解剖时发现电力电缆内护套薄（1.2mm），有泥渍；钢带有锈蚀；一侧铜屏蔽有褶皱、破损，如图 6-88 和图 6-89 所示。

图 6-88　电力电缆钢带锈蚀

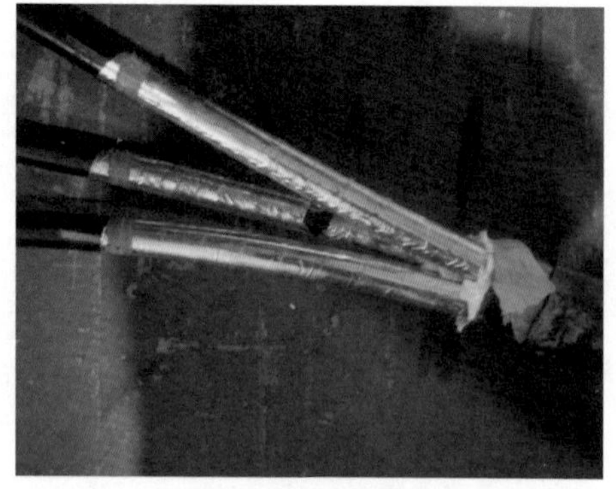

图 6-89　铜屏蔽有褶皱、破损

（3）施工工艺问题。

1）附件压接管压接密实，每侧 3 模，打磨较光滑。但压钳压模使用较小，造成压接处飞边较宽，高 2mm、宽 2mm，如图 6-90 所示。

2）接管外包绕 2 层 PVC 绝缘胶带，其中两相为绿色，一相为红色。造成接管处应力锥内屏蔽与接管处高电位产生隔离，应力锥内屏蔽形成悬浮电位，如图 6-91 所示。

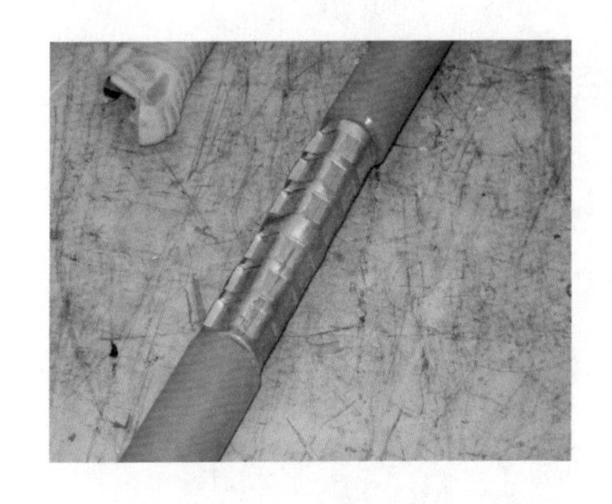

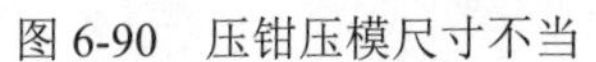

图 6-90　压钳压模尺寸不当

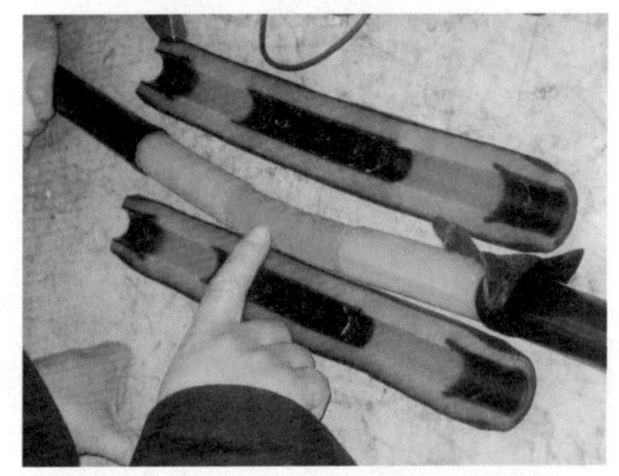

图 6-91　接管外包绕 PVC 绝缘胶带

3）电力电缆屏蔽口处理圆整，绝缘经过打磨，但其中一相（铜屏蔽有破损侧）绝缘圆整度差，距应力锥口 155mm 处外屏蔽有损伤，损伤程度有待于进一步分析，如图 6-92 所示。

4）应力锥收缩尺寸均衡、居中，因其结构原因，应力锥外屏蔽与两接口内屏蔽（应力锥口）电气连接断开。工艺要求用半导电带缠绕各 20mm 宽。施工中，有两相应力锥口两侧半导电带只绕包在屏蔽口，而用绝缘放水带对接口处进行密封处理，另一相应力锥口单侧半导电带只绕包在屏蔽口，而用绝缘放水带对接口处进行密封处理，另一侧按照工艺恢复了内、外屏蔽，从而导致应力锥外电极与电力电缆外屏蔽电气断开，如图 6-93 所示。

5）电力电缆接头中心向后 0.5m 距离内，电力电缆未保持成一条直线。

6）恢复铜屏蔽连接时，铜网两侧未分别固定，而是将三相共同固定，如图 6-94 所示。

7）恢复接头填充时，应包绕 PVC 带（透明），施工中包绕的是绝缘防水带，如图 6-95 所示。

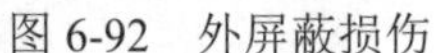
图 6-92　外屏蔽损伤

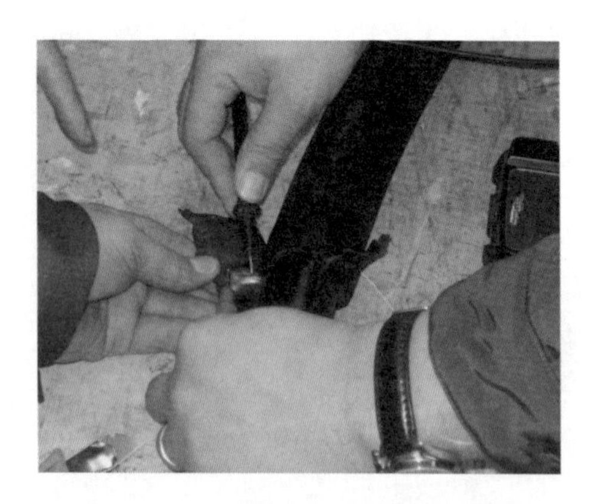
图 6-93　应力锥外电极与电力电缆外屏蔽电气断开

图 6-94　铜网固定不规范

图 6-95　接头填充错误

8）恢复外护套时，工艺要求包绕绝缘放水带两层，施工中在两层放水带中间搭接包绕了一层 PVC，破坏了接头的整体防水性。

（五）局部放电产生原因分析

经接头解剖后，分析产生局部放电的原因如下：

（1）接管外包 PVC 带，使应力锥内屏蔽产生悬浮电位，形成不稳定因素，易产生局部放电。

（2）施工中硅脂凝结成晶体，分布在接管、绝缘、应力锥内屏蔽间。

（3）应力锥内接管与两侧绝缘段弯曲，影响应力锥抱紧度，易产生局部放电。

（4）应力锥结构内部是否有缺陷，有待于进一步分析。

（5）铜屏蔽有破损，造成各相外屏蔽有破损点，属嵌入式损坏，损坏程度应进一步分析。

二、案例 2 10kV 电力电缆线路振荡波试验二

2008 年，对某 10kV XLPE 三芯电缆线路 B 进行局部放电检测和定位，该电力电缆全长 383m，距离测试端 100m 处有一个热缩中间接头。

检测发现该电力电缆在 1.7U_0时放电量达到 10000pC 左右，0.5U_0时放电量达到 1000pC 左右，定位发现放电缺陷就在接头处。线路 B 现场测试情况如图 6-96 所示。

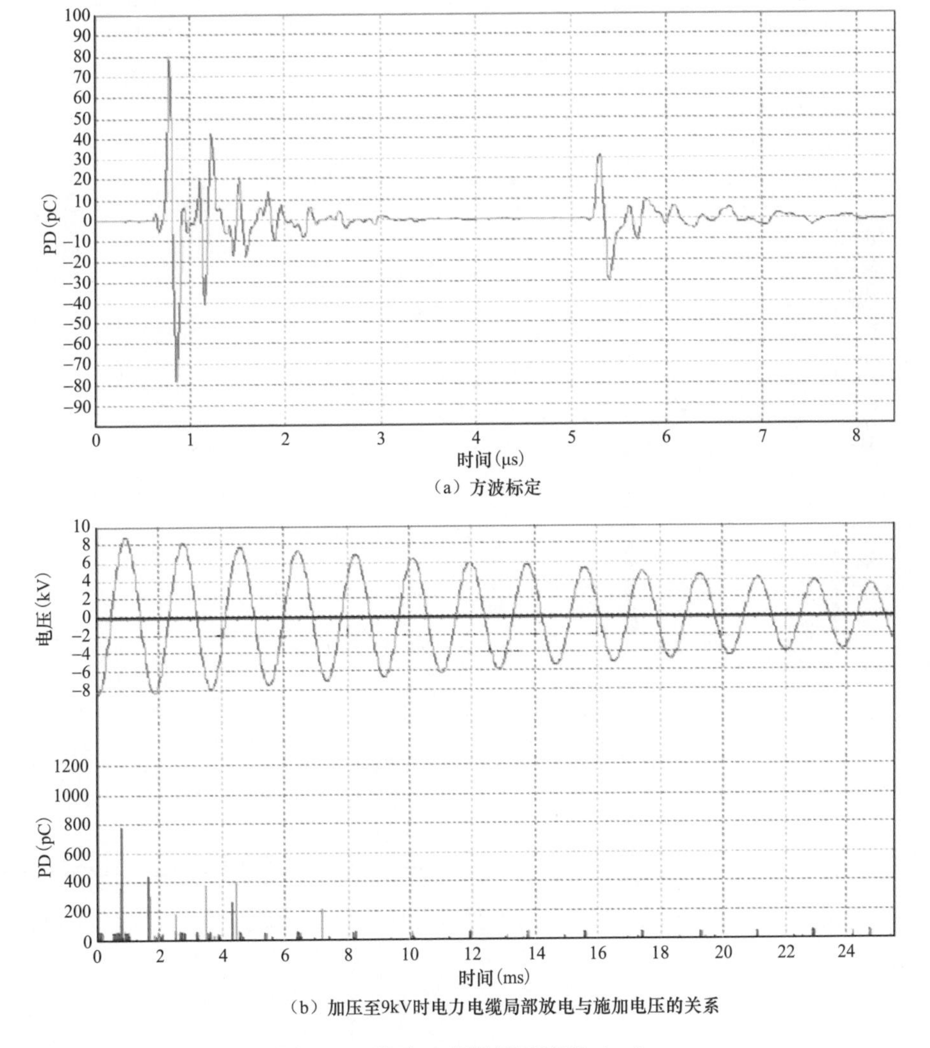

（a）方波标定

（b）加压至9kV时电力电缆局部放电与施加电压的关系

图 6-96 线路 B 现场测试情况（一）

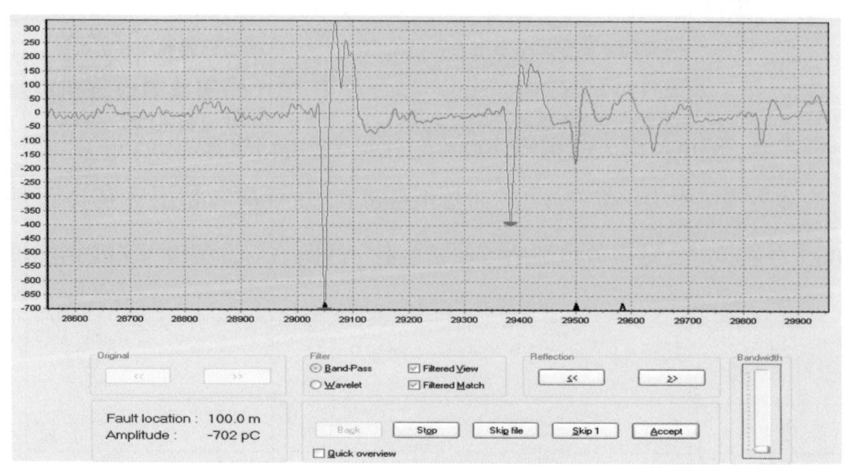

（c）单个脉冲分析及定位情况

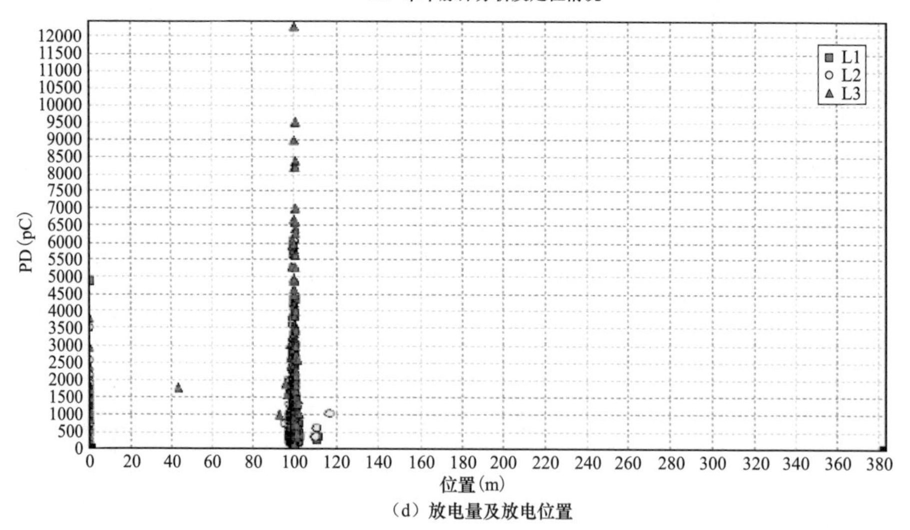

（d）放电量及放电位置

图 6-96　线路 B 现场测试情况（二）

经过解体分析，该电力电缆内、外半导电管端口不整齐有凸起，且端部未缠绕半导电带形成坡口，外屏蔽层剥离不整齐，有凸起是造成严重局部放电的原因，如图 6-97 所示。

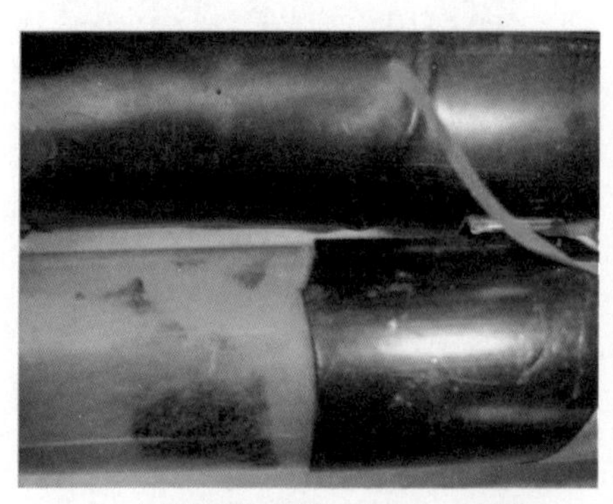

（a）外屏蔽剥削不整齐，有凸起，未打磨

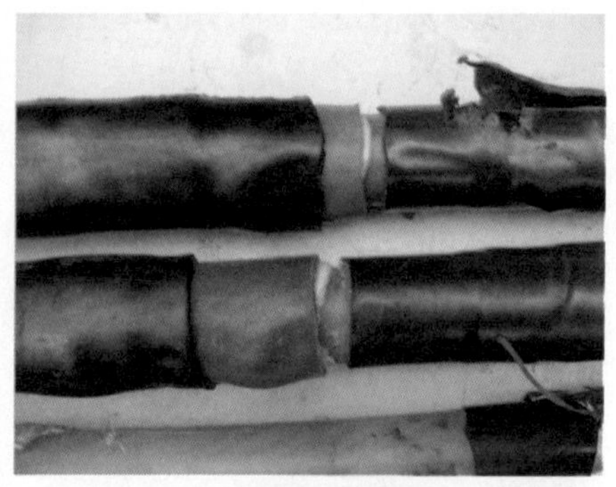

（b）热缩管端部用半导电带做过渡形成坡口，表面有凹陷

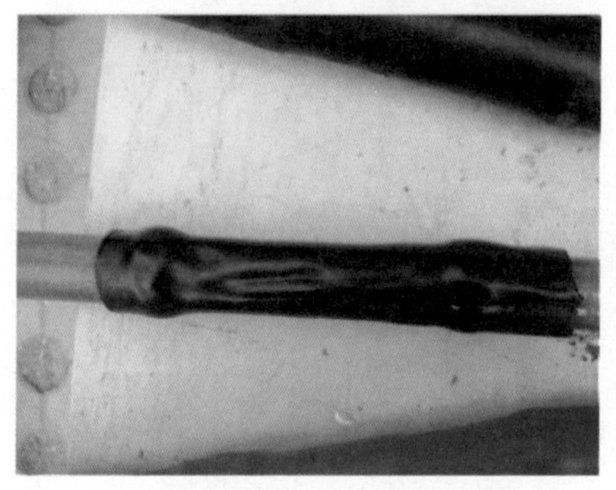

（c）里层黑色热缩管与电力电缆导体接触，表面有凹陷，不平滑

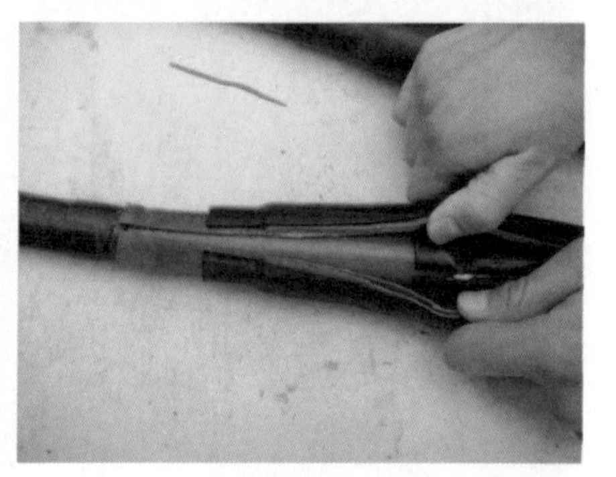

（d）内、外半导电热缩管的端部均没有用半导电带缠绕形成坡口

图 6-97　线路 B 电力电缆解体图片

三、案例 3　10kV 电力电缆线路振荡波试验三

2009 年，对某新投运的 10kV XLPE 三芯电力电缆线路 C 进行局部放电检测和定位，该电力电缆全长 1720m，距离测试端 755m 处有一个冷缩中间接头。

检测发现该电力电缆在 $2U_0$ 时 C 相放电量达到 7500pC，定位发现放电缺陷就在接头处。数据分析及定位情况如图 6-98 所示。

经过解体分析，该电力电缆的导体连接金具外面均缠绕了 PVC 胶带，用兆欧表测量显示为绝缘材料，如图 6-99 所示。

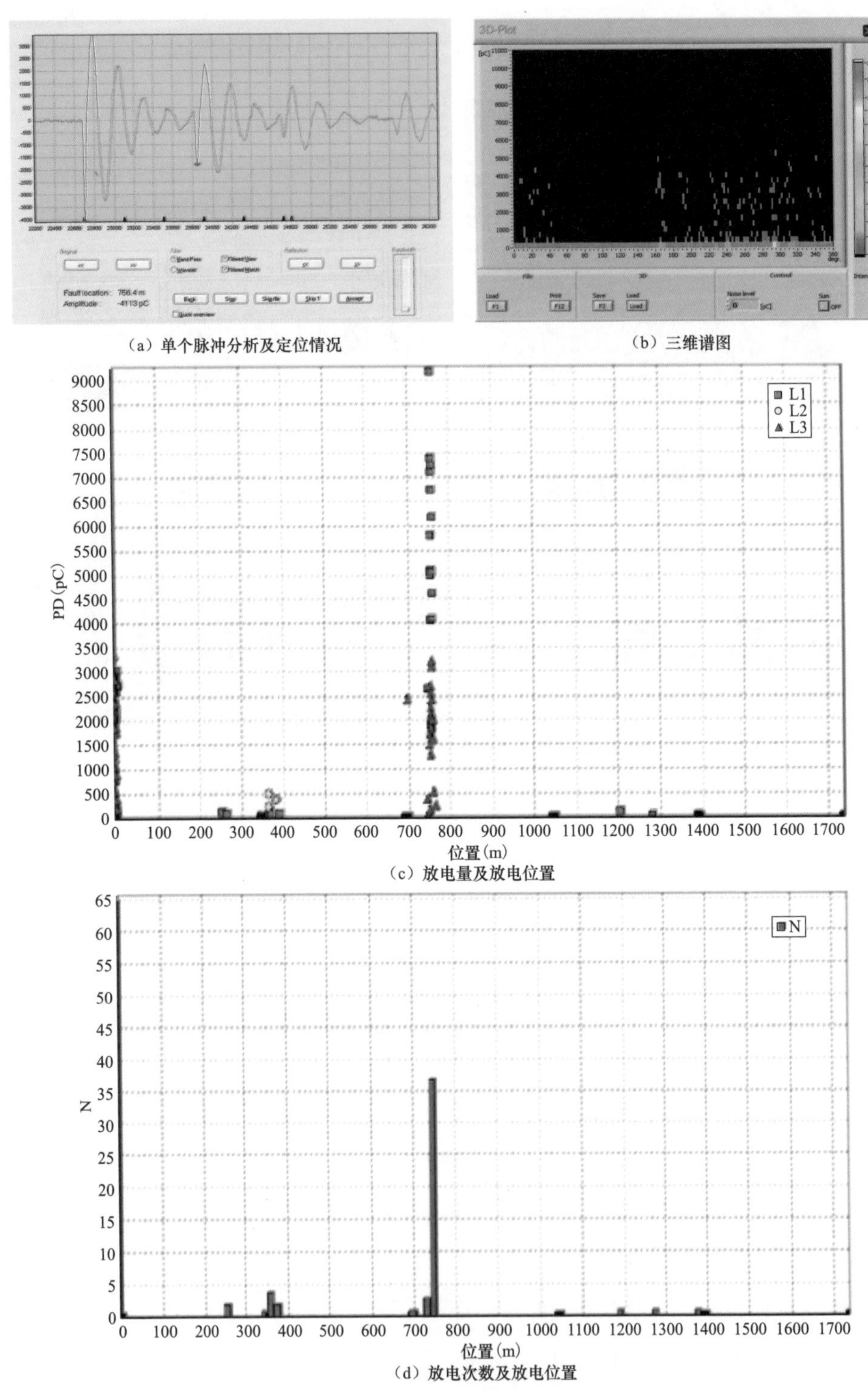

（a）单个脉冲分析及定位情况

（b）三维谱图

（c）放电量及放电位置

（d）放电次数及放电位置

图 6-98　线路 C 数据分析及定位情况

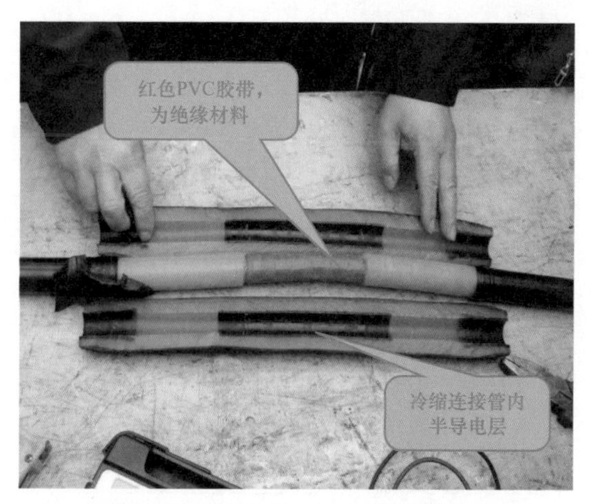

图 6-99　线路 C 电力电缆解体图片

四、案例 4　10kV 电力电缆线路振荡波试验四

2009 年，对某新投运的 10kV XLPE 三芯电力电缆线路 D 进行局部放电检测和定位，该电力电缆全长 260m，距离测试端 87m 处有一个热缩中间接头。

检测发现该电力电缆在 1.7U_0 时 C 相放电量达到 1500pC，定位发现放电缺陷就在接头处。数据分析及定位情况如图 6-100 所示。

经过解体分析，该电力电缆工艺粗糙、受潮严重是造成局部放电较严重的原因，如图 6-101 所示。

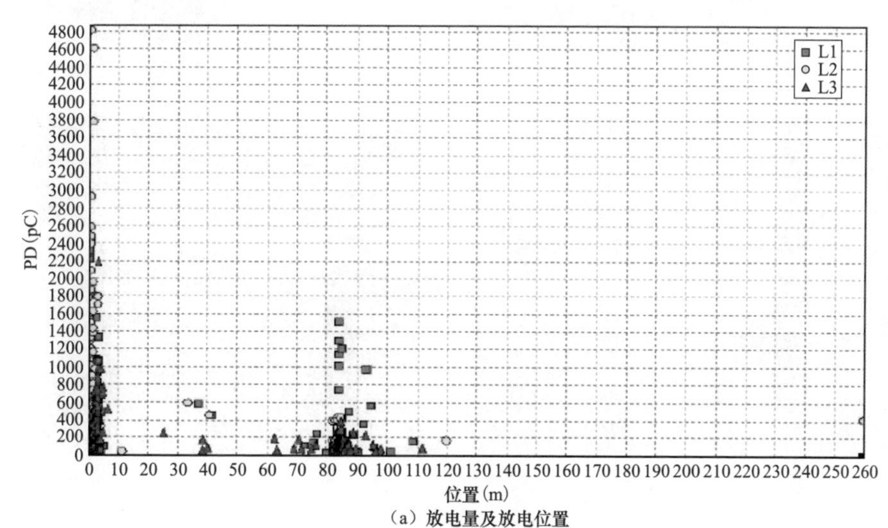

（a）放电量及放电位置

图 6-100　线路 D 数据分析及定位情况（一）

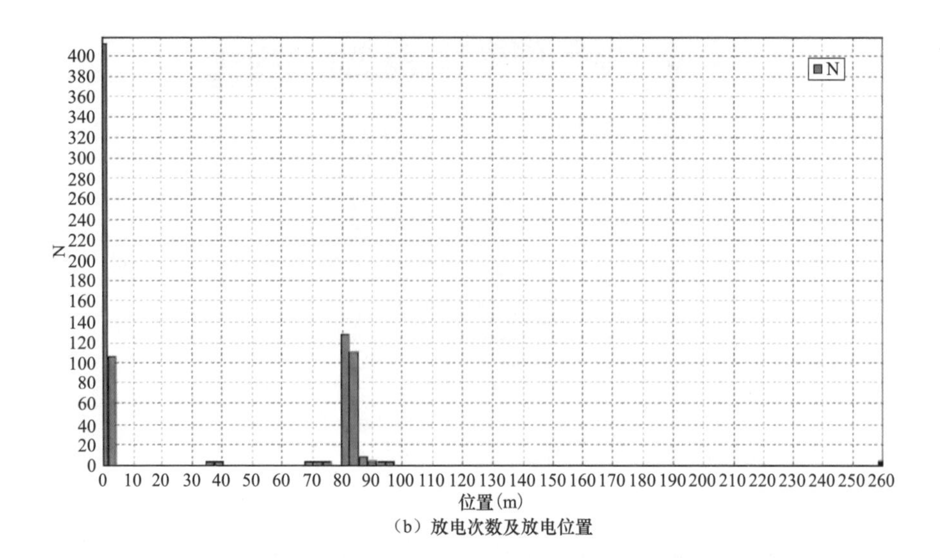

（b）放电次数及放电位置

图 6-100　线路 D 数据分析及定位情况（二）

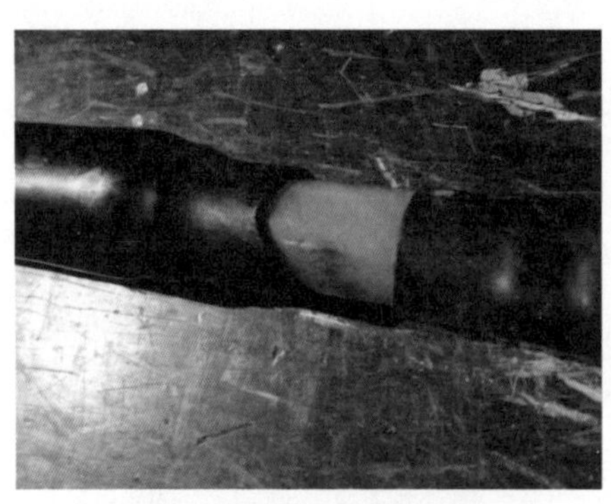

（a）中间接头两端分别出现4cm和2cm绝缘层的暴露情况，绝缘层直接与铜屏蔽网接触

（b）左右两侧电力电缆外半导电层断口处包裹的是热缩绝缘管

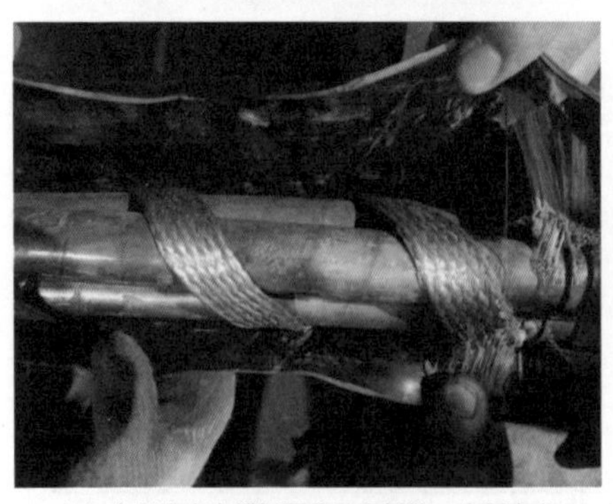

（c）左侧电力电缆铜屏蔽层有锈蚀，右侧电力电缆铜屏蔽层未发现锈蚀

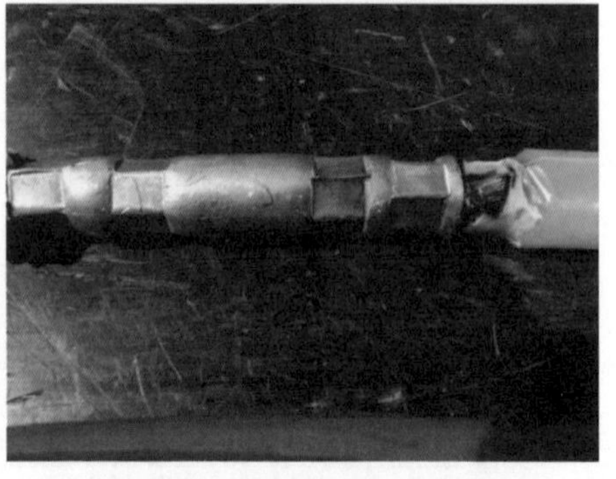

（d）铜压接管未打磨，有尖角；端口处削角未打磨平滑

图 6-101　线路 D 电力电缆解体图片

五、案例 5　10kV 电力电缆线路振荡波试验五

（一）线路概况

2010 年 4 月 8 日，在对特二级保供电电力电缆线路 E 进行振荡波局部放电检测时，发现该电力电缆中间接头位置三相分别存在集中性局部放电现象，PD 达到 300pC 左右，且 1.7U_0 时达到 280pC，U_0 及以下时 A 相达到 150pC。按照相关判断及处理经验，应该对该电力电缆缩短检测周期，监视缺陷发展趋势。

（二）测试结果

1. 波形校准

利用信号发生器对检测系统进行校准。为始端施加幅值 100pC 的标准脉冲，系统接收到的入射波和反射波，信号衰减较大。线路 E 波形校准如图 6-102 所示。

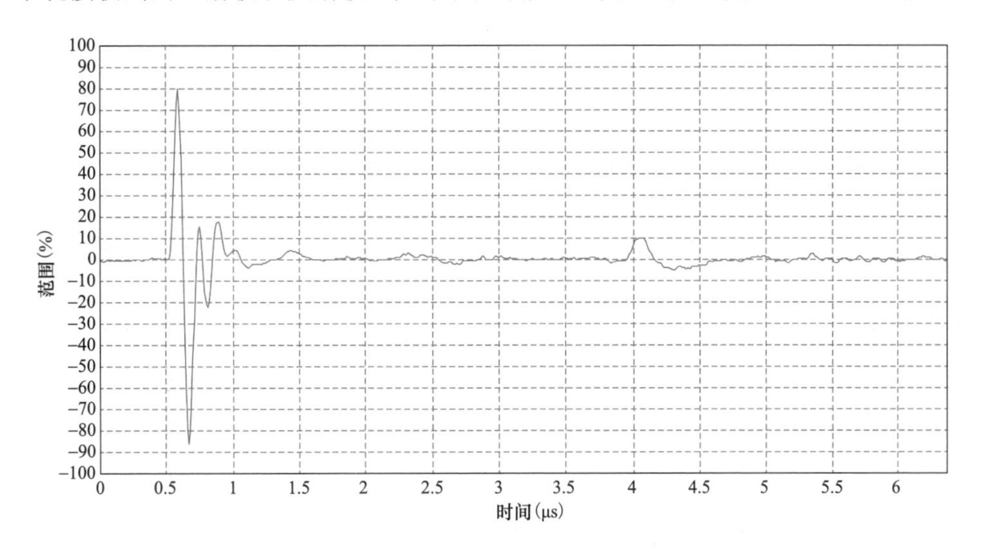

图 6-102　线路 E 波形校准

2. 检测背景干扰水平

当施加电压为 0 时，利用局部放电测试系统检测背景干扰水平大部分处于 100pC 以下。从图 6-103 可以看出，线路 E 未施加电压时背景干扰水平整体水平尚可。

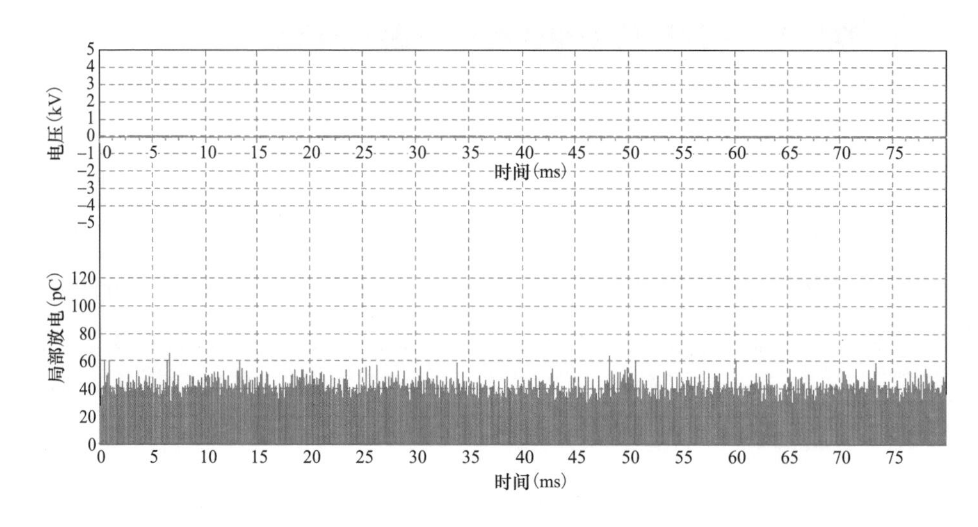

图 6-103　线路 E 未施加电压时背景干扰水平

3. 局部放电测试

按照 0.1 倍、0.3 倍、0.5 倍、0.7 倍、1 倍、1.3 倍、1.5 倍、1.7 倍 U_0 加压顺序施加电压，记录每次测试的波形。试验过程中振荡频率为 370Hz 左右。线路 E 电力电缆振荡波检测典型时域波形（$1.7U_0$）如图 6-104 所示。

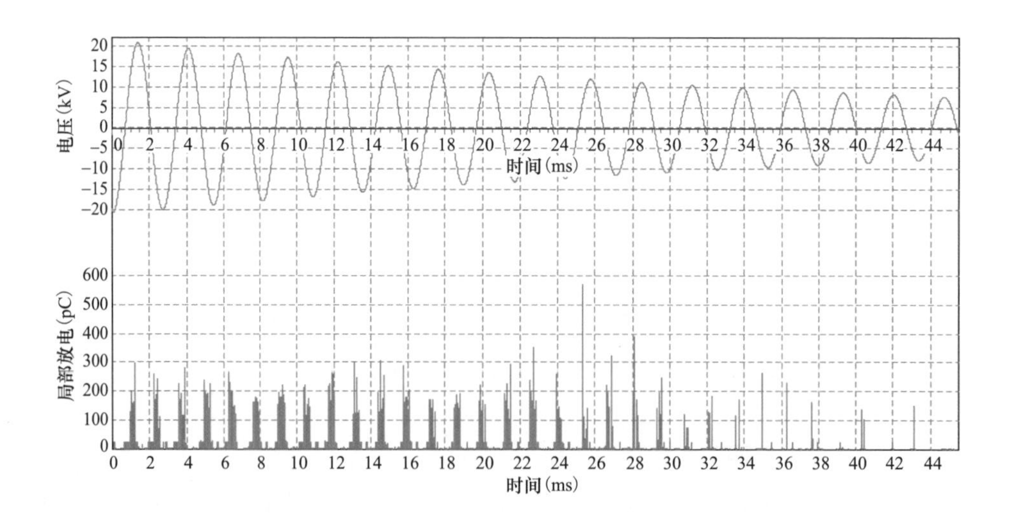

图 6-104　线路 E 电力电缆振荡波检测典型时域波形（$1.7U_0$）（一）

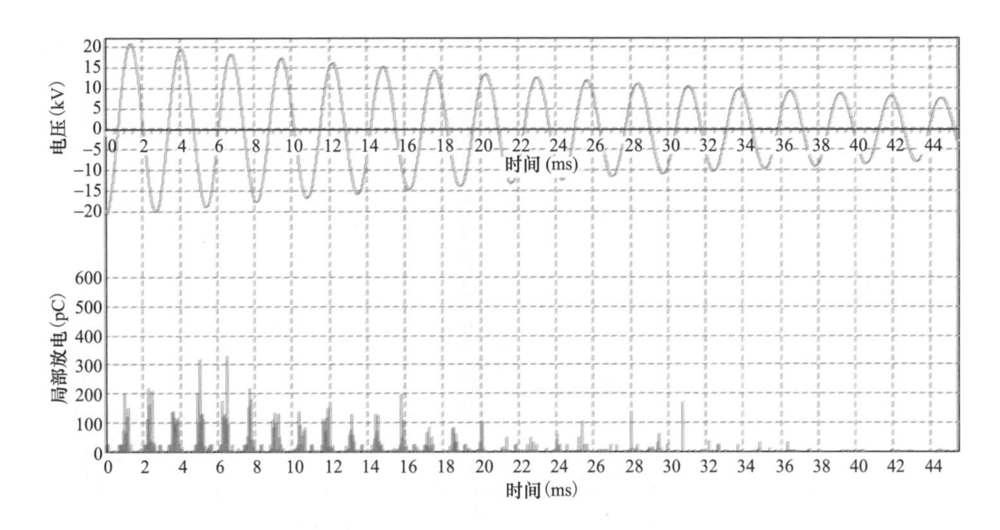

图 6-104　线路 E 电力电缆振荡波检测典型时域波形（1.7U_0）（二）

4. 数据分析

试验结束时，复测电力电缆绝缘电阻，合格。然后对采集到的数据进行分析。在不同施加电压下，A、B、C 相分析计算得到的 tanδ 为 0.1%，介质损耗基本不随电压变化。线路 E 第一次局部放电定位结果如图 6-105 所示。

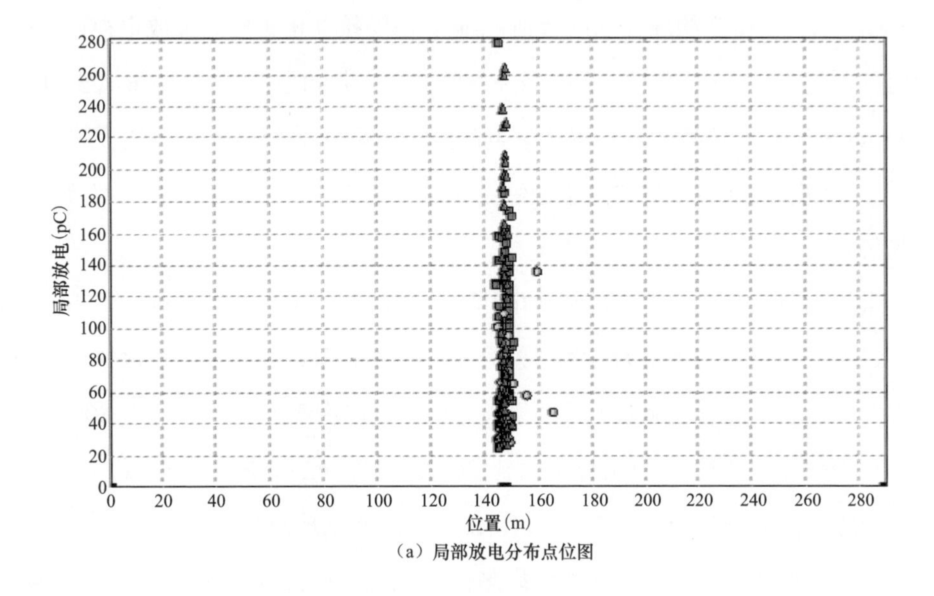

（a）局部放电分布点位图

图 6-105　线路 E 第一次局部放电定位结果（一）

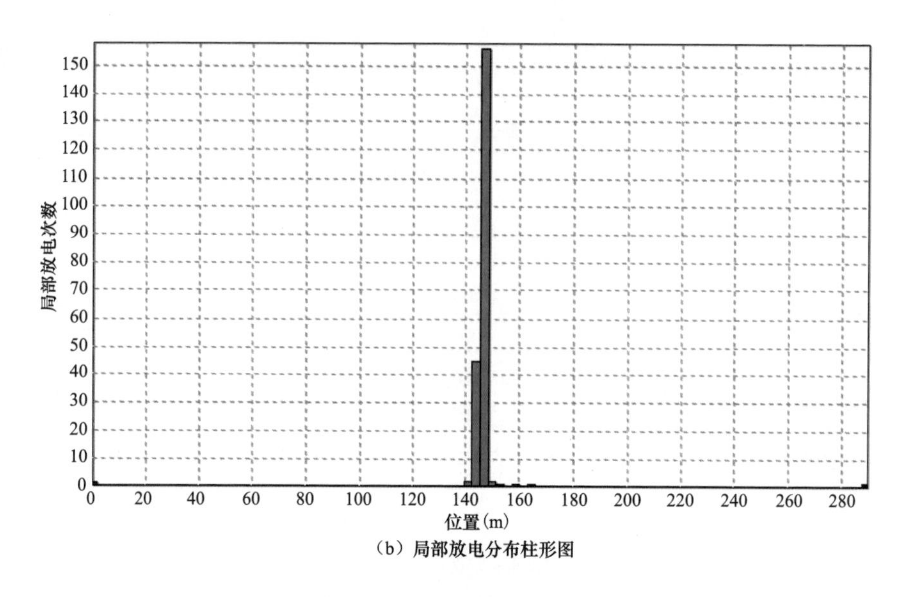

（b）局部放电分布柱形图

图 6-105　线路 E 第一次局部放电定位结果（二）

第一次检测结果表明在距离测试端 142m 左右位置存在集中性放电现象，如图 6-105 所示。该位置正好是中间接头所在处。可以看出：A、B、C 三相施加电压达到 1.7U_0 时，中间接头位置的局部放电视在放电量幅值分别达到了 280、135、275pC；A、B、C 三相施加电压达到 U_0 时，中间接头位置的局部放电视在放电量幅值分别达到了 150、48、32pC（U_0 为局部放电起始电压）。从图 6-105（b）可以看出：在 142m 位置的三相累计放电次数已经达到了 155 次，且 U_0 及以下达到 46 次。参考某 22kV 线路的状态检修经验，可选择 1 年后复测观测局部放电的发展趋势。

考虑到缺陷的多样性和局部放电趋势发展的不确定性，同时进一步积累现场检测经验，检测周期调整为 2 周。2010 年 4 月 20 日，对该条电力电缆开展第二次振荡波检测。现场检测前 1 天现场下阵雨。电房内温度 24℃，湿度 60%。测试前，A、B、C 三相绝缘电阻分别达到了 220、175、270MΩ；测试后，A、B、C 三相绝缘电阻分别为 195、135、214MΩ 左右。测试地点与第一次相同。

第二次检测结果再次表明在距离测试端 142m 左右位置存在集中性放电现象，如图 6-106 所示。可以看出：A、B、C 三相施加电压达到 1.7U_0 时，中间接头位置的局部放电视在放电量幅值分别达到了 1500、0、1650pC；其中，A 相的局部放电起始电压在 U_0 左右，C 相的局部放电起始电压在 1.3U_0。从图 6-106（b）可以看出：在 142m 位置的三相累计放电次数达到 32 次，且 U_0 及以下达到 10 次。需要对该条电力电缆施行检修，更换缺陷中间接头。

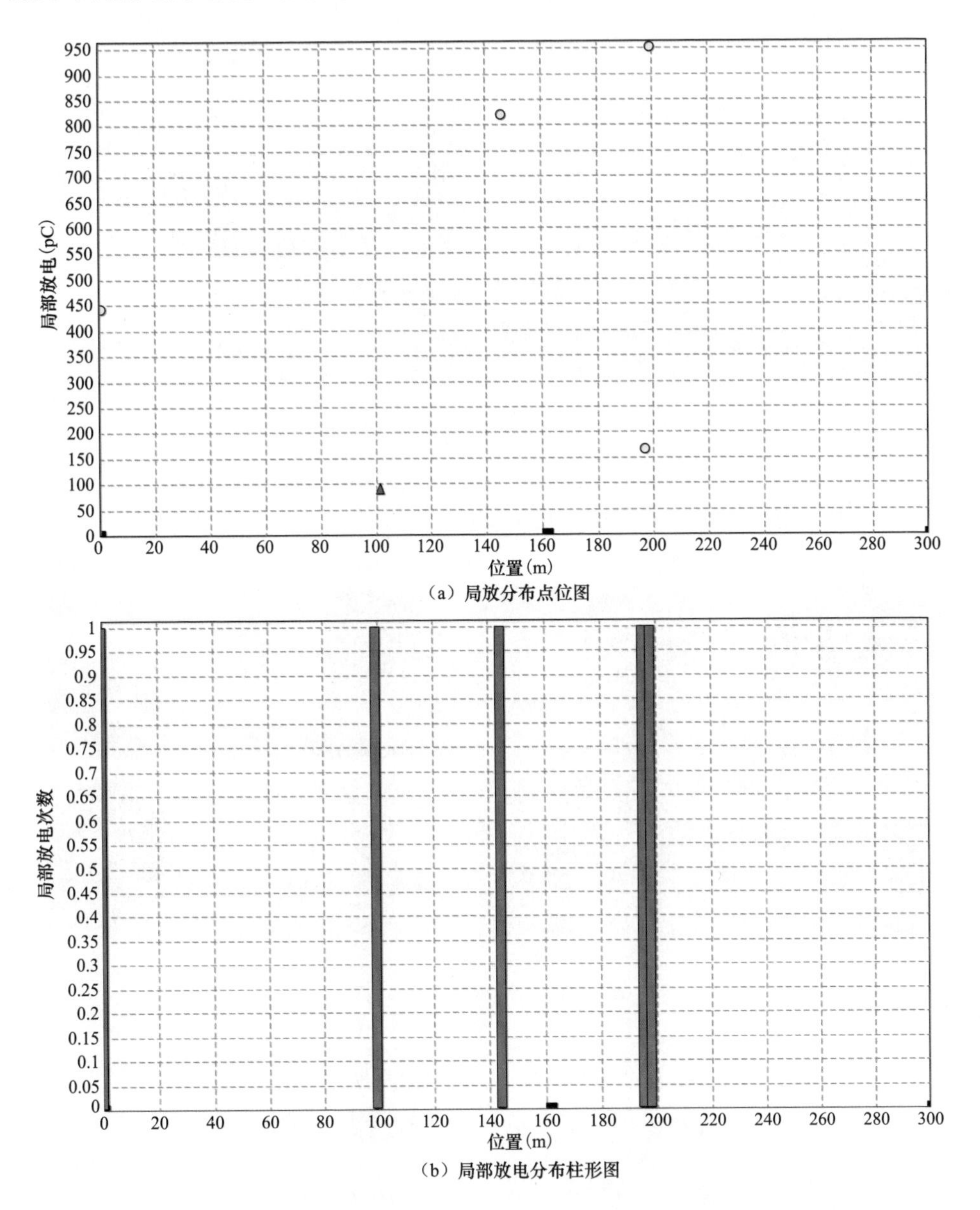

（a）局放分布点位图

（b）局部放电分布柱形图

图 6-106　线路 E 第二次局部放电定位结果

5. 解体检查结果与分析

2010 年 4 月 28 日，对该条电力电缆进行缺陷中间接头更换后复测，电力电缆原有局部放电现象已经消除且未发现新的集中性放电。事后，对缺陷中间接头进行解剖，未发现肉眼能分辨的爬电痕迹。但结果仍发现以下问题：

（1）接头金垫层内侧有几乎贯穿性的白蚁蚕食通道，如图 6-107 所示。

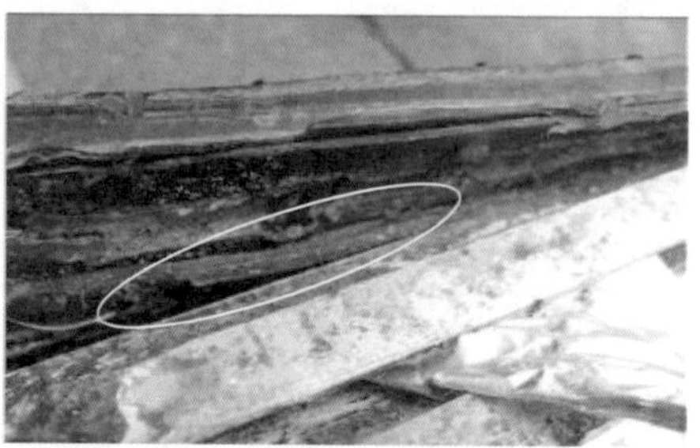

图 6-107　垫层内有明显白蚁蚕食通道

（2）接头处一侧明显发黄，如图 6-108 所示。

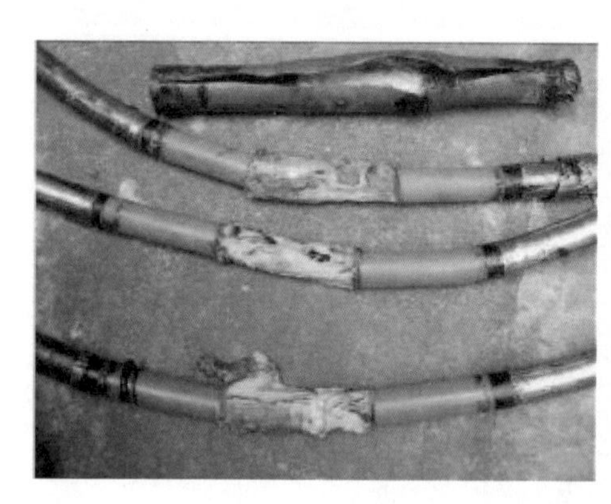

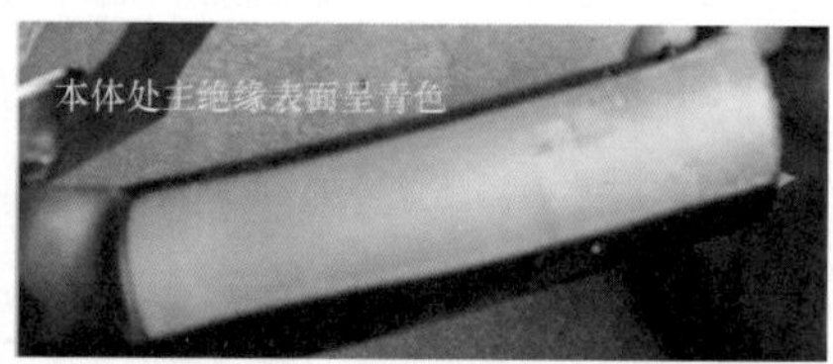

图 6-108　接头处颜色发黄

（3）三相铜屏蔽表面有明显锈蚀，如图 6-109 所示。

（4）其中一相的热缩管与主绝缘界面存在气隙，如图 6-110 所示。

第一次检测和第二次检测的地网状况、终端防电晕处理效果及施加电压步骤均相似，但两次检测到的局部放电次数、幅值不相同。第一次的放电次数多、幅值低，而第二次的放电次数相对少、幅值非常高。除去放电带有一定随机性的因素，两次检测结果一定程度反映了缺陷分别所处于两个不同发展阶段。

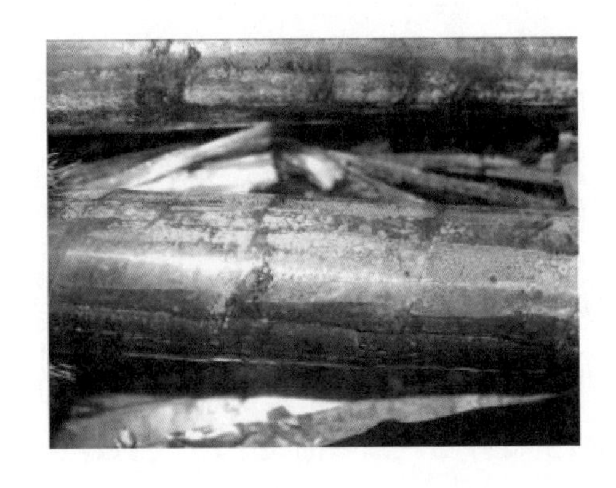

图 6-109　铜屏蔽表面有锈蚀

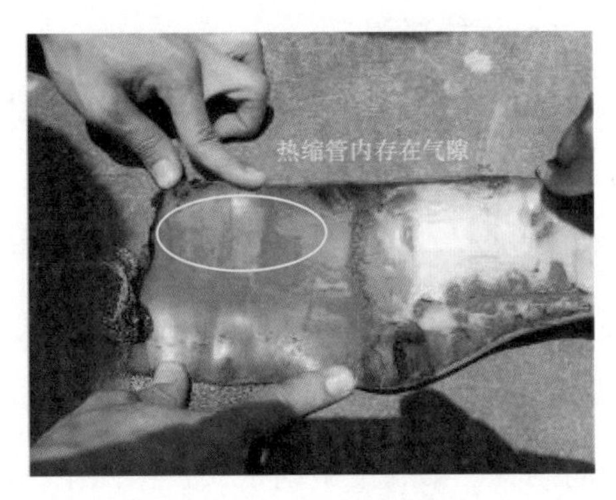

图 6-110　热缩管内存在气隙

两次检测周期间隔为 2 周，而局部放电幅值确由不到 300pC 增加到超过 1500pC，幅值增加明显，如表 6-15 所示。首先，热缩管收缩不均匀导致与主绝缘界面存在气隙，是外部振荡电压激励下缺陷处能检测出局部放电的重要因素。此外，值得注意的是，第二次检测前一天现场天气恶劣，阵雨使电力电缆坑道内积水严重。所以推测认为垫层内有明显白蚁通道致使接头内部受潮，是导致在外部振荡电压激励下接头处能检测出更加明显局部放电现象的重要原因。

表 6-15　　线路 E 施加电压和局部放电幅值比较

施加电压		第一次检测（pC）	第二次检测（pC）
U_0	A	150	320
	B	48	0
	C	32	0
$1.7U_0$	A	280	1500
	B	135	0
	C	275	1650

虽然本例中没有发现肉眼明显可辨的放电痕迹，但更换中间接头后复测结果正常已经能够说明缺陷就在接头处。由于条件所致，未能对绝缘材料做进一步的分析。目前，更换后经重新检测，该线路已恢复正常运行状态。

六、案例 6　10kV 电力电缆线路振荡波试验六

（一）线路概况

2010 年 3 月 18 日，对电力电缆线路 F 开展振荡波局部放电检测时发现：该条电力电缆 A 相、B 相、C 相中间接头位置存在集中性局部放电。其中，A 相距离测试端第三个中间接头、第五个中间接头处存在较清晰的集中性局部放电现象，幅值达到 500pC 水平，而 B 相距离测试端第四个中间接头及第六个中间接头处位置存在较清晰的集中性局部放电现象，幅值超过 500pC。C 相距离测试端第三个中间接头、第五个中间接头及第六个中间接头处存在较清晰的集中性局部放电现象，幅值达到 500pC 水平。

（二）测试结果

1. 波形校准

利用信号发生器对检测系统进行校准，图 6-111 为线路 F 始端施加幅值 500pC 的标准脉冲，系统接收到的入射波和反射波信号衰减较大。

2. 检测背景干扰水平

当施加电压为 0 时，利用局部放电测试系统检测背景干扰水平大部分处于 100pC 以下。从图 6-112 可以看出，线路 F 未施加电压时背景干扰水平整体水平尚可。

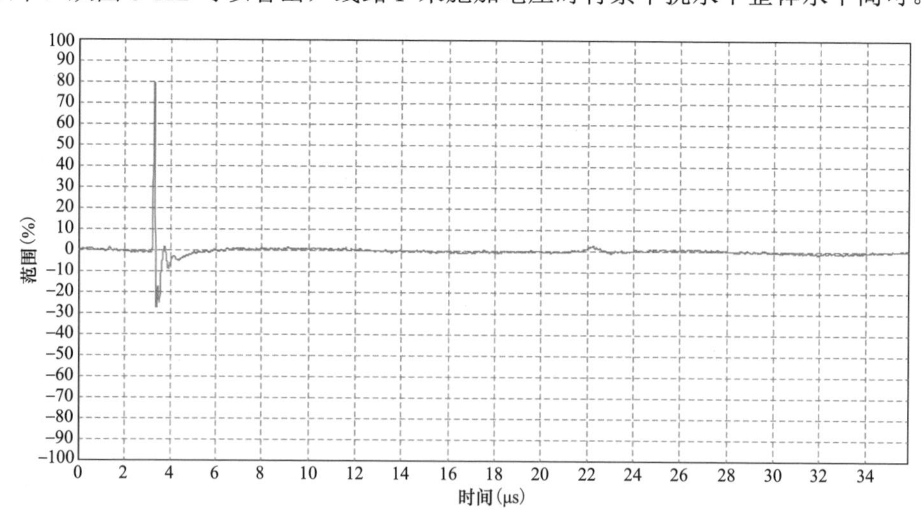

图 6-111　线路 F 波形校准

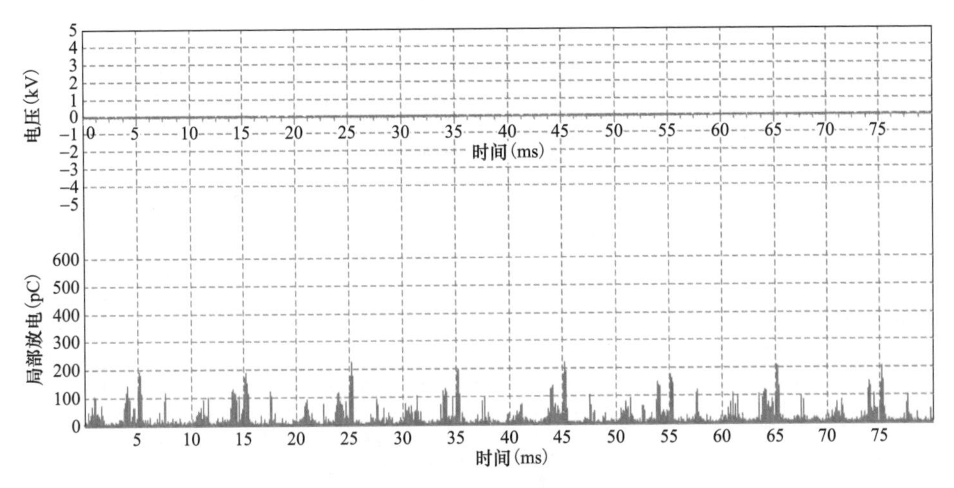

图 6-112　线路 F 未施加电压时背景干扰水平

3. 局部放电测试

按照 0.1 倍、0.3 倍、0.5 倍、0.7 倍、1 倍、1.3 倍、1.5 倍、1.6 倍、1.7 倍 U_0 加压顺序施加电压，记录每次测试的波形。试验过程中振荡频率为 260Hz 左右。线路 F 电力电缆振荡波检测典型时域波形（1.7U_0）如图 6-113 所示。

4. 数据分析

试验结束时，复测电力电缆绝缘电阻，合格。之后，对采集到的数据进行分析。在不同施加电压下，A、B、C 相分析计算得到的 tanδ 为 0.1%，介质损耗基本不随电压变化。线路 F 第一次局部放电定位结果如图 6-114 所示。

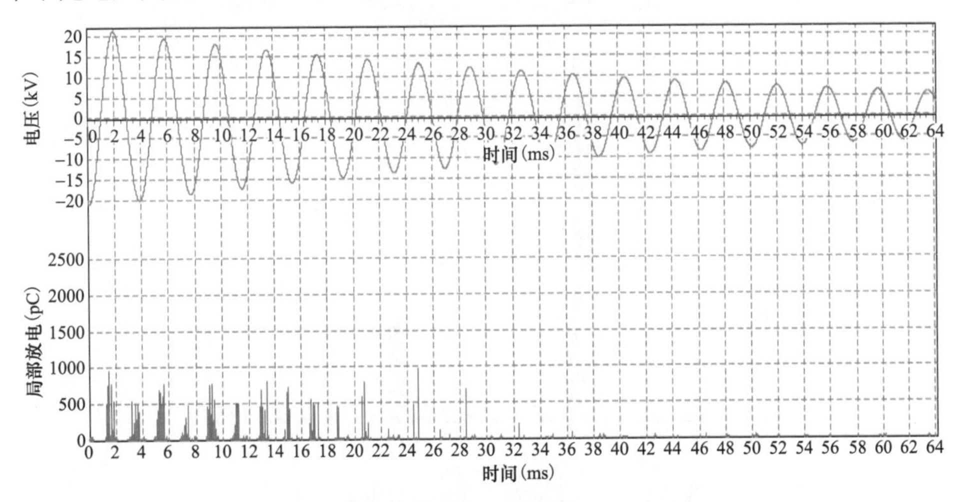

图 6-113　线路 F 电力电缆振荡波检测典型时域波形（1.7U_0）（一）

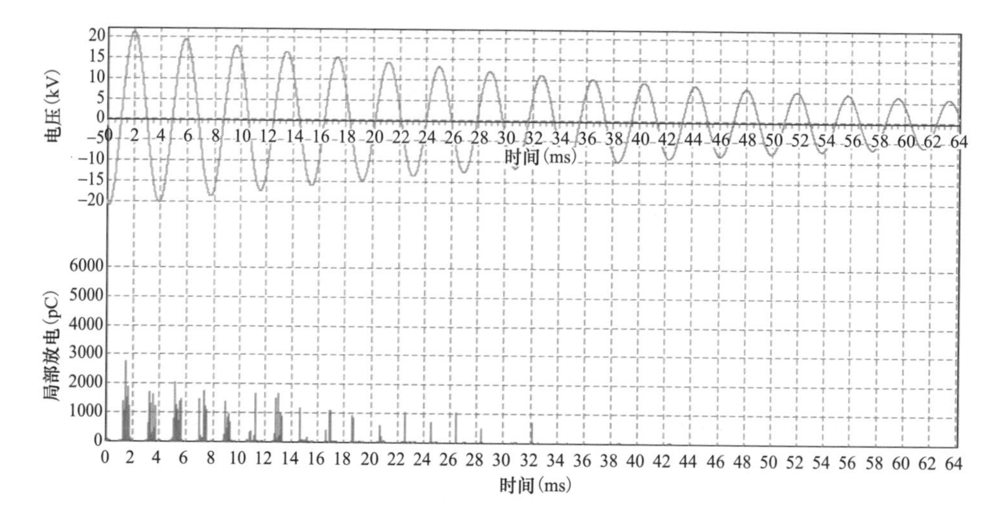

图 6-113　线路 F 电力电缆振荡波检测典型时域波形（1.7U_0）（二）

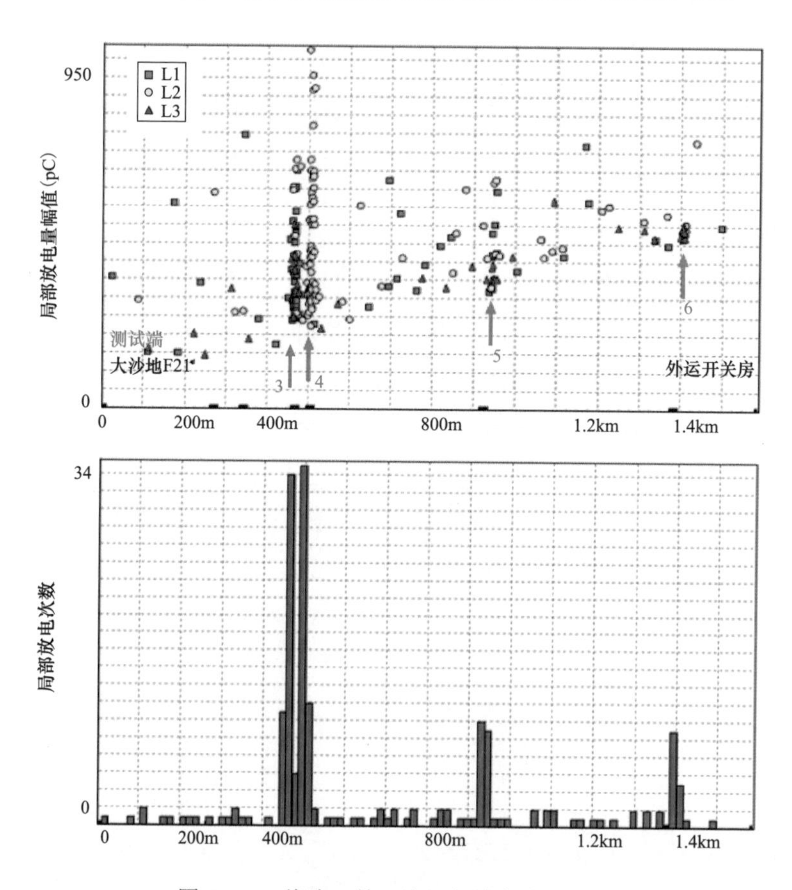

图 6-114　线路 F 第一次局部放电定位结果

从定位图谱可以看出：该条电力电缆A相、B相及C相的中间接头位置存在集中性局部放电。其中，A相距离测试端第三个中间接头、第五个中间接头处存在较清晰的集中性局部放电现象，幅值达到500pC水平，而B相距离测试端第四个中间接头及第六个中间接头处位置存在较清晰的集中性局部放电现象，幅值超过500pC。C相距离测试端第三个中间接头、第五个中间接头及第六个中间接头处存在较清晰的集中性局部放电现象，幅值达到500pC水平。为进一步检测结果，在对端开展了复测，线路F对端复测定位结果如图6-115所示。

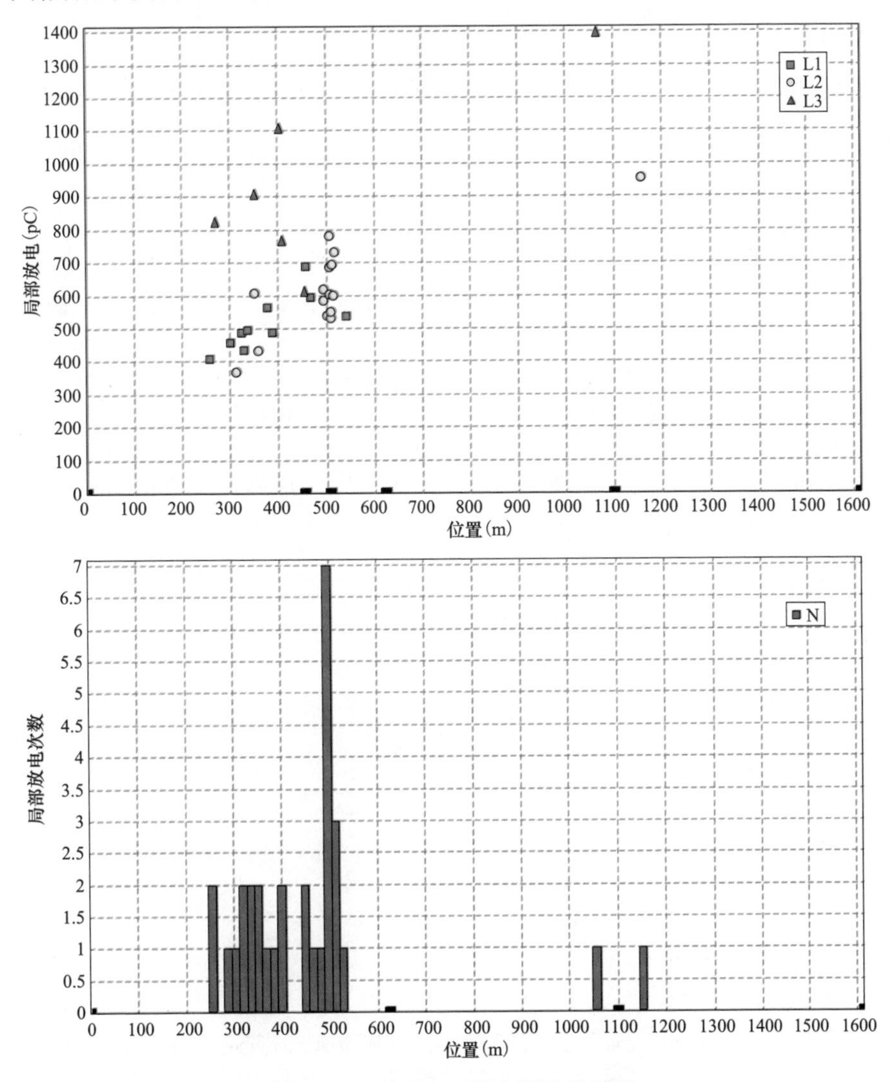

图6-115　线路F对端复测定位结果

在施加电压小于 U_0 时，6 号接头位置局部放电次数最多且幅值达到了 500pC，如表 6-16 所示。也就是说，在运行电压下，该接头处已经发生了局部放电现象，按照状态检修经验，需要对接头进行处理。

表 6-16　　线路 F 接头处的局部放电起始电压与放电量幅值

相别	局部放电起始电压	起始电压下的放电量幅值（pC）
A	$1.3U_0$	770
B	$1.0U_0$	600
C	$0.9U_0$	490

更换缺陷中间接头后，对电力电缆开展复测，线路 F 更换中间接头后的定位结果如图 6-116 所示，原有的集中性局部放电区域已经消失且未发现新的缺陷。

5. 解体检查结果与分析

事后，对缺陷中间接头进行解剖，未发现肉眼能分辨的爬电痕迹。但结果仍发现了以下问题：4 号中间接头其中一相，主绝缘距离偏小，要求半导电层到接头中心线距离 160mm，实际只有 140mm，且该侧半导体层倒角不圆整；3 号中间接头其中一相，主绝缘距离偏小，要求半导电层到接头中心线距离 160mm，实际只有 150mm，且该侧半导体层剥离不整齐。4 号中间接头解体结果见图 6-117。3 号中间接头解体结果见图 6-118。

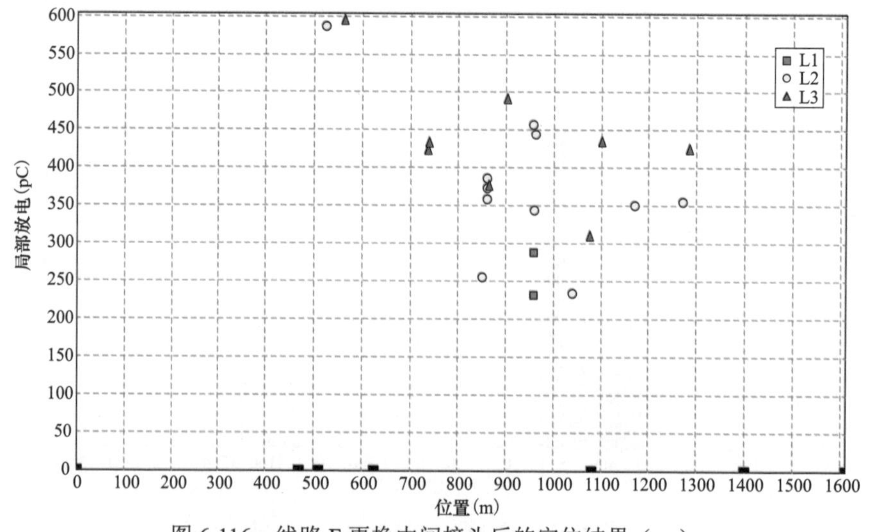

图 6-116　线路 F 更换中间接头后的定位结果（一）

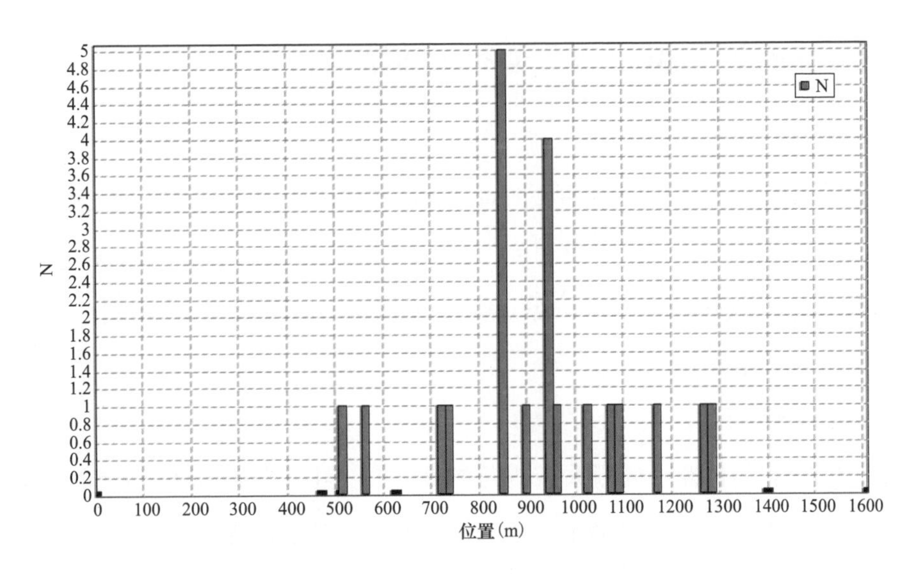

图 6-116　线路 F 更换中间接头后的定位结果（二）

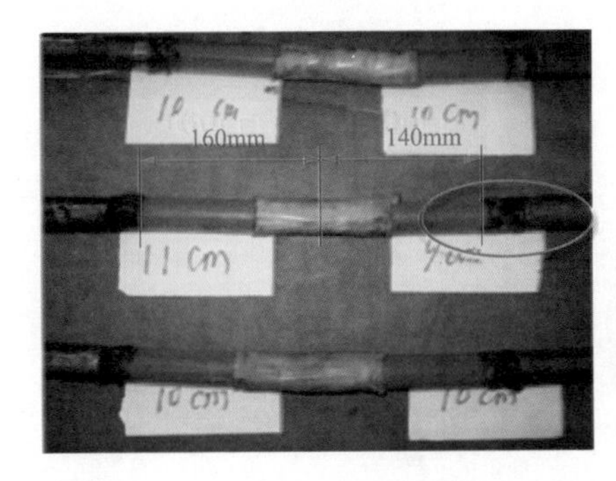

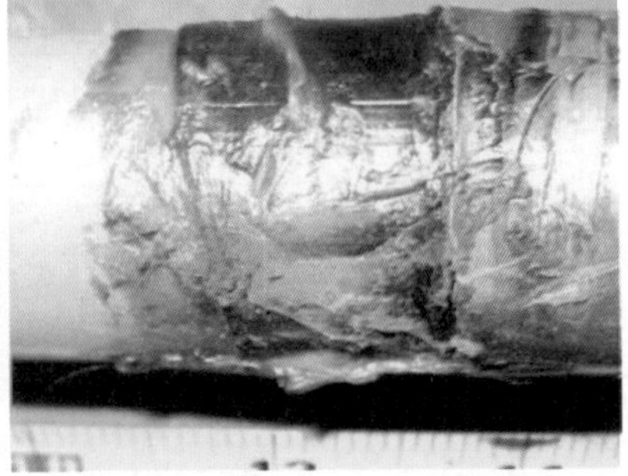

图 6-117　4 号中间接头解体结果

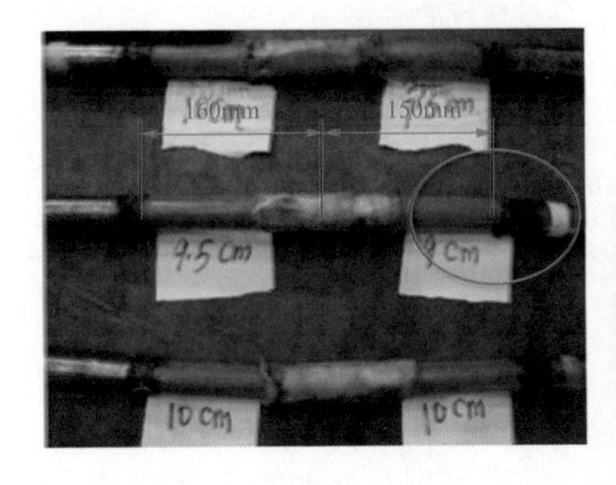

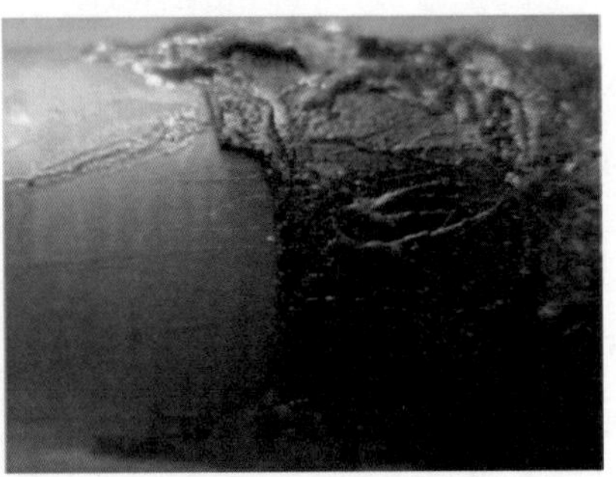

图 6-118　3 号中间接头解体结果

七、案例 7　10kV 电力电缆线路振荡波试验七

（一）线路概况

2010 年 6 月 12 日，试验研究所对电力电缆线路 G 开展振荡波局部放电检测分析时发现：该条电力电缆距离测试端 500m 左右位置存在集中性局部放电。馈线涉及保供电特二级用户。检测发现缺陷时，该条电力电缆运行时间不到一年时间。

（二）测试结果

1. 波形校准

利用信号发生器对检测系统进行校准，图 6-119 为线路 G 始端施加幅值 500pC 的标准脉冲，系统接收到的入射波和反射波信号衰减较大。

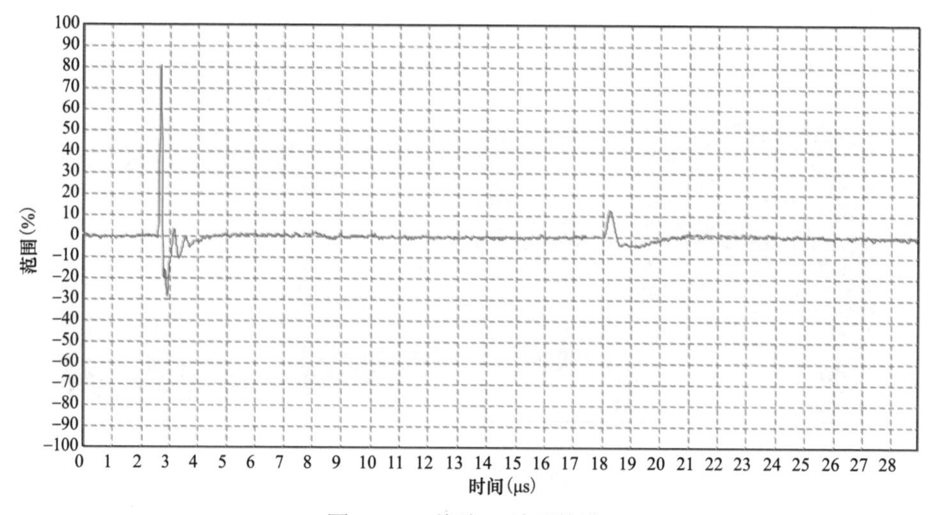

图 6-119　线路 G 波形校准

2. 检测背景干扰水平

当施加电压为 0 时，利用局部放电测试系统检测背景干扰水平大部分处于 20pC 以下。从图 6-120 可以看出，线路 G 未施加电压时背景干扰水平整体水平尚可。

3. 局部放电测试

按照 0.1 倍、0.3 倍、0.5 倍、0.7 倍、1 倍、1.3 倍、1.5 倍、1.6 倍、1.7 倍 U_0 加压顺序施加电压，记录每次测试的波形。试验过程中振荡频率为 273Hz 左右。线路 G 电力电缆振荡波检测典型时域波形（$1.7U_0$）如图 6-121 所示。

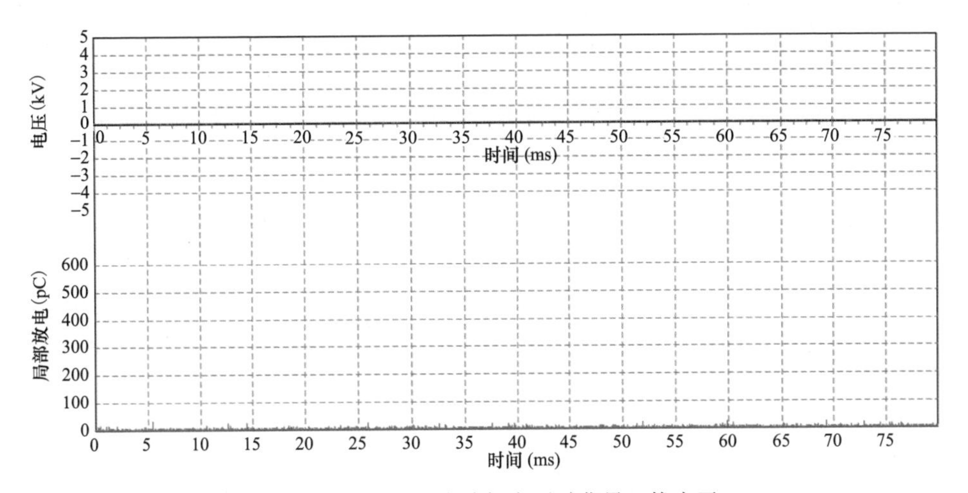

图 6-120　线路 G 未施加电压时背景干扰水平

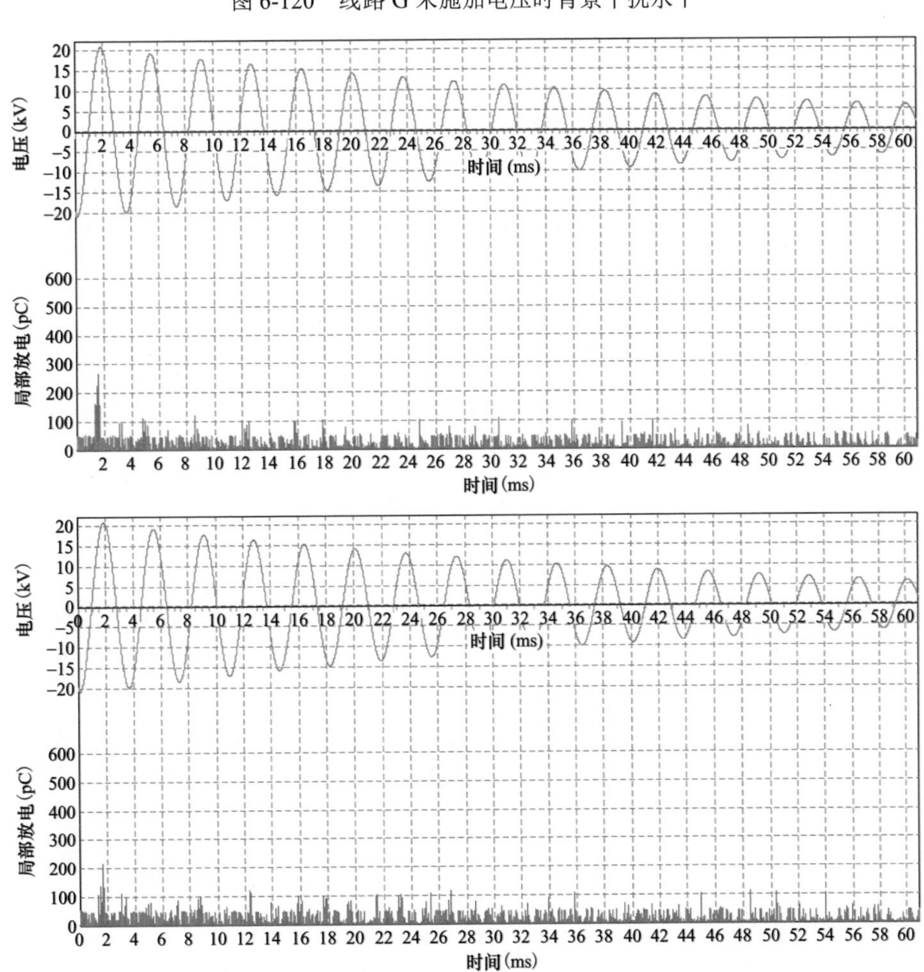

图 6-121　线路 G 电力电缆振荡波检测典型时域波形（$1.7U_0$）

4. 数据分析

试验结束时，复测电力电缆绝缘电阻，合格。之后对采集到的数据进行分析。在不同施加电压下，A、B、C 相分析计算得到的 tanδ 为 0.1%，介质损耗基本不随电压变化。线路 G 典型局部放电定位结果如图 6-122 所示。

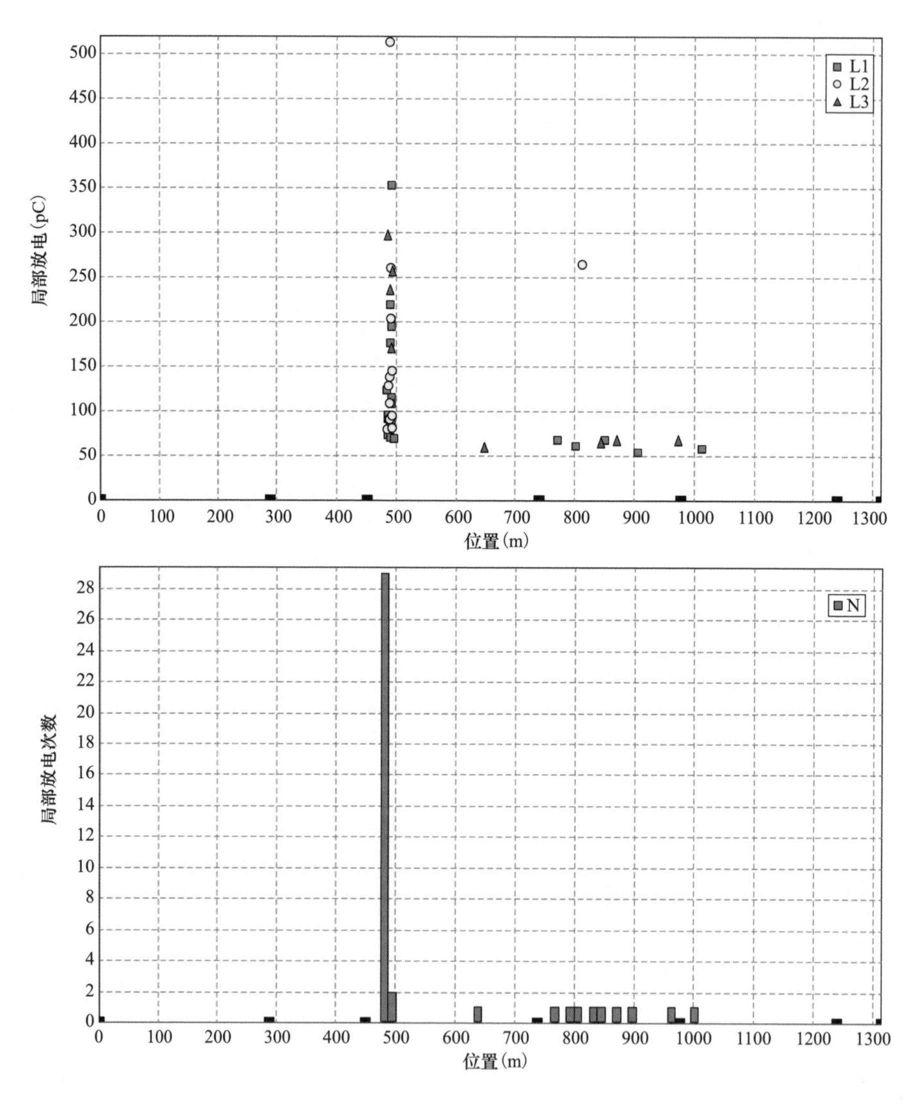

图 6-122　线路 G 典型局部放电定位结果

5. 解体检查结果与分析

对该条电力电缆进行缺陷中间接头更换后复测，电力电缆原有局部放电现象已经消除且未发现新的集中性放电。事后，对缺陷中间接头进行解剖，未发现肉眼能分辨的明显爬电痕迹（见图 6-123）。但结果仍发现以下问题：单相冷缩管与外半导电层未有充分搭接（见图 6-124）；压接管上包了一层半导电胶带且上涂抹 P55（见图 6-125），易造成悬浮电位；半导电层剥离不齐（见图 6-126）。更换缺陷后该线路已正常。

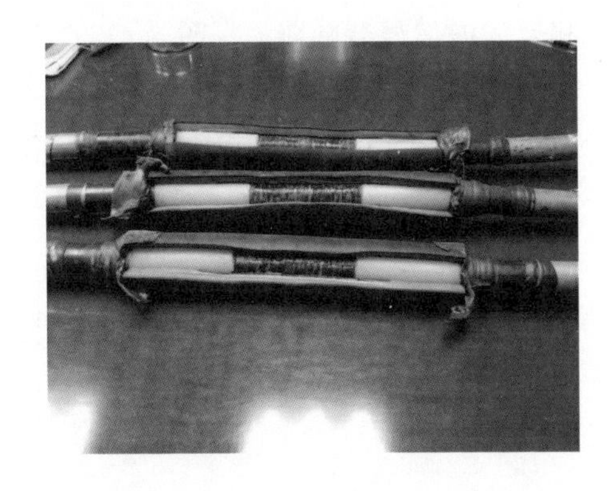

图 6-123　三相解体后外观

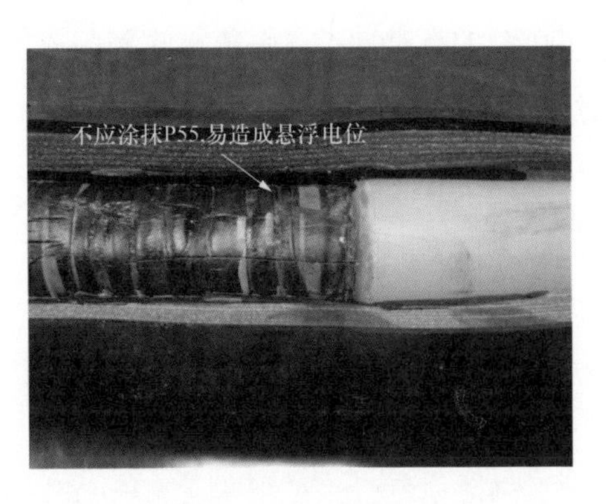

图 6-124　冷缩管与外半导电层未充分搭接

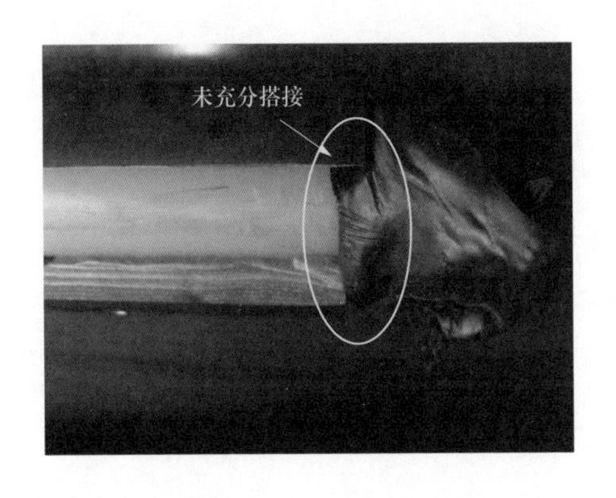

图 6-125　压接管涂抹 P55

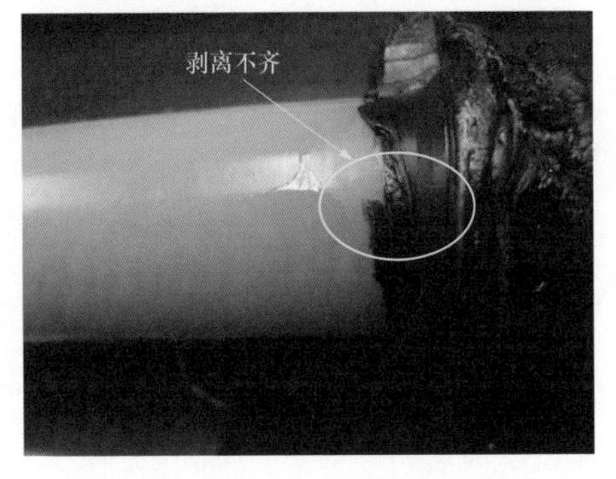

图 6-126　半导电层剥离不齐

八、案例 8　10kV 电力电缆线路振荡波试验八

（一）线路概况

2010 年 7 月 12 日，在对电力电缆线路 H 振荡波局部放电检测时发现该电力电缆中间接头位置 A、C 两相分别存在集中性局部放电现象，1.7U_0 时 A 相达到

4455pC，U_0及以下时 C 相达到 747pC，1.7U_0时 C 相达到 5444pC，U_0及以下时 C 相达到 960pC。

（二）测试结果

1. 波形校准

利用信号发生器对检测系统进行校准，图 6-127 为线路 H 始端施加幅值 1000pC 的标准脉冲，系统接收到的入射波和反射波信号衰减较大。图 6-128 为线路 H 未施加电压时背景干扰水平。

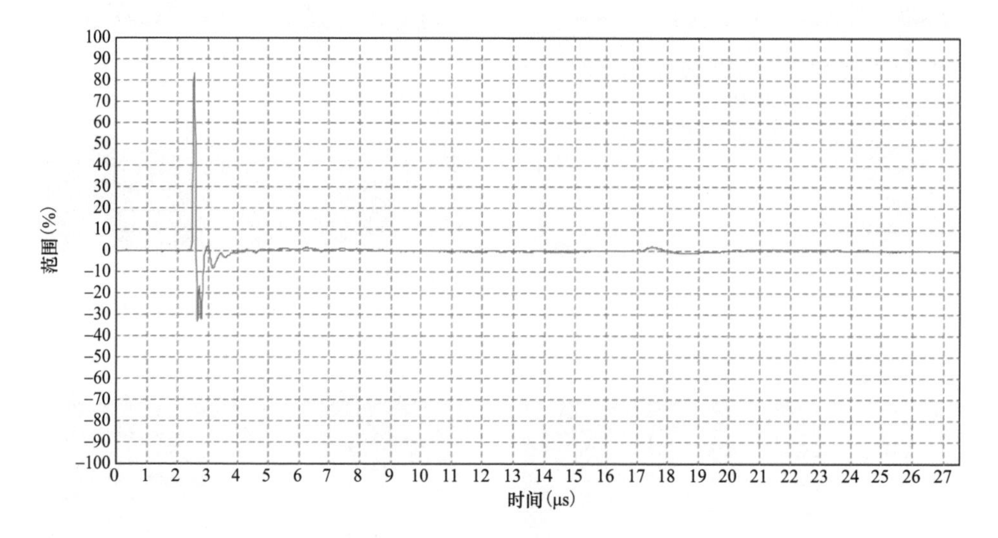

图 6-127　线路 H 波形校准

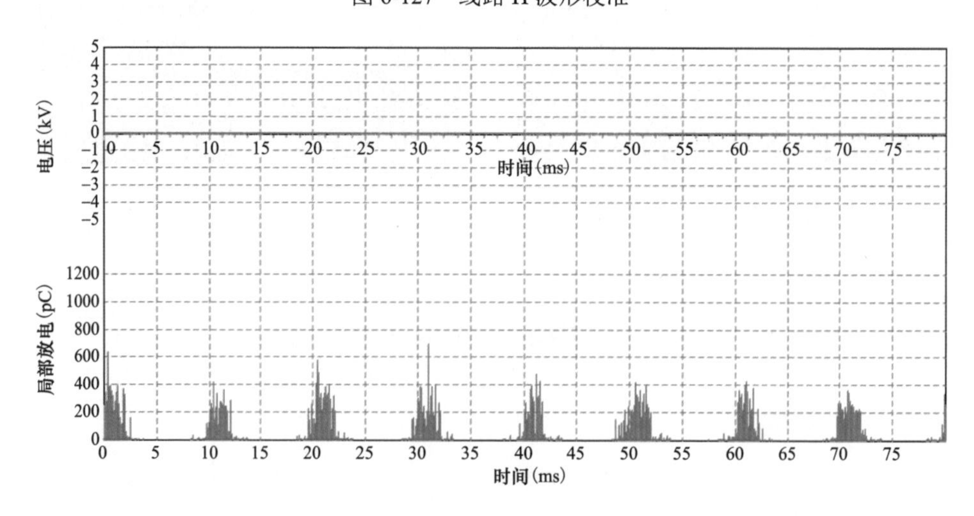

图 6-128　线路 H 未施加电压时背景干扰水平

2. 检测背景干扰水平

当施加电压为 0 时，利用局部放电测试系统检测背景干扰水平大部分处于 300pC 以下且存在周期性干扰信号。

3. 局部放电测试

按照 0.1 倍、0.3 倍、0.5 倍、0.7 倍、1 倍、1.3 倍、1.5 倍、16.倍、1.7 倍 U_0 加压顺序施加电压，记录每次测试的波形。试验过程中振荡频率为 284Hz 左右。线路 H 电力电缆振荡波检测典型时域波形（1.7U_0）如图 6-129 所示。

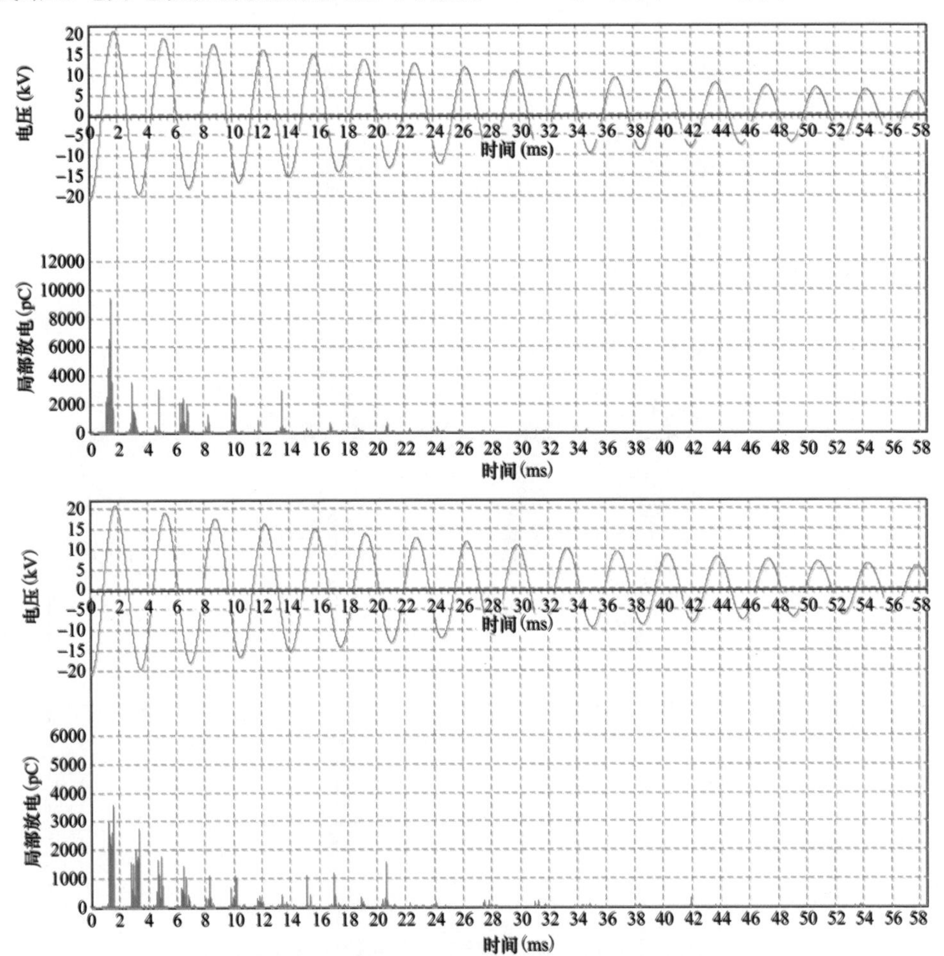

图 6-129 线路 H 电力电缆振荡波检测典型时域波形（1.7U_0）

4. 数据分析

试验结束时，复测电力电缆绝缘电阻，合格。之后，对采集到的数据进行分析。在不同施加电压下，A、B、C 相分析计算得到的 tanδ 为 0.1%，介质损耗基本不随电压变化。线路 H 第一次局部放电信号定位结果如图 6-130 所示。从图 6-131 发现，该电力电缆中间接头位置 A、C 两相分别存在集中性局部放电现象，1.7U_0 时 A 相达到 4455pC，U_0 及以下时 C 相达到 747pC，1.7U_0 时 C 相达到 5444pC，U_0 及以下时 C 相达到 960pC。

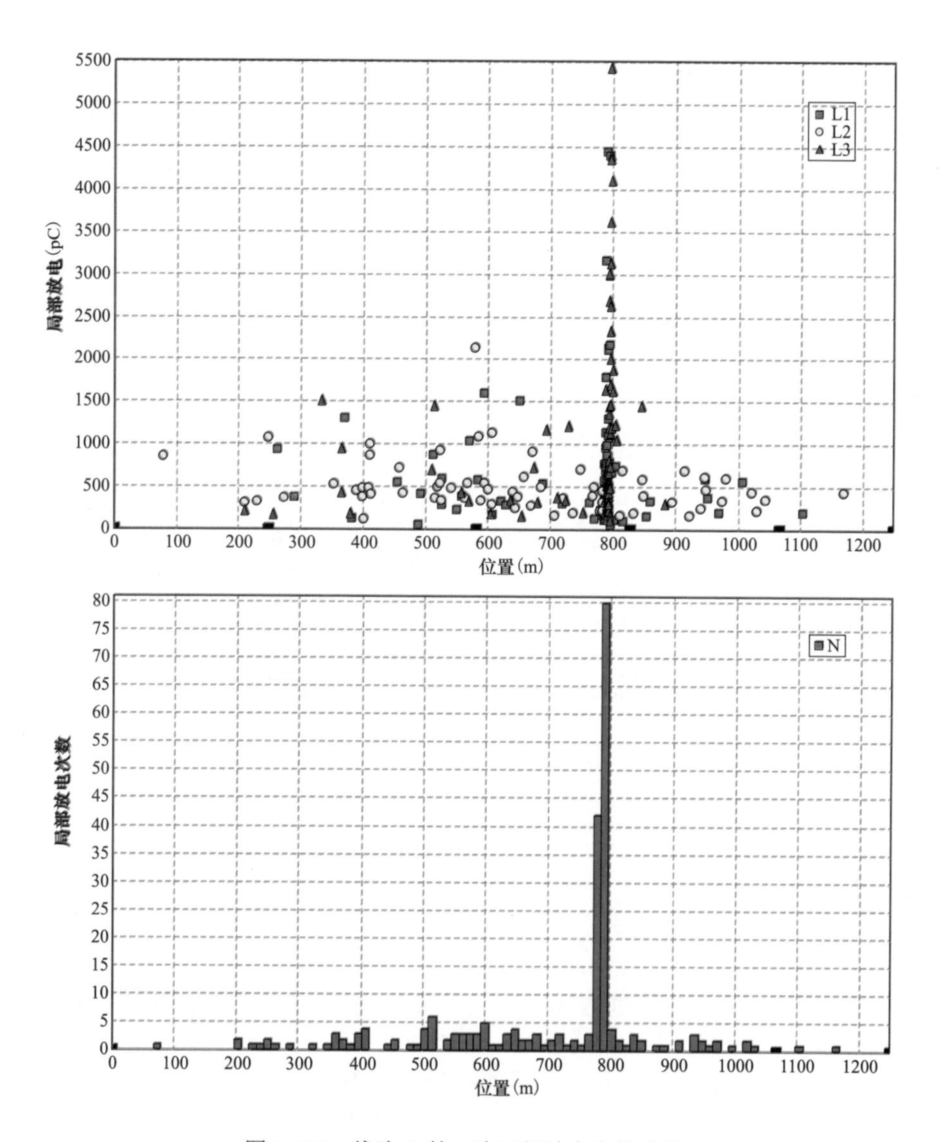

图 6-130　线路 H 第一次局部放电定位结果

由于保供电的原因，7 月份时未对上述电力电缆进行处理。9 月份保供电任务结束，试验人员立即组织了第二次检测观察发展趋势。由测试图 6-131 可以看出，A、C 两相的放电幅值相比第一次试验已有不同程度的增长，其中 A、C 两相最为严重，三相最大放电幅值均在 5935pC 左右。从局部放电定位结果可以看出，A、C 三相在距离 1 号中间接头 785m 处出现集中性放电。按照相关的处理经验，该电力电缆已经不适合投运，需进行维护并查找缺陷原因。处理缺陷后该线路已正常运行。

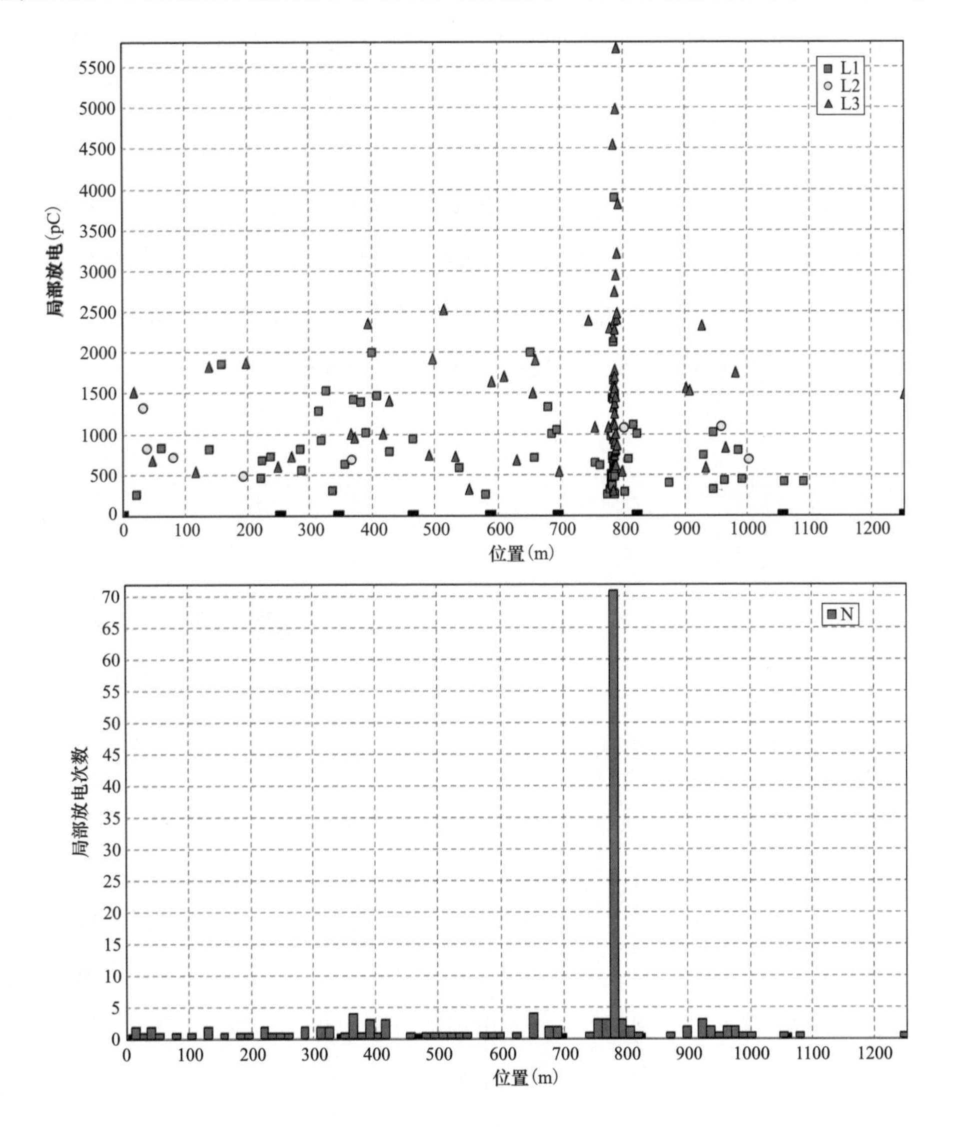

图 6-131　线路 H 第二次局部放电定位结果

九、案例 9　10kV 电力电缆线路振荡波试验九

（一）线路概况

10kV 电力电缆线路 I，电缆型号 YJV22-8.7/15-3×300，线路长 852m。终端类型为测试端（T 型终端）、对端（T 型终端），敷设方式为管沟。

（二）测试结果

第一次检测：在振荡波局部放电检测之前，对电力电缆线路 I 进行绝缘电阻试验，发现 A 相绝缘偏低，为 200 多兆欧。工作负责人汇报该公司运检部同意继续试验后，该相电力电缆在 1.5U_0（18.4kV）振荡波电压下发生高阻接地故障（尚未加压至试验最大值），故障后绝缘电阻降为 919kΩ，初步判断故障部位在电力电缆中间接头。C 相振荡波试验在 1.7U_0 电压下检测到明显高于背景的局部放电信号，最大量值为 1561pC，放电点位于对侧报业开关站电力电缆终端处；B 相未进行试验。其中线路 I A、C 两相检测图谱如图 6-132 所示。

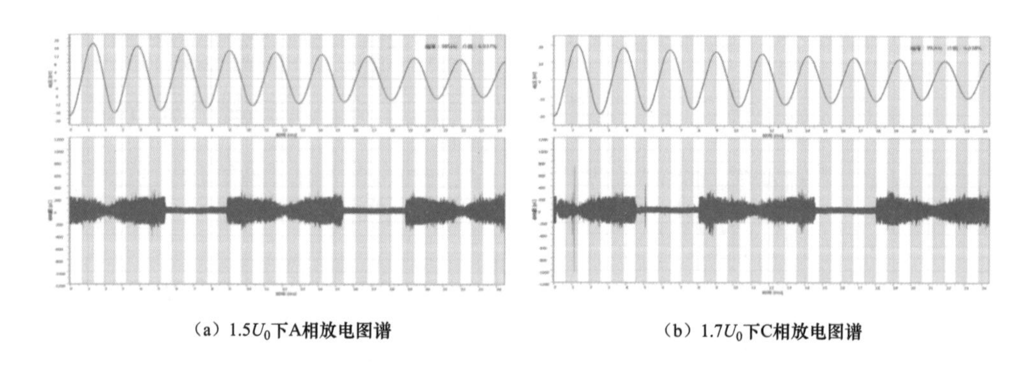

（a）1.5U_0下A相放电图谱　　（b）1.7U_0下C相放电图谱

图 6-132　线路 I 第一次检测振荡波局部放电检测典型数据图谱

第二次检测：对该 10kV 电力电缆线路进行消缺后开展阻尼振荡波局部放电检测试验，分别对 A、B、C 三相分别进行逐级升压，进行离线振荡波电压下的局部放电检测，其中 A、B、C 三相检出局部放电信号，其检测图谱如图 6-133～图 6-138 所示。

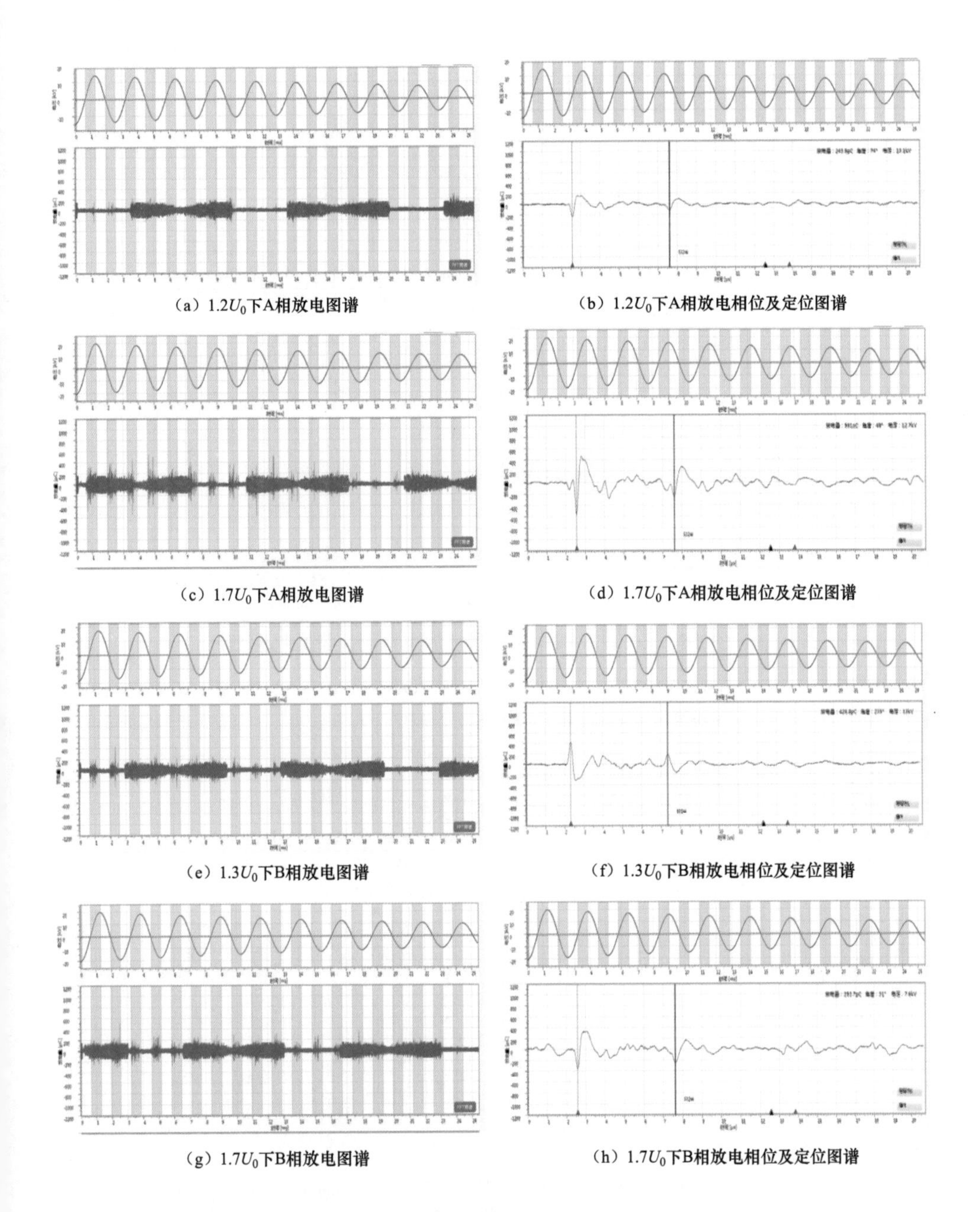

（a）$1.2U_0$下A相放电图谱

（b）$1.2U_0$下A相放电相位及定位图谱

（c）$1.7U_0$下A相放电图谱

（d）$1.7U_0$下A相放电相位及定位图谱

（e）$1.3U_0$下B相放电图谱

（f）$1.3U_0$下B相放电相位及定位图谱

（g）$1.7U_0$下B相放电图谱

（h）$1.7U_0$下B相放电相位及定位图谱

图 6-133　线路 I 第二次检测振荡波局部放电检测典型数据图谱（一）

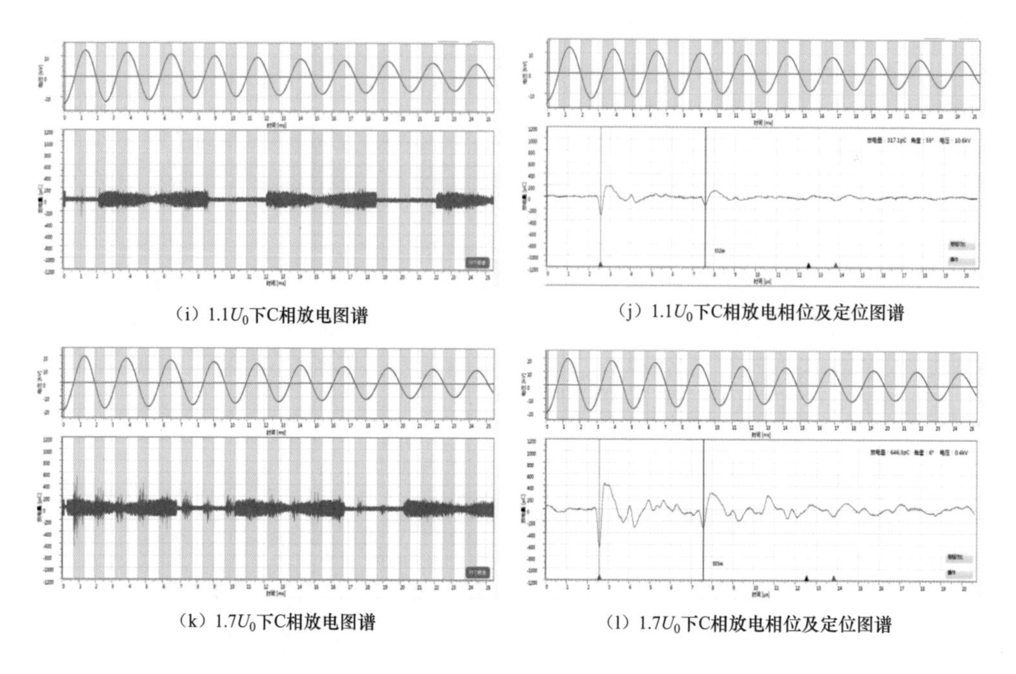

（i）1.1U_0下C相放电图谱　（j）1.1U_0下C相放电相位及定位图谱

（k）1.7U_0下C相放电图谱　（l）1.7U_0下C相放电相位及定位图谱

图 6-133　线路 I 第二次检测振荡波局部放电检测典型数据图谱（二）

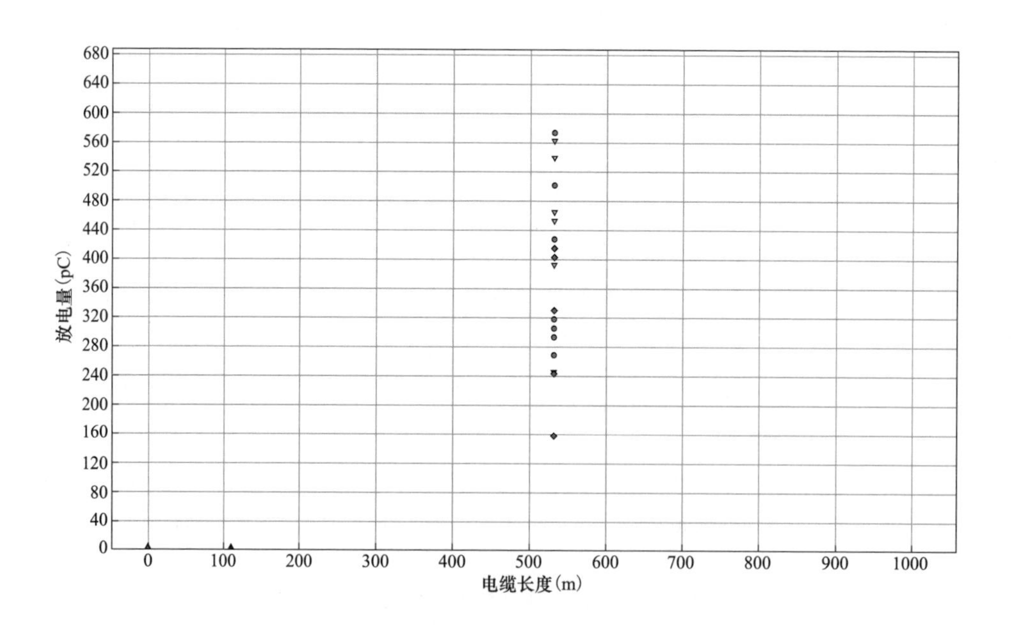

图 6-134　线路 I 局部放电源定位图

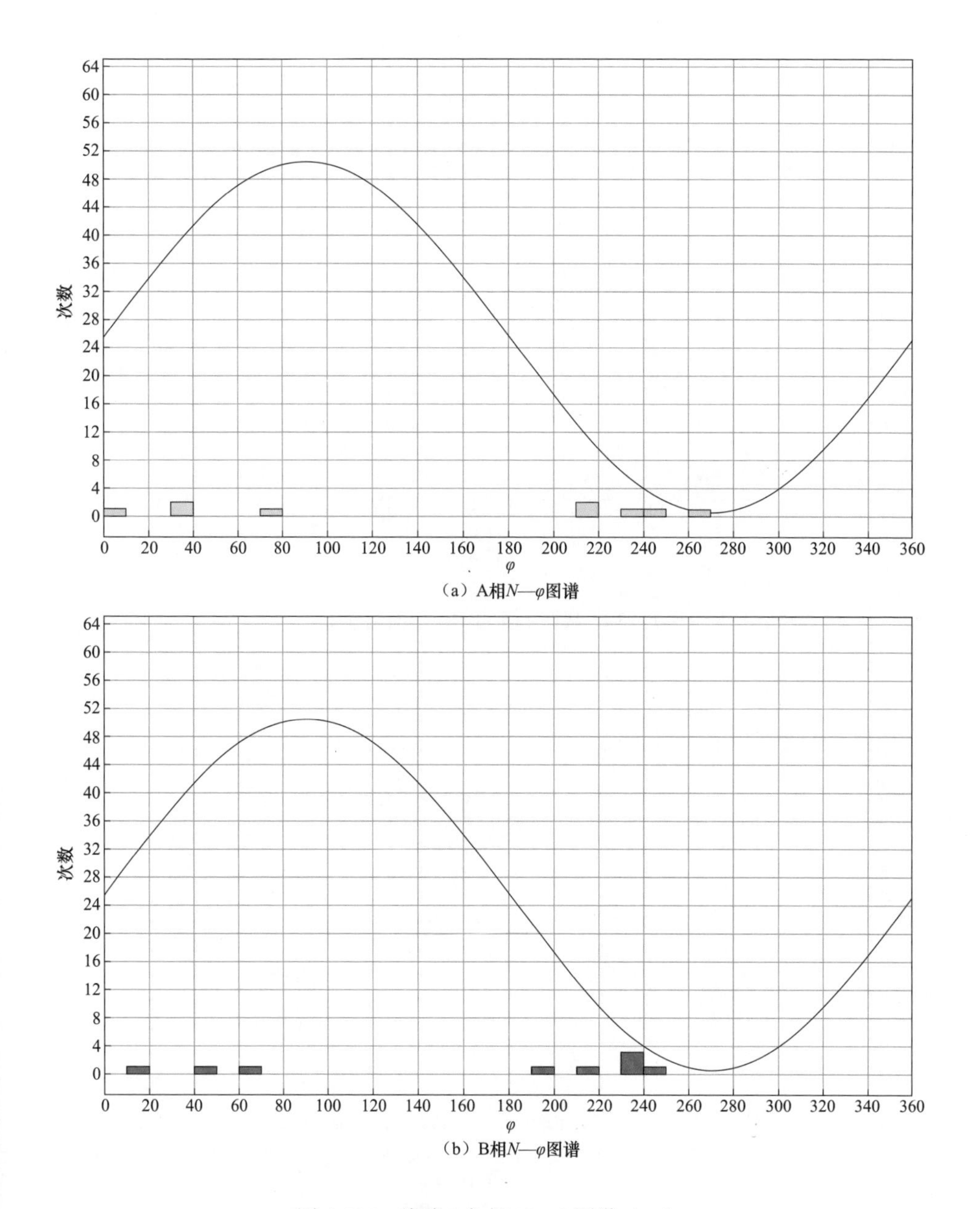

（a）A相N—φ图谱

（b）B相N—φ图谱

图 6-135　线路 I 各相 N—Q 图谱（一）

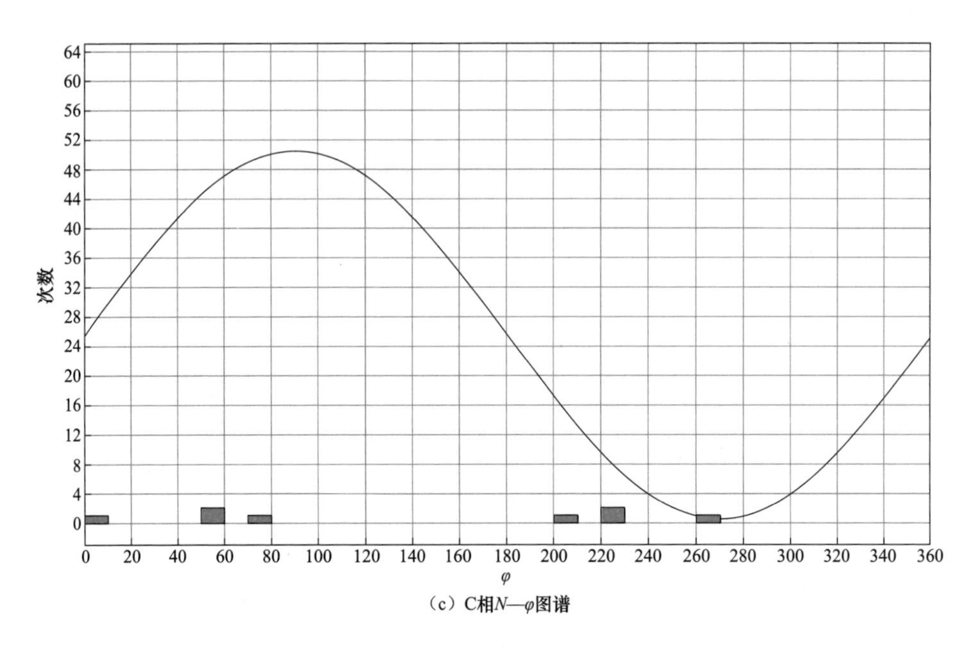

（c）C相N—φ图谱

图 6-135　线路 I 各相 N—Q 图谱（二）

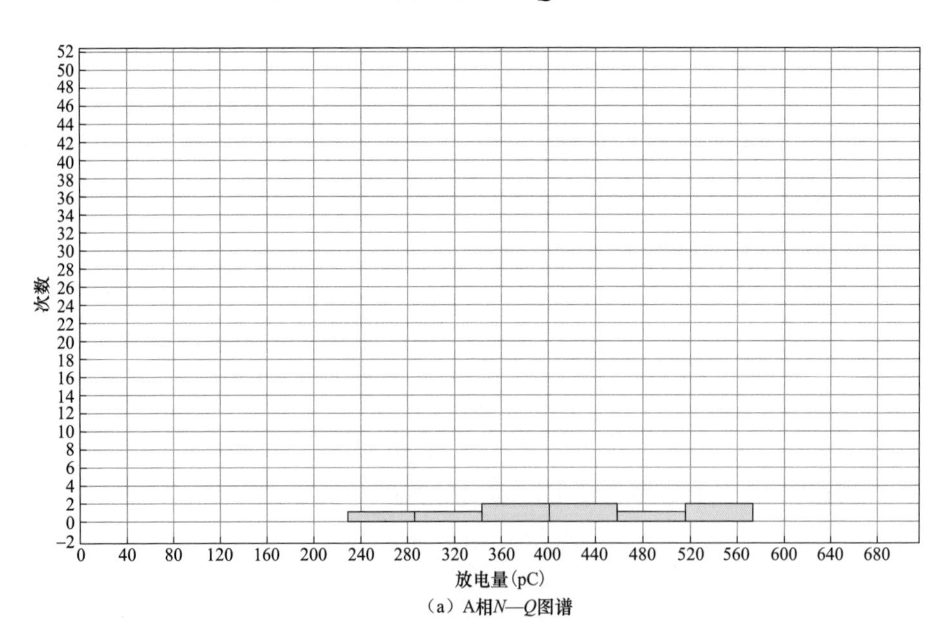

（a）A相N—Q图谱

图 6-136　线路 I 各相 Q—φ图谱（一）

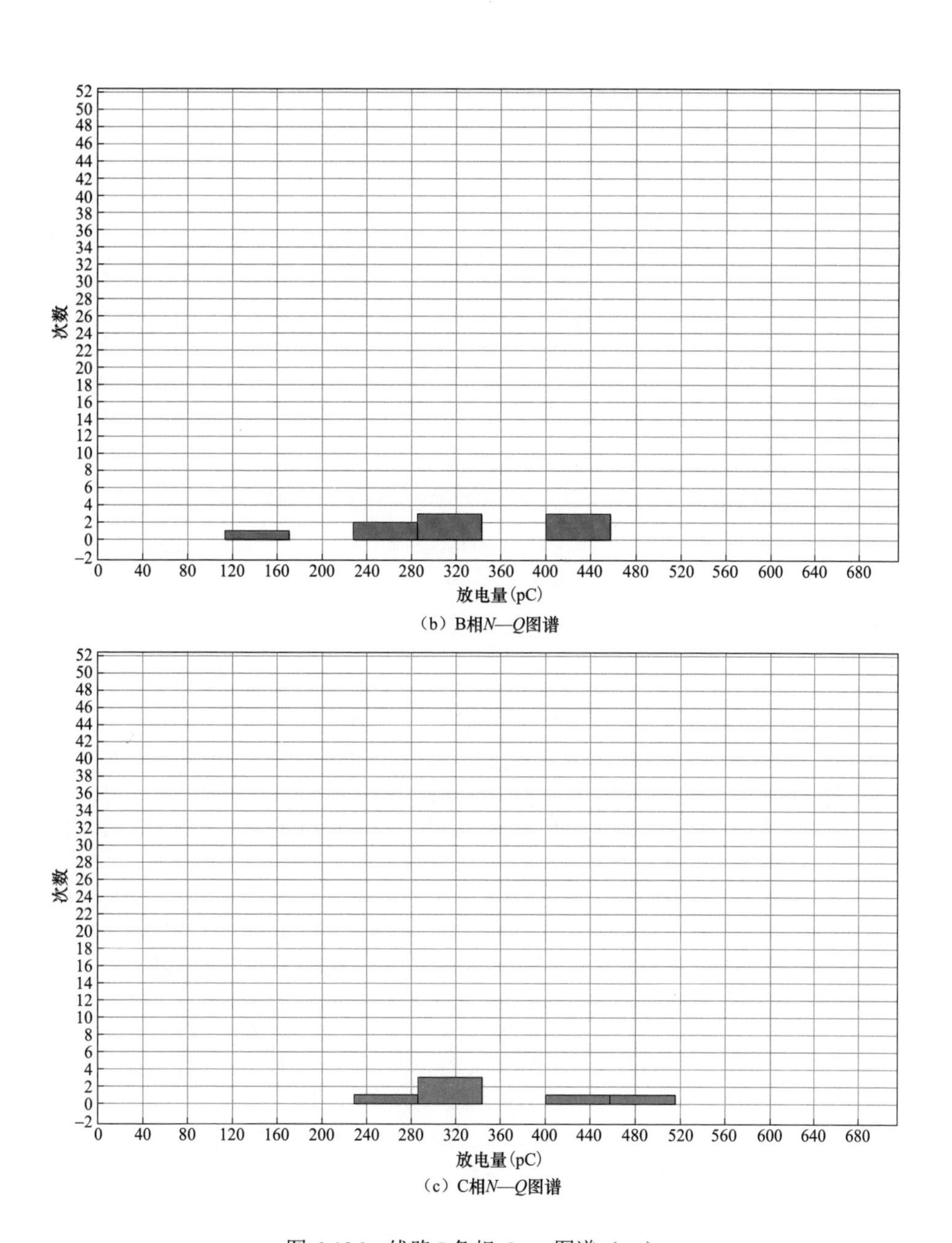

（b）B相N—Q图谱

（c）C相N—Q图谱

图 6-136　线路 I 各相 Q—φ图谱（二）

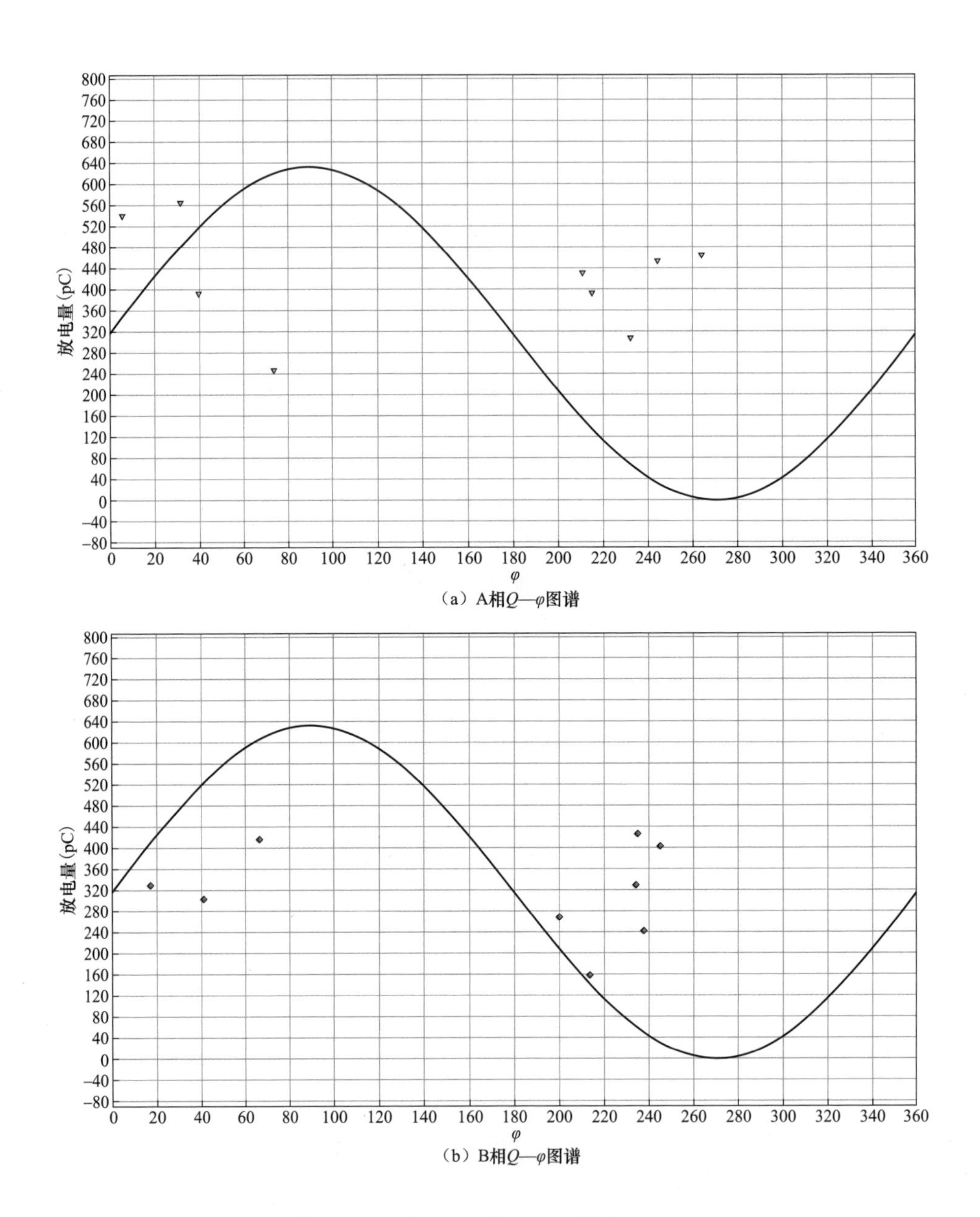

（a）A相Q—φ图谱

（b）B相Q—φ图谱

图 6-137　线路 I 各相 N—Q 图谱（一）

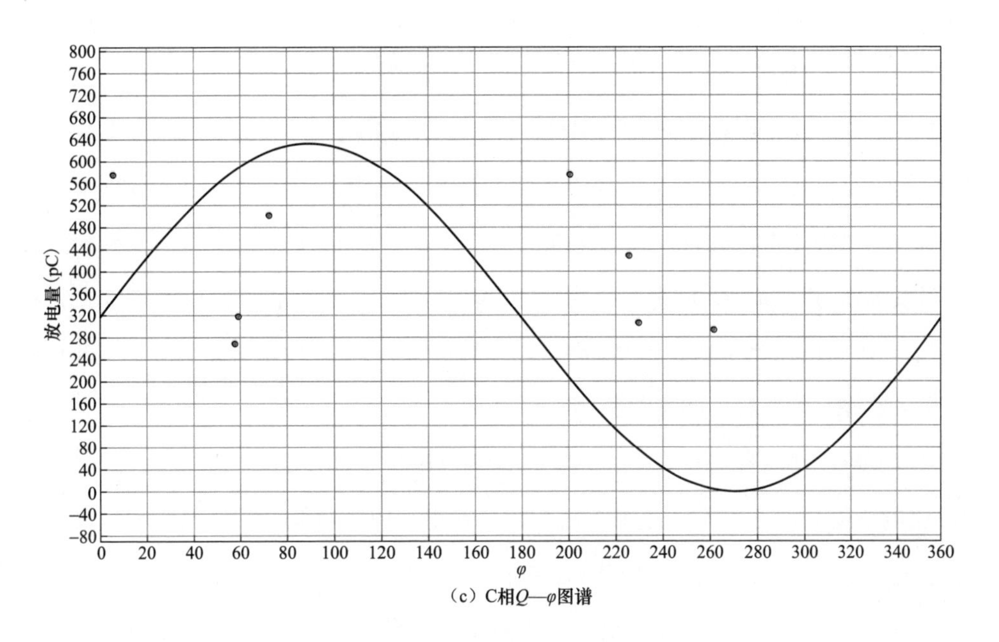

（c）C相$Q—\varphi$图谱

图 6-137　线路 I 各相 $N—Q$ 图谱（二）

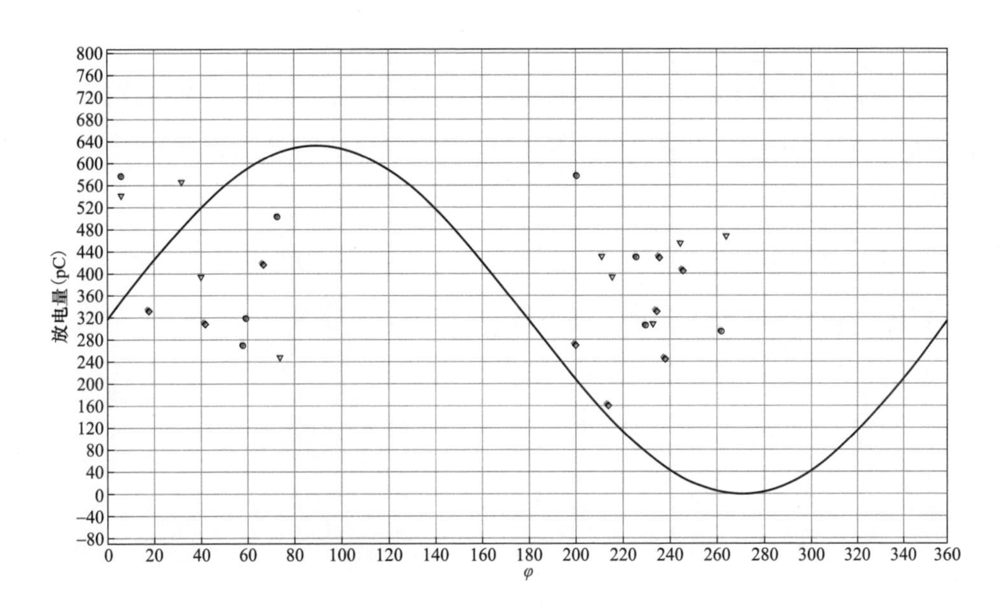

图 6-138　线路 I 三相 $Q—\varphi$图谱

试验过程中，A 在 $1.2U_0$ 下开始检测到局部放电信号，即起始放电电压为14.8kV（峰值），A 相放电幅值为243pC，在 $1.7U_0$ 下放电量达到最大，放电幅值最大分别为573pC；放电源定位于距10kV 报业开关站410m 左右中间接头处。B 在 $1.3U_0$ 下开始检测到局部放电信号，即起始放电电压为16.0kV（峰值），B 相放电幅值为426pC，在 $1.7U_0$ 下放电量达到最大，放电幅值最大分别为402pC；放电源定位于距10kV 报业开关站410m 左右中间接头处。C 在 $1.1U_0$ 下开始检测到局部放电信号，即起始放电电压为13.5kV（峰值），C 相放电幅值为317pC，在 $1.7U_0$ 下放电量达到最大，放电幅值最大分别为573pC；放电源定位于距10kV 报业开关站410m 左右中间接头处。

对放电图谱进行分析发现：放电主要集中在0°～80°，200°～270°，A 在20°～40°放电量最大，正负半周放电密度不对称，正半周放电幅值大于负半周，最大放电量也大于负半周；B 相在220°～240°放电量最大，正、负半周放电密度不对称，正半周放电幅值小于负半周，最大放电量也小于负半周；C 相在0°～20°放电量最大，正、负半周放电密度不对称，正半周放电幅值大于负半周，最大放电量也大于负半周。

现场完成中间接头附件安装后重新在 A、B、C 三相试验，同时检出明显局部放电，考虑为附件本体质量或附件安装施工工艺缺陷，因此现场给出重新制作接头建议。

第三次检测：现场施工人员更换电力电缆中间接头附件后重新试验，通过；线路 I A、B、C 三相检测图谱如图6-139所示。

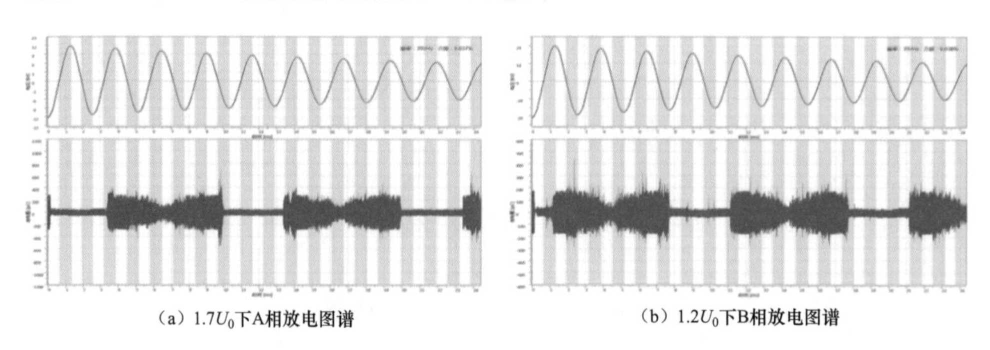

（a）$1.7U_0$下A相放电图谱　　（b）$1.2U_0$下B相放电图谱

图6-139　线路 I 第三次检测振荡波局部放电检测典型数据图谱（一）

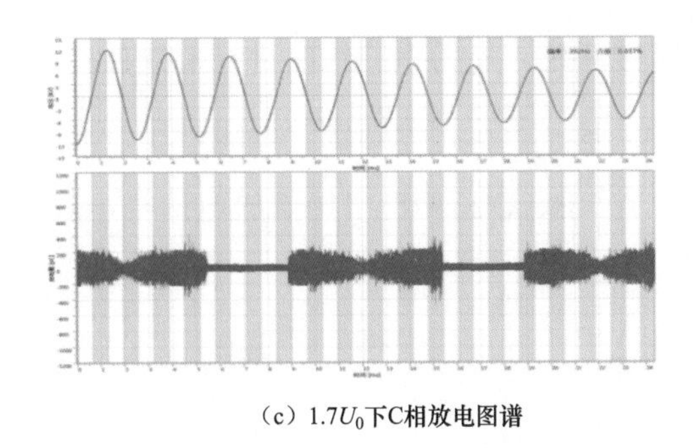

（c）$1.7U_0$下C相放电图谱

图 6-139　线路 I 第三次检测振荡波局部放电检测典型数据图谱（二）

十、案例 10　10kV 电力电缆线路振荡波试验十

（一）线路概况

10kV 电力电缆线路 J，型号为 YJV22-8.7/15-3×300，线路长度 845m。终端类型为测试端（T 型终端）、对端（T 型终端），敷设方式为管沟。

（二）测试结果

第一次检测：在振荡波局部放电检测之前，对电力电缆线路 J 进行绝缘电阻试验，发现 A 相、C 相绝缘偏低，分别为 104MΩ、179kΩ，绝缘电阻偏低。工作负责人汇报该公司运检部同意继续试验后，该相电缆在 $1.0U_0$（12.3kV）振荡波电压下发生高阻接地故障（尚未加压至试验最大值），故障后绝缘电阻降为 522kΩ，初步判断故障部位在电力电缆中间接头。C 相振荡波试验在 $1.7U_0$ 电压下检测到明显高于背景的局部放电信号，最大量值为 1684pC，放电位于对侧报业开关站电缆终端处；B 相未进行试验。其中线路 J A、C 两相检测图谱如图 6-140 所示。

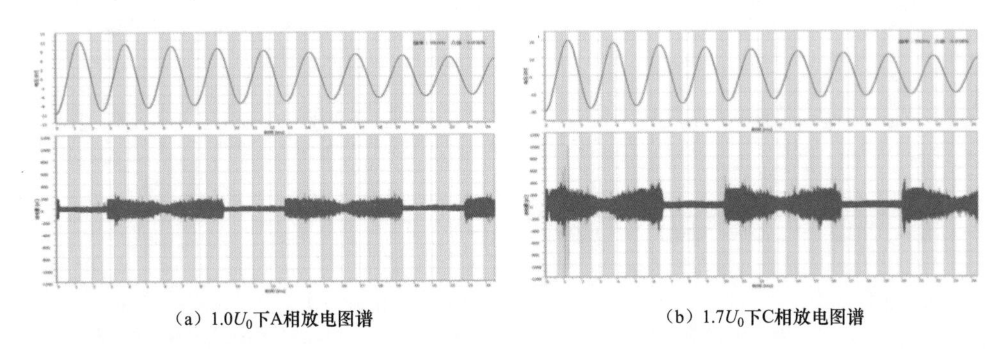

（a）$1.0U_0$下A相放电图谱　　（b）$1.7U_0$下C相放电图谱

图 6-140　线路 J 第一次检测振荡波局部放电检测典型数据图谱

第二次检测：对该 10kV 电力电缆线路进行消缺后开展阻尼振荡波局部放电检测试验，分别对 A、B、C 三相分别进行逐级升压，进行离线振荡波电压下的局部放电检测，其中 A、B、C 三相检出局部放电信号，其检测图谱如图 6-141～图 6-146 所示。

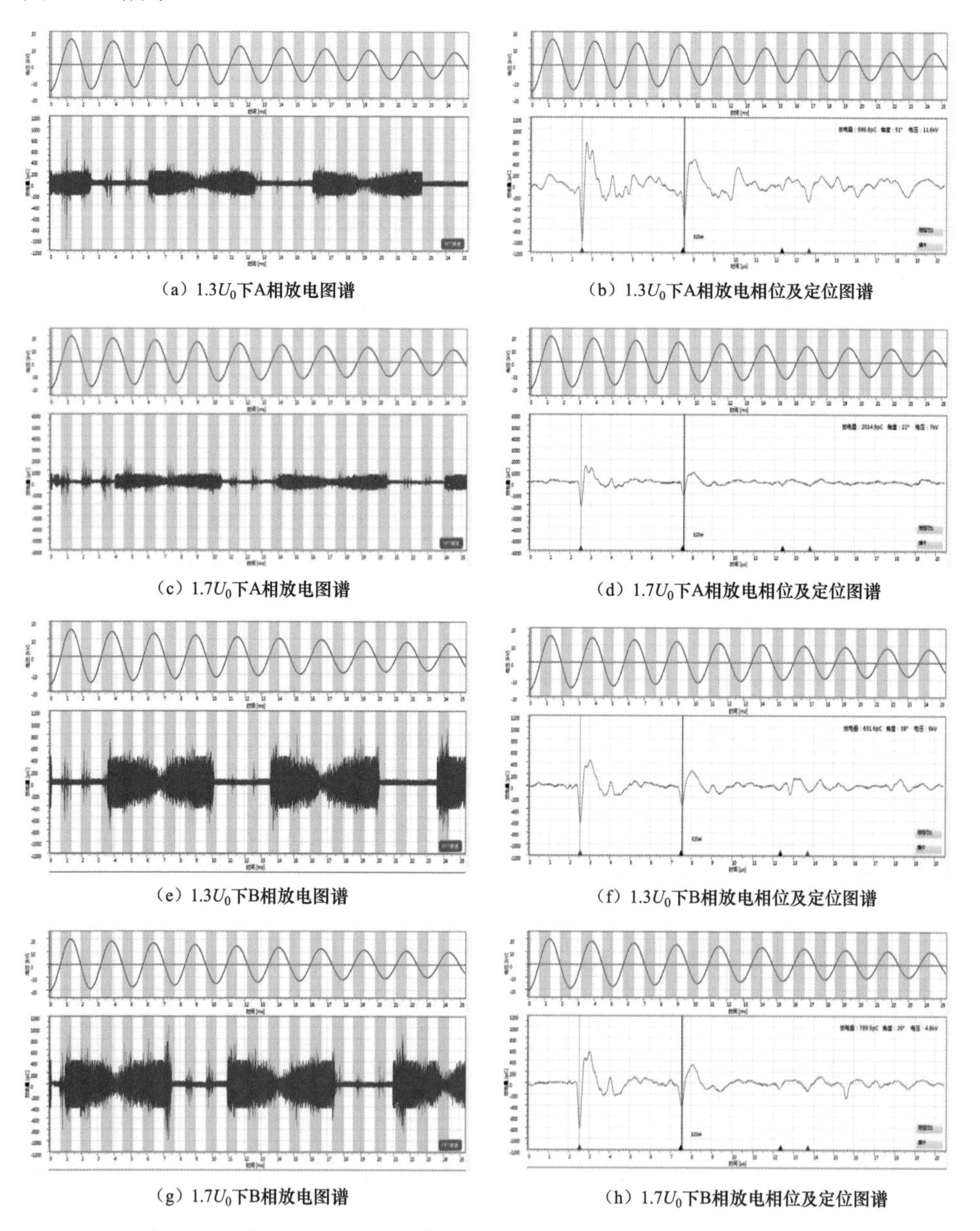

（a）1.3U_0下A相放电图谱　（b）1.3U_0下A相放电相位及定位图谱

（c）1.7U_0下A相放电图谱　（d）1.7U_0下A相放电相位及定位图谱

（e）1.3U_0下B相放电图谱　（f）1.3U_0下B相放电相位及定位图谱

（g）1.7U_0下B相放电图谱　（h）1.7U_0下B相放电相位及定位图谱

图 6-141　线路 J 第二次检测振荡波局部放电检测典型数据图谱（一）

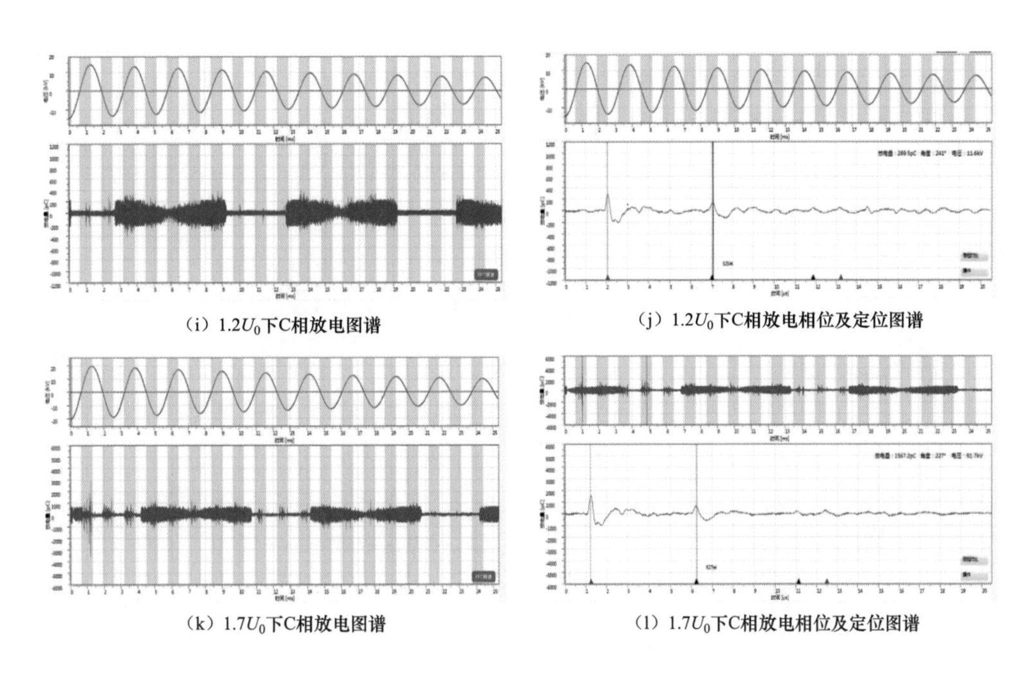

（i）1.2U_0下C相放电图谱

（j）1.2U_0下C相放电相位及定位图谱

（k）1.7U_0下C相放电图谱

（l）1.7U_0下C相放电相位及定位图谱

图 6-141　线路 J 第二次检测振荡波局部放电检测典型数据图谱（二）

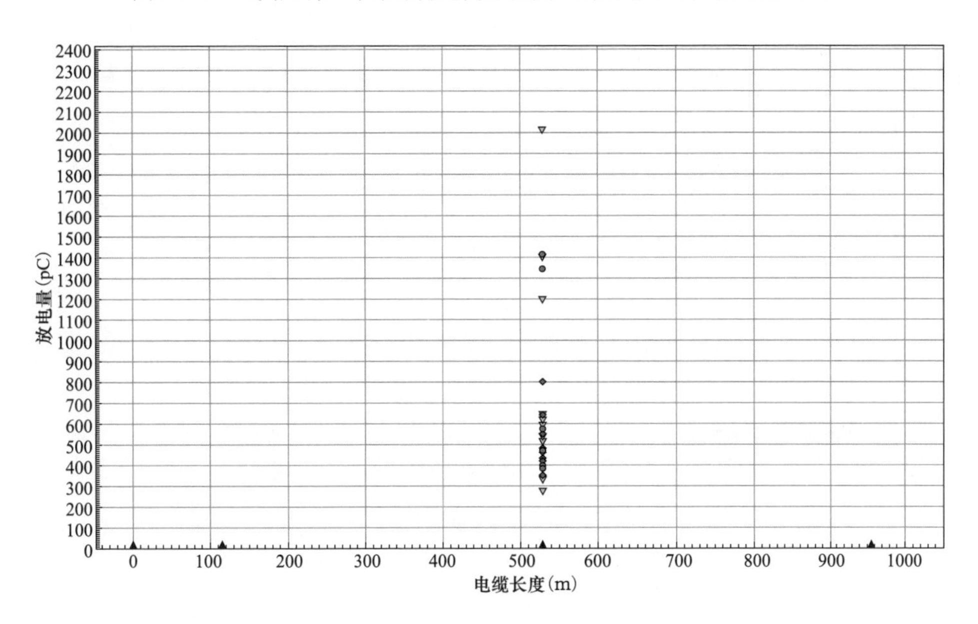

图 6-142　线路 J 局部放电源定位图

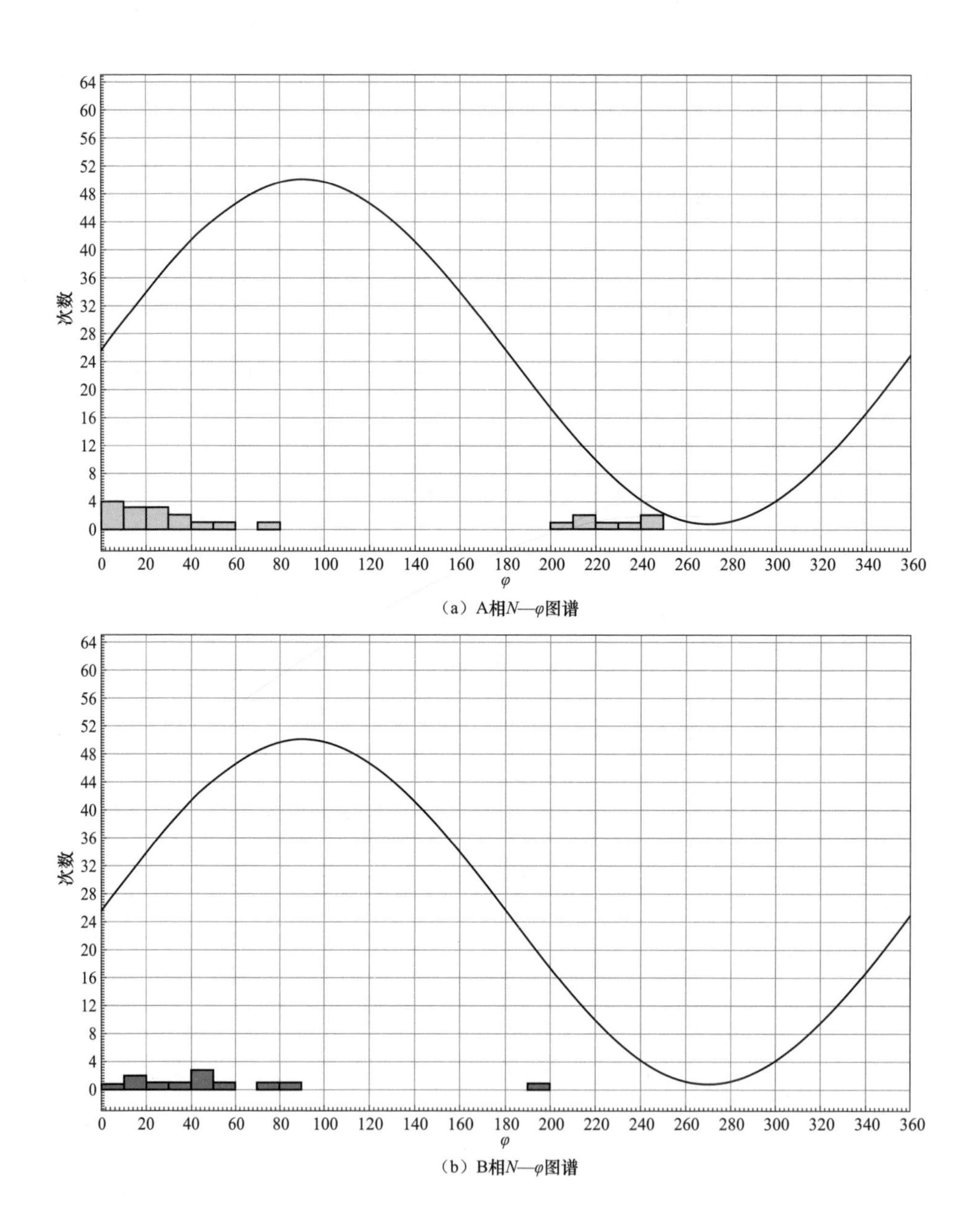

（a）A相N—φ图谱

（b）B相N—φ图谱

图 6-143　线路 J 各相 N—φ图谱（一）

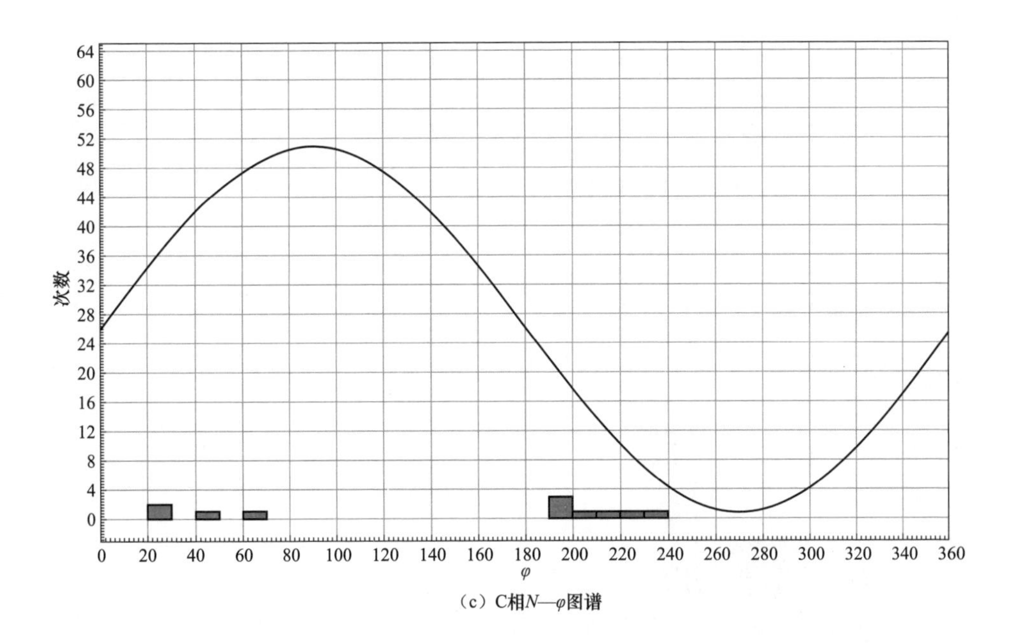

（c）C相N—φ图谱

图 6-143　线路 J 各相 N—φ图谱（二）

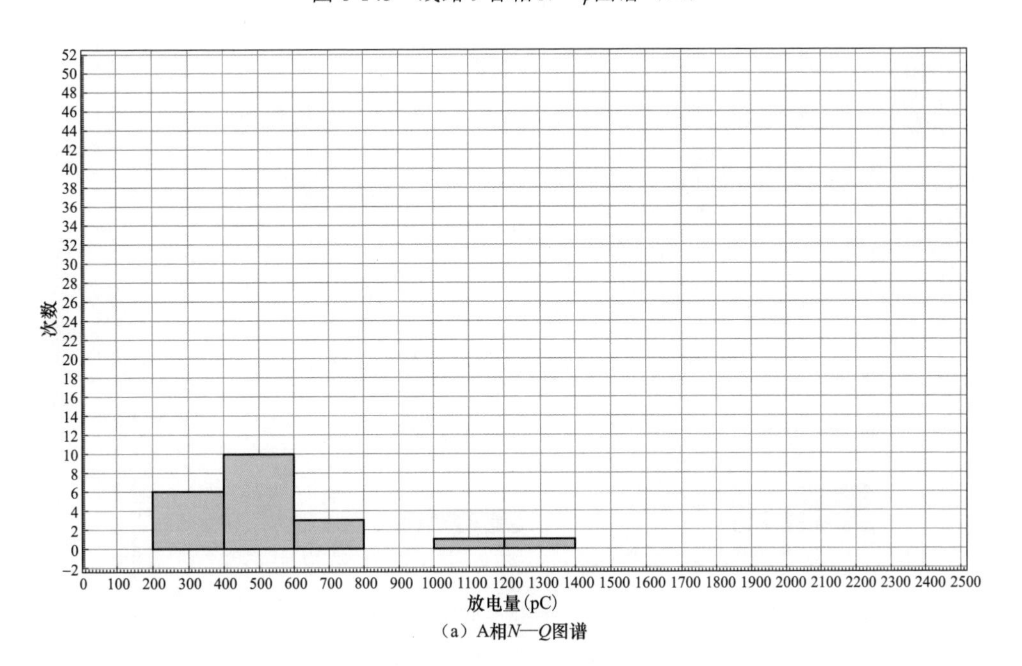

（a）A相N—Q图谱

图 6-144　线路 J 各相 N—Q 图谱（一）

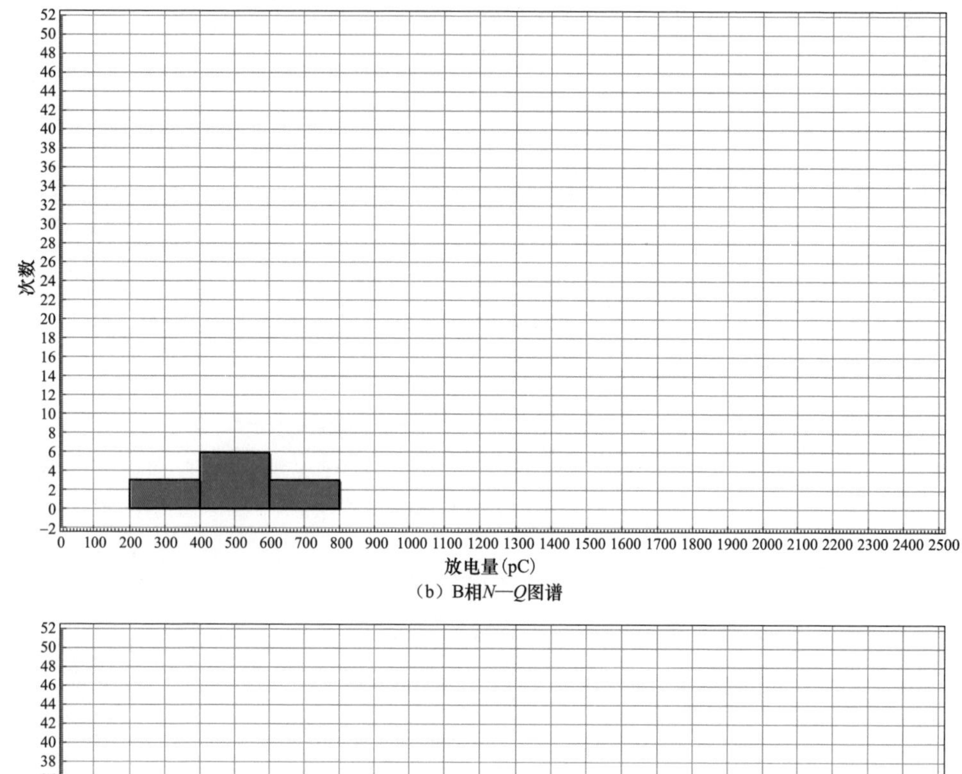

（b）B相N—Q图谱

（c）C相N—Q图谱

图 6-144　线路 J 各相 N—Q 图谱（二）

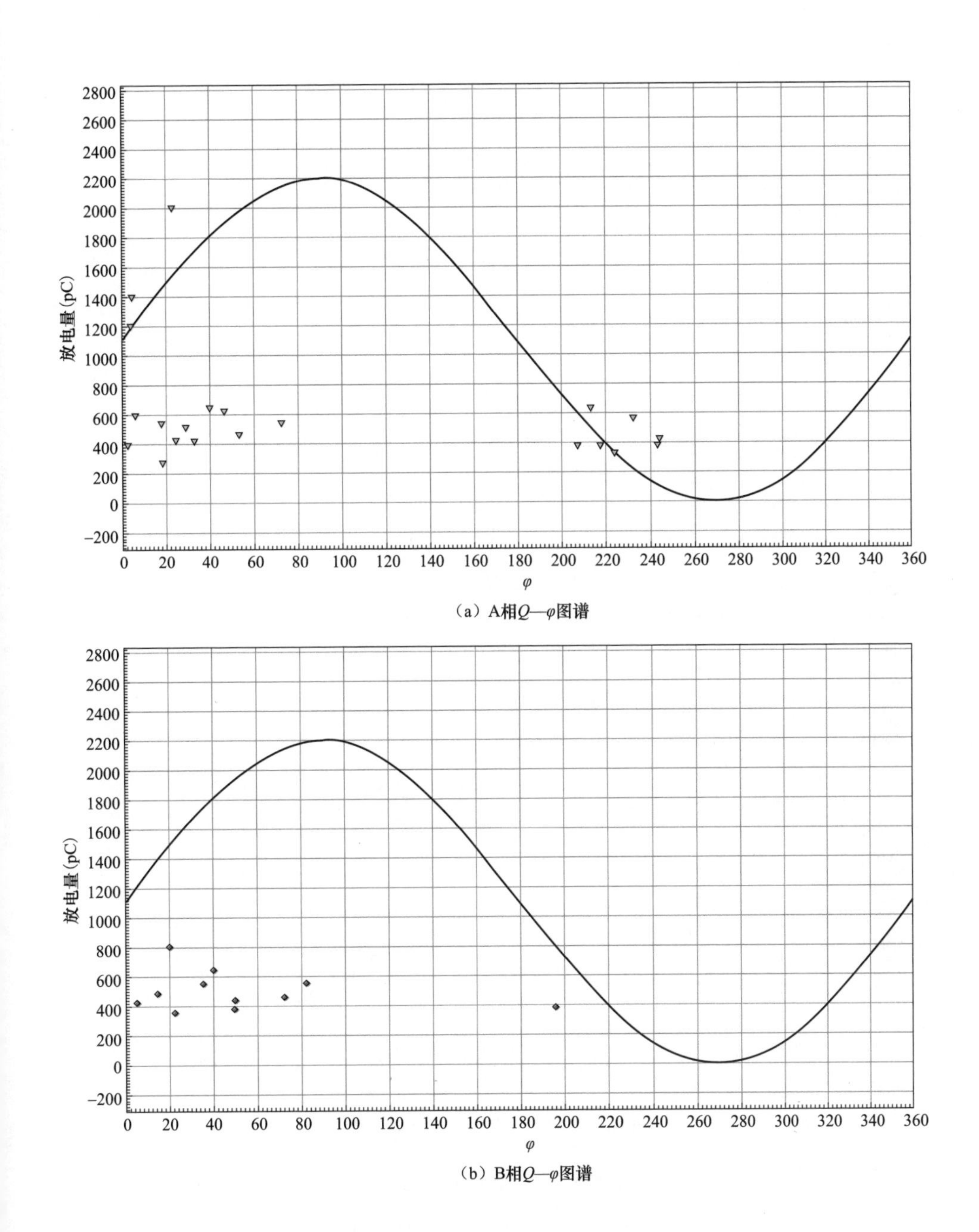

（a）A相Q—φ图谱

（b）B相Q—φ图谱

图 6-145　线路 J 各相 Q—φ图谱（一）

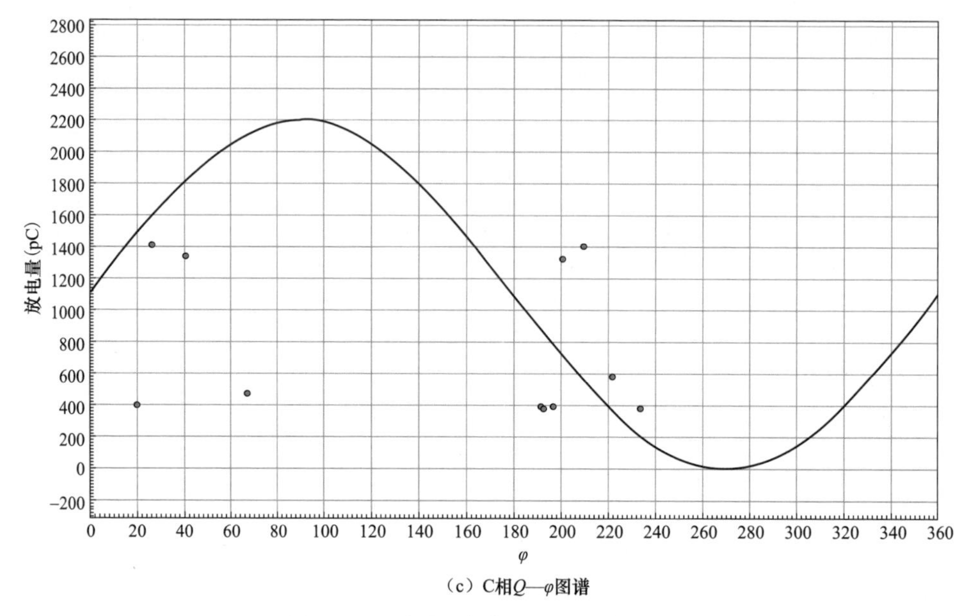

（c）C相$Q—\varphi$图谱

图 6-145 线路 J 各相 $Q—\varphi$图谱（二）

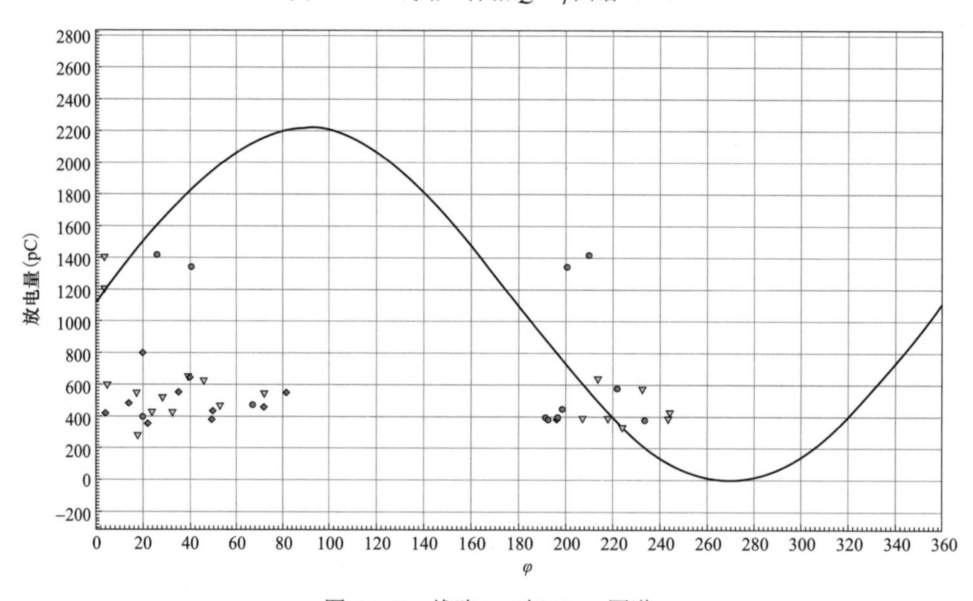

图 6-146 线路 J 三相 $Q—\varphi$图谱

试验过程中，A 在 $1.3U_0$ 下开始检测到局部放电信号，即起始放电电压为 16.0kV（峰值），A 相放电幅值为 986pC，在 $1.7U_0$ 下放电量达到最大，放电幅值最大为 2014pC；放电源定位于距 10kV 报业开关站 410m 左右中间接头处。B 在 $1.3U_0$ 下开始检测到局部放电信号，即起始放电电压为 16.0kV（峰值），B 相放电幅值为 631pC，在 1.7U_0 下放电量达到最大，放电幅值最大为 789pC；放电源定位于距 10kV 报业开关站 410m 左右中间接头处。C 在 1.2U_0 下开始检测到局部放电信号，即起始放电电压为 14.8kV（峰值），C 相放电幅值为 289pC，在 1.7U_0 下放电量达到最大，放电幅值最大为 1567pC；放电源定位于距 10kV 报业开关站 410m 左右中间接头处。

对放电图谱进行分析发现：放电主要集中在 0°～80°，180°～260°，A、B 两相在 20°～40°放电量最大，正、负半周放电密度不对称，正半周放电幅值大于负半周，最大放电量也大于负半周；C 相在 20°～40°、200°～220°放电量最大，正、负半周放电密度不对称，正半周放电幅值小于负半周。

现场完成中间接头附件安装后重新试验，在 A、B、C 三相同时检出明显局部放电，考虑为附件本体质量或附件安装施工工艺缺陷，因此现场给出重新制作接头建议。

第三次检测：现场施工人员更换电力电缆中间接头附件后重新试验，通过；线路 J A、B、C 三相检测图谱如图 6-147 所示。

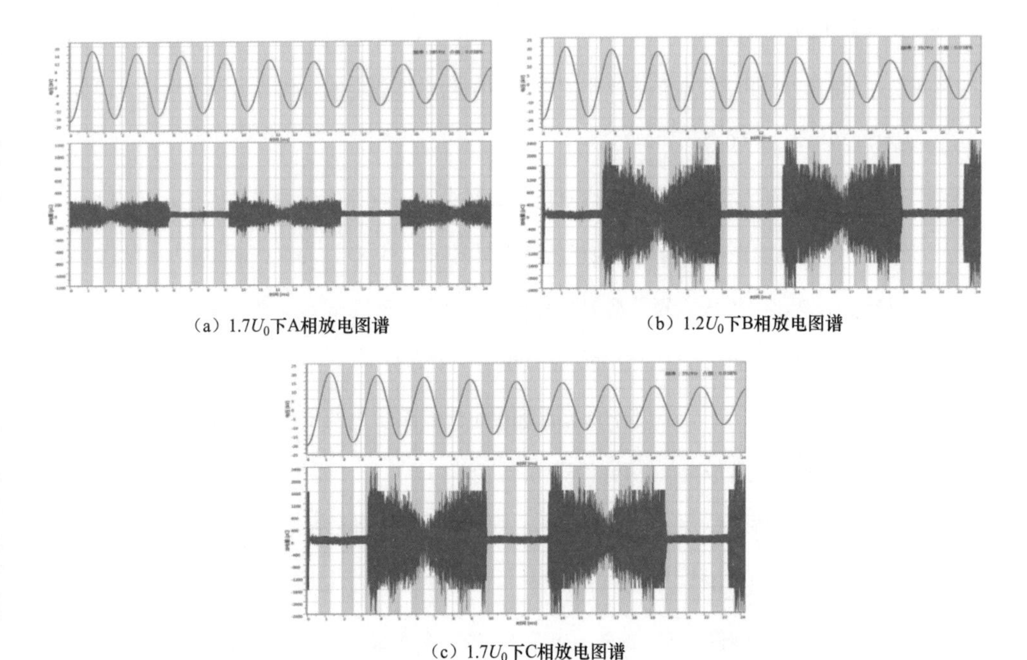

（a）1.7U_0下A相放电图谱

（b）1.2U_0下B相放电图谱

（c）1.7U_0下C相放电图谱

图 6-147　线路 J 第三次检测振荡波局部放电检测典型数据图谱

参考文献

[1] 国家电网有限公司设备管理部. 高压电力电缆技术培训教材 [M]. 北京：中国电力出版社，2021.

[2] 国家电网有限公司设备管理部. 中压电力电缆技术培训教材 [M]. 北京：中国电力出版社，2021.

[3] 赵洋. 高压电力电缆健康诊断实用技术 [M]. 北京：中国电力出版社，2021.

[4] 林文钊. 基于振荡波局部放电检测的电力电缆缺陷定位研究 [D]. 广州：华南理工大学，2016.

[5] 张若兵，陈子豪，杜钢. 适用于振荡波电缆局放测试的π型检测阻抗设计 [J]. 高电压技术，2019，45（05）：1503-1509.

[6] 汪先进，周凯，谢敏，等. 基于时间反演相位法的电力电缆局部放电定位 [J]. 电网技术，2020，44（02）：783-790.

[7]常文治，葛振东，时翔，等. 振荡电压下电缆典型缺陷局部放电的统计特征及定位研究[J]. 电网技术，2013，37（03）：746-752.

[8] 钟平. XLPE 电缆绝缘综合测试与诊断技术研究 [D]. 北京：华北电力大学，2018.

[9]孙志明. 10kV 电缆振荡波局部放电检测技术研究及应用[D]. 北京：华北电力大学，2012.

[10] 李巍巍，白欢，吴惟庆，等. 基于振荡波局部放电检测的电力电缆绝缘老化状态评价与故障定位 [J]. 电测与仪表，2021，58（09）：147-151.

[11] 赵学风，蒲路，段玮，等. 基于谐振原理由电容器组供电的电缆局部放电振荡波检测与定位技术 [J]. 电气应用，2019，38（06）：28-35.

[12]任志刚，李伟，周峰，等. 基于超低频介损检测的电缆绝缘性能评估与影响因素分析[J]. 绝缘材料，2018，51（04）：64-68+74.

[13] 王有元，王亚军，熊俊，等. 振荡波电压下 10kV 交联聚乙烯电缆中间接头的局部放电特性 [J]. 高电压技术，2015，41（04）：1068-1074.

[14] 陈茂荣，杨忠，牛海清．中压电缆缺陷原因及其状态检测技术现状［J］．电线电缆，2013（05）：39-42．

[15] 张丽，李红雷，贺林，等．高压电缆状态检测技术有效性研究［J］．华东电力，2012，40（01）：116-118．

[16] 陶诗洋．基于振荡波测试系统的 XLPE 电缆局部放电检测技术［J］．中国电力，2009，42（01）：98-101．

[17]张皓，唐嘉婷，张立志，等．振荡波测试系统在电缆局放测试定位中的典型案例分析[J]．电力设备，2008（12）：31-34．

[18] 杨连殿，朱俊栋，孙福，等．振荡波电压在 XLPE 电力电缆检测中的应用［J］．高电压技术，2006（03）：27-30．

[19] 曹俊平，温典，蒋愉宽，等．110kV 电缆振荡波局部放电模拟试验分析［J］．浙江电力，2017，36（02）：1-4．

[20] 董雪松，胡伟，曹俊平．中低压电缆振荡波局部放电的现场测试［J］．浙江电力，2012，31（12）：15-17．

[21] 刘岩，林洲游，胡伟．振荡波测试技术在中压电力电缆局部放电检测中的应用［J］．浙江电力，2011，30（11）：6-8+23．

[22] 李雯．35kV XLPE 电缆振荡波局放检测研究与应用［D］．上海：上海交通大学，2016．

[23]江思杰，王继红，王定虎，等．交联聚乙烯（XLPE）电缆局部放电检测技术的研究[J]．舰船电子工程，2015，35（05）：118-120．

[24] 王龙宇．振荡波测试系统（OWTS）研究［D］．上海：上海交通大学，2014．

[25] 夏荣，赵健康，欧阳本红，等．阻尼振荡波电压下 110kV 交联电缆绝缘性能检测［J］．高电压技术，2010，36（07）：1753-1760．

[26] 冯义，刘鹏，涂明涛．振荡波测试系统在电缆局部放电检测中的应用［J］．供用电，2009，26（03）：57-59．

[27] 郭琦．电缆振荡波局部放电检测系统的研制［D］．上海：上海交通大学，2012．

[28]孙振权，赵学风，李继胜，等．交联电缆典型绝缘损伤针刺模型的局部放电试验研究[J]．高压电器，2010，46（06）：55-59．

[29] 赵建刚，侯建设. 0.1Hz 超低频试验在交联电缆中的应用 [J]. 高电压技术，2004（S1）：77-78.

[30]张继勇.机械缺陷 XLPE 电力电缆阻尼振荡波耐压击穿特性及工频耐压等效性研究[D].济南：山东大学，2019.

[31] 杨晓宇，林涛. 工频 XLPE 电力电缆超低频耐压试验等效性研究 [J]. 农村电气化，2009（02）：56-58.

[32] 杜言. 交联聚乙烯电缆局部放电在线监测及定位研究 [D]. 重庆：重庆大学，2006.

[33] 王晓蓉，杨敏中，严璋. 电力设备局部放电测量中抗干扰研究的现状和展望 [J]. 变压器，2002（S1）：31-35.

[34] 张新伯，唐炬，潘成，等. 用于局部放电模式识别的深度置信网络方法 [J]. 电网技术，2016，40（10）：3272-3278.

[35]彭超，雷清泉. 局部放电超高频信号时频特性与传播距离的关系 [J]. 高电压技术，2013，39（02）：348-353.

[36] 张磊祺，盛博杰，姜伟，等. 基于电缆传递函数和信号上升时间的电力电缆局部放电在线定位方法 [J]. 高电压技术，2015，41（04）：1204-1213.

[37]陈向荣，徐阳，王猛，等.高温下 110kV 交联聚乙烯电缆电树枝生长及局部放电特性[J].高电压技术，2012，38（03）：645-654.

[38] 程冲. 35kV 电缆导体的结构性能研究 [J]. 大众标准化，2022（22）：123-125.

[39] 刘鸿，刘磊，林圣，等. 电缆局放检测振荡波测试系统仿真与开发 [J]. 电子测量技术，2016，39（11）：6-10.